普通高等教育“十二五”规划教材（高职高专教育）

C#程序设计基础案例教程

主　编　密君英

副主编　郁春江　方　蓓

编　写　陈栋良　邹　珺　孙翠华　曲伟峰　李兴鹏

主　审　李凡长

中国电力出版社

CHINA ELECTRIC POWER PRESS

内 容 提 要

本书为普通高等教育“十二五”规划教材（高职高专教育）。本书具有以下特点：一，本书从最基础的语法讲起，选用大量的例题阐述结构化程序设计的基本语法、基本结构，进而采用面向对象的思想进行程序设计，并使用 C#语言创建 Windows 应用程序，实现窗体上的控件与后台数据库形成数据交互，完成基本的增、删、改、查操作；二，本书结合编者多年教学经验，融合各学校该课程的教学大纲，坚持“重在实用、理论够用”的原则，以实用技术为主线，以培养学生的实际开发能力为目的，立足于“看得懂、学得会、用得上”，重点强调理论教学与实践训练相结合，方法与技术并重，深入浅出、循序渐进地介绍 C#的基本知识、项目的设计与开发技巧。

本书可作为高职高专院校、成人高校和本科院校举办的二级职业技术学院、民办高校计算机及相关专业的教材，也可作为 C#程序设计的入门培训教材或自学参考书。

图书在版编目（CIP）数据

C#程序设计基础案例教程 / 密君英主编. —北京：中国电力出版社，2012.12

普通高等教育“十二五”规划教材. 高职高专教育

ISBN 978-7-5123-3793-0

Ⅰ. ①C… Ⅱ. ①密… Ⅲ. ①C 语言－程序设计－高等职业教育－教材 Ⅳ. ①TP312

中国版本图书馆 CIP 数据核字（2012）第 286143 号

中国电力出版社出版、发行

（北京市东城区北京站西街 19 号 100005 http://www.cepp.sgcc.com.cn）

北京丰源印刷厂印刷

各地新华书店经售

*

2013 年 1 月第一版 2013 年 1 月北京第一次印刷

787 毫米×1092 毫米 16 开本 17.25 印张 416 千字

定价 **32.00** 元

前言

一、教材特色

针对目前软件开发专业的新生，缺少零基础的C#教材这一问题，本书从最基础的语法讲起，选用大量的例题阐述结构化程序设计的基本语法、基本结构，进而采用面向对象的思想进行程序设计，并使用C#创建Windows应用程序，实现窗体上的控件与后台数据库形成数据交互，完成基本的增、删、改、查操作。本书使用Visual Studio 2010和SQL Server 2008数据库。

本书着重于实际操作，结构严谨，语言简练，操作叙述详尽，并配有大量图解。

二、编写方法

在本教材的编写过程中，坚持"重在实用、理论够用"的原则，以实用技术为主线，以培养学生的实际开发能力为目的，立足于"看得懂、学得会、用得上"。重点强调理论教学与实际密切结合，方法与技术并重，深入浅出、循序渐进地介绍了C# 的基本知识、项目的设计与开发技巧。

本书以循序渐进的方式，从基础开始，由浅入深地引导读者掌握C#程序设计的知识和技能；教材编写力求选材得当、内容新颖、结构完整、概念清晰、实用性强、通俗易懂，是一本关于C# 程序设计的实用教材。

三、主要内容

本书共由以下四个部分组成。

第1、2章　C#语言及数据类型、运算符与表达式，这是所有编程语言的基础。

第3～7章　数据的输入/输出、异常与调试及结构化程序设计的三种基本结构，这是结构化程序设计的语法核心。

第8、9章　面向对象的基本概念、创建类和对象、数据成员、属性和事件、类的方法、抽象类、接口、继承、多态等，这些是面向对象程序设计的基础知识。

第10～12章　使用C#创建Windows应用程序的方法，使用ADO.NET访问数据库，以及数据绑定，实现窗体控件与后台数据库的数据交互，完成增、删、改、查操作。

四、读者对象

本书适合无编程基础的初学者或具备基本的语法基础者使用，可作为全国高职高专院校、成人高校及本科院校举办的民办高校计算机及相关专业的教材，也可作为C#程序设计的培训教材或自学参考书。

五、教学安排建议

建议安排90～108学时，其中理论和实践教学环节各占50%，有条件的院校可考虑在课程学习结束后，再安排一到两周的课程设计，布置学生独立或分组合作完成一个较系统的项目。

本书的编写由苏州农业职业技术学院、苏州工业园区服务外包学院、大连工业大学职业技术学院联合完成，由苏州农业职业技术学院的密君英副教授主编，苏州农业职业技术学院的方蓓和苏州工业园区服务外包学院的郁春江副主编，苏州大学的李凡长教授主审。同时还聘请了企业工程师，对本书项目的设计和编排提出了许多有建设性的建议。参与编写的人员还有苏州农业职业技术学院的孙翠华、邹珺、李兴鹏，大连工业大学职业技术学院的曲伟峰，苏州工业园区服务外包学院的陈栋良。在此一并表示感谢！

在本书的编写过程中，苏州农业职业技术学院、苏州工业园区服务外包学院、苏州大学、苏州职业大学和苏州铭星软件科技有限公司的领导和同行，给予我们很大的鼓励、支持和帮助，作者在此表示衷心的感谢。

在本书编写过程中，我们力求精益求精，由于作者水平、时间有限，书中难免存在一些不足之处，恳请读者指正。意见反馈请发邮件至 sun2182@163.com，我们会尽快给予回复。

编　者

2012 年 11 月

目　录

前言

第1篇　C#　基　础

第1章　C#概述……1
1.1　C#语言简介……1
1.2　.NET 开发平台……2
1.3　认识控制台应用程序……8
本章小结……13
实训指导……13
习题……14
第2章　数据类型、运算符与表达式……15
2.1　数据类型与数据存储……15
2.2　运算符与表达式……26
本章小结……32
实训指导……32
习题……34

第2篇　使用C#开发控制台应用程序

第3章　程序的流程控制……36
3.1　数据输入/输出与格式控制……36
3.2　基本流程控制概述……42
本章小结……45
实训指导……45
习题……46
第4章　异常处理与跟踪调试……48
4.1　异常处理……48
4.2　跟踪与调试……51
本章小结……55
实训指导……55
习题……55

第5章　顺序结构及常用公共类介绍 …… 57
5.1　常用公共类及其函数介绍 …… 57
5.2　顺序结构例题分析 …… 60
本章小结 …… 63
实训指导 …… 63
习题 …… 63
第6章　选择结构程序设计 …… 65
6.1　选择结构概述 …… 65
6.2　if 语句 …… 65
6.3　if-else 语句 …… 69
6.4　if-else if 语句 …… 71
6.5　嵌套的 if 语句 …… 75
6.6　switch 语句 …… 78
本章小结 …… 82
实训指导 …… 82
习题 …… 84
第7章　循环结构程序设计 …… 86
7.1　选择结构概述 …… 86
7.2　while 语句 …… 86
7.3　do-while 语句 …… 90
7.4　for 语句 …… 93
7.5　foreach 语句 …… 96
7.6　break 和 continue 语句 …… 97
7.7　嵌套结构 …… 99
7.8　循环结构例题 …… 102
本章小结 …… 110
实训指导 …… 110
习题 …… 111

第3篇　面　向　对　象

第8章　C#面向对象编程基础 …… 114
8.1　面向对象的基本概念 …… 114
8.2　类与对象 …… 114
8.3　数据成员、属性和事件 …… 119
8.4　类的方法 …… 127
8.5　构造函数与析构函数 …… 136
本章小结 …… 143
实训指导 …… 143

习题……144
第 9 章　C#面向对象编程进阶……145
9.1　静态成员与静态类……145
9.2　抽象类……148
9.3　接口……151
9.4　继承……156
9.5　多态……168
9.6　命名空间与分部类……173
9.7　泛型编程……177
本章小结……181
实训指导……181
习题……182

第 4 篇　使用 C#开发数据库应用程序

第 10 章　C#语言可视化编程……183
10.1　第一个 Windows 应用程序……183
10.2　窗体、控件、事件处理函数概述……185
10.3　常用控件的使用……187
10.4　窗体设计进阶……200
10.5　创建 MDI 应用程序……206
本章小结……207
实训指导……208
习题……209
第 11 章　使用 ADO.NET 访问数据库……211
11.1　ADO.NET 概述……211
11.2　.NET 数据提供者……212
11.3　Connection 连接对象……213
11.4　Command 命令对象……217
11.5　DataReader 数据阅读器对象……224
11.6　DataSet 数据集对象……226
11.7　DataView 数据视图对象……231
11.8　DataAdapter 数据适配器对象……234
本章小结……237
实训指导……237
习题……238
第 12 章　数据绑定……241
12.1　数据绑定的基本概念……241
12.2　数据绑定控件……247

12.3 数据源组件……………………………………………………………………………251
12.4 综合实训案例…………………………………………………………………………257
本章小结……………………………………………………………………………………262
实训指导……………………………………………………………………………………262
习题…………………………………………………………………………………………262

附录 A 常用窗体基本控件命名规范——前缀……………………………………………264

参考文献……………………………………………………………………………………265

第1篇 C# 基 础

第1章 C# 概 述

1.1 C# 语言简介

1.1.1 什么是C#语言

Microsoft.NET（以下简称.NET）框架是微软公司推出的新一代Web软件开发模型，C# 语言是.NET框架中新一代的开发工具。

C#（发音为 Csharp）语言，它是一种安全的、稳定的、简单的、优雅的，由 C 和 C++衍生出来的面向对象的编程语言。它在继承C和C++强大功能的同时去掉了一些它们的复杂特性（例如，没有宏和模板，不允许多重继承等）。C# 综合了 Visual Basic 简单的可视化操作和C++的高运行效率，以其强大的操作能力、优雅的语法风格、创新的语言特性和便捷的面向组件编程的支持成为.NET开发的首选语言。

1.1.2 C#语言的特点

用 C# 语言编写的源程序，必须用 C# 语言编译器将 C# 源程序编译为中间语言（Microsoft Intermediate Language，MIL）代码，形成扩展名为exe或dll的文件。中间语言代码不是CPU可执行的机器码，在程序运行时，必须由通用语言运行环境（Common Language Runtime，CLR）中的即时编译器（Just In Time，JIT）将中间语言代码翻译为CPU可执行的机器码，由CPU执行。CLR为C# 语言中间语言代码运行提供了一种运行环境，C# 语言的CLR和Java语言的虚拟机类似。这种执行方式使运行速度变慢，但带来其他一些好处，主要有以下几点。

（1）通用语言规范（Common Language Specification，CLS）：.NET系统包括如下语言——C#、C++、Visual Basic、J#，它们都遵循通用语言规范。任何遵循通用语言规范的语言源程序，都可编译为相同的中间语言代码，由 CLR 负责执行。只要为其他操作系统编制相应的CLR，中间语言代码也可在其他系统中运行。

（2）自动内存管理：CLR内建垃圾收集器，当变量实例的生命周期结束时，垃圾收集器负责收回不被使用的实例所占用的内存空间。不必像C和C++语言那样，用语句在堆栈中建立的实例，必须用语句释放实例占用的内存空间。也就是说，CLR具有自动内存管理功能。

（3）交叉语言处理：由于任何遵循通用语言规范的语言源程序，都可编译为相同的中间语言代码，不同语言设计的组件，可以互相通用，可以从其他语言定义的类派生出本语言的新类。由于中间语言代码由CLR负责执行，因此异常处理方法是一致的，这在调试一种语言调用另一种语言的子程序时，显得特别方便。

（4）提高安全性：C# 语言不支持指针，一切对内存的访问都必须通过对象的引用变量来实现，只允许访问内存中允许访问的部分，这就防止病毒程序使用非法指针访问私有成员，也避免指针的误操作产生的错误。CLR执行中间语言代码前，要对中间语言代码的安全性、完整性进行验证，防止病毒对中间语言代码的修改。

（5）版本支持：系统中的组件或动态链接库可能要升级，由于这些组件或动态链接库都要在注册表中注册，由此可能带来一系列问题。例如，安装新程序时自动安装新组件替换旧组件，有可能使某些必须使用旧组件才能运行的程序无法运行。在.NET 中这些组件或动态链接库不必在注册表中注册，每个程序都可以使用自带的组件或动态链接库，只要把这些组件或动态链接库放到运行程序所在文件夹的子文件夹 bin 中，运行程序就自动使用在 bin 文件夹中的组件或动态链接库。由于不需要在注册表中注册，因此软件的安装也变得容易了，一般将运行程序及库文件复制到指定文件夹中就可以了。

（6）完全面向对象：C#语言是完全面向对象的，在 C#中不再存在全局函数、全区变量，所有的函数、变量和常量都必须定义在类中，避免了命名冲突。

1.2 .NET 开发平台

1.2.1 Microsoft Visual Studio 2010 的安装

Visual Studio 2010 是微软公司为了配合.NET 战略推出的 IDE 开发环境，同时也是目前开发 C# 应用程序最好的工具。Microsoft Visual Studio 2010 可以安装在 Windows XP/Vista/7 等操作系统上，具体的安装步骤如下。

（1）先将 Microsoft Visual Studio 2010 的光盘放置在光驱中运行，弹出“Microsoft Visual Studio 2010 安装程序”对话框，在“Microsoft Visual Studio 2010 安装程序”对话框中选择“安装 Microsoft Visual Studio 2010”选项，如图 1-1 所示。

图 1-1 “Microsoft Visual Studio 2010 安装程序”对话框

（2）安装程序自动加载安装组件，完成后单击“下一步”按钮，如图 1-2 所示。

（3）安装程序将为计算机安装所需的组件，阅读软件许可条款，选择“我已阅读并接受许可条款（A）”选项，单击“下一步”按钮进行安装，如图 1-3 所示。

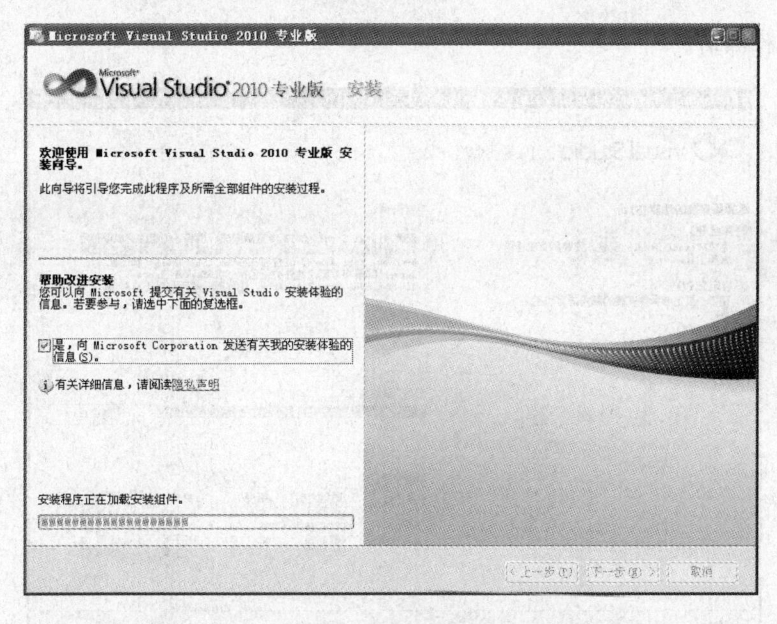

图 1-2 加载安装组件

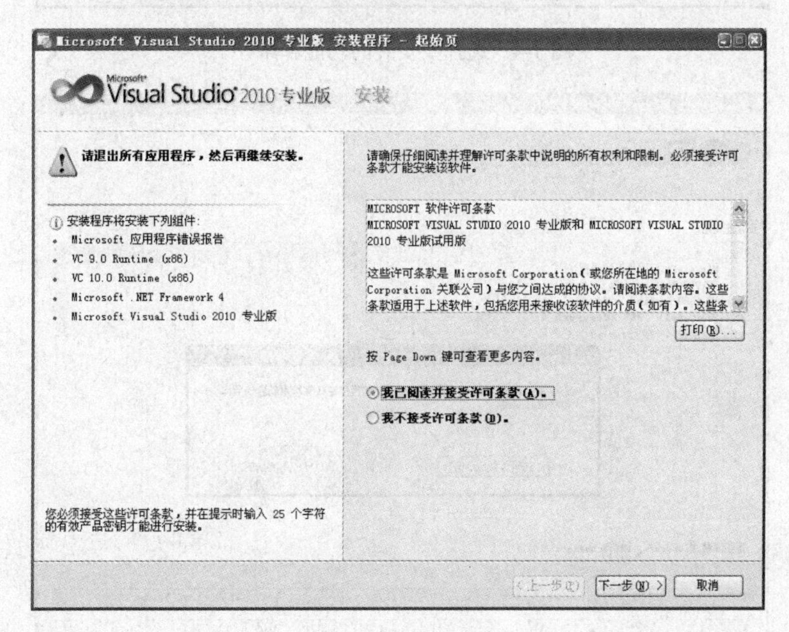

图 1-3 安装组件

（4）选择要安装的功能：

1）“完全（F）”：安装所有编程语言和工具。

2）“自定义（U）”：在下一页上选择要安装的编程语言和工具。

设置产品安装路径，安装程序默认的路径是“C:\Program Files\Microsoft Visual Studio 10.0\”，如果需要修改路径则可以单击“浏览”按钮选择其他的路径或者手动更改路径，最后单击“安装”按钮进行安装，如图 1-4 所示。

（5）在安装的过程中系统可能需要重新启动 1～2 次，如图 1-5 所示，按照提示进行相应的重新启动操作即可。

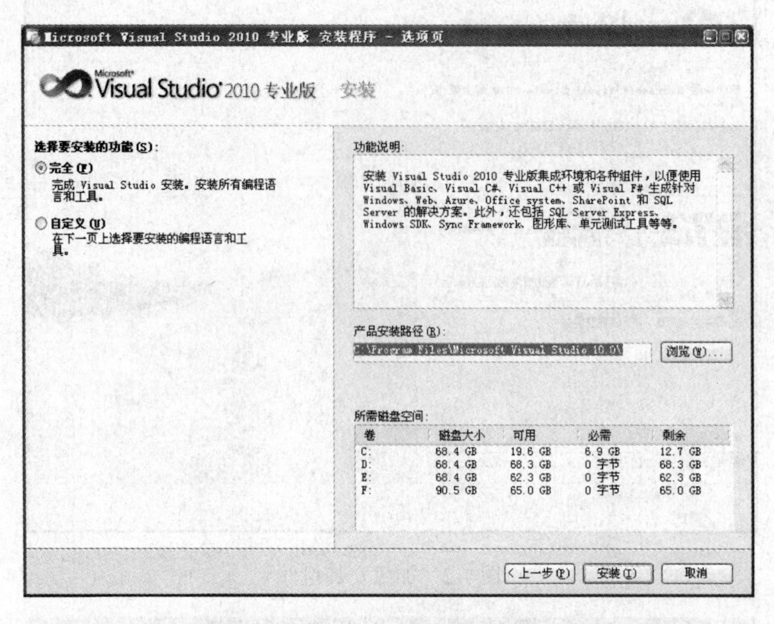

图 1-4 选择要安装的功能和路径

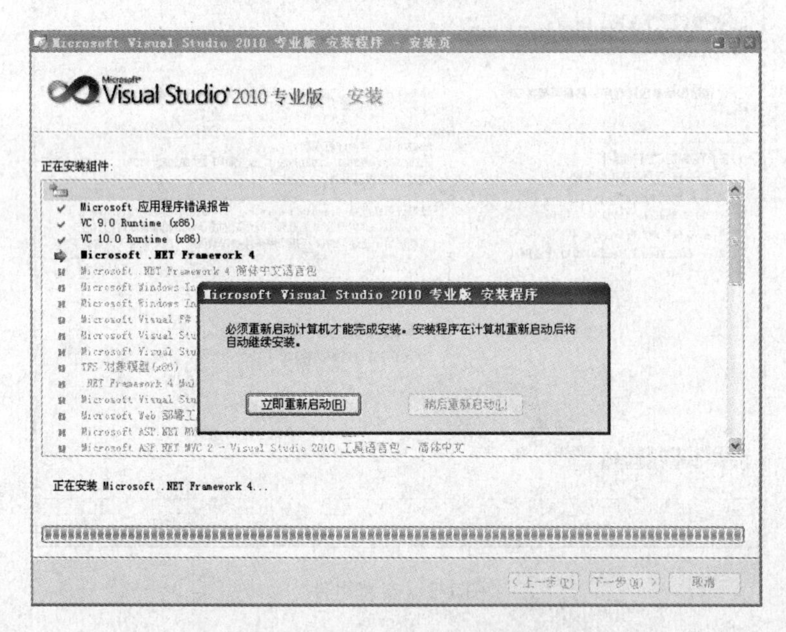

图 1-5 安装过程中系统重新启动

（6）最后，弹出“Microsoft Visual Studio 2010 专业版安装程序—完成页”对话框，如图 1-6 所示，单击“完成”按钮后 Microsoft Visual Studio 2010 成功安装。

1.2.2 创建项目

启动 Visual Studio 2010 开发环境，选择“开始”→“程序”→ Microsoft Visual Studio 2010 → Microsoft Visual Studio 2010 命令，即可进入 Microsoft Visual Studio 2010 开发环境。首次启动 Microsoft Visual Studio 2010 会弹出“选择默认环境设置”对话框，如图 1-7 所示。

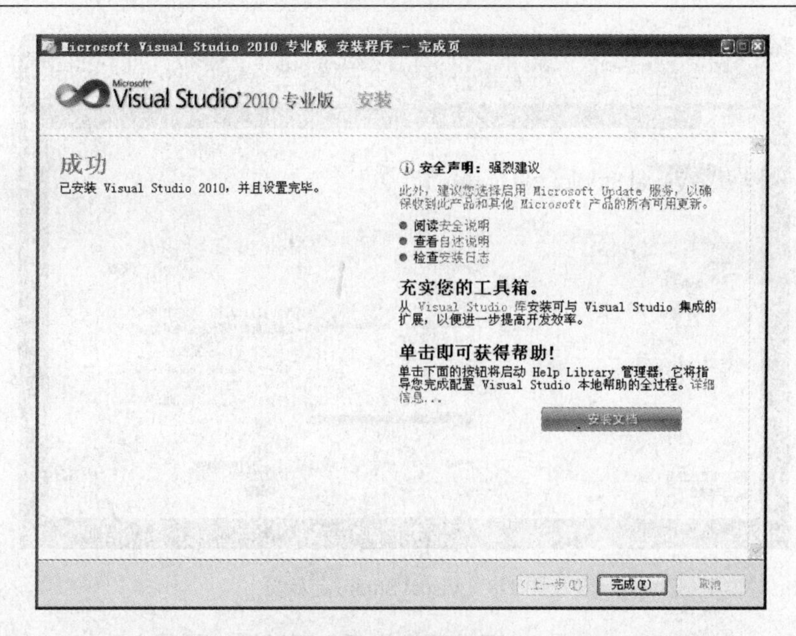

图 1-6　完成安装

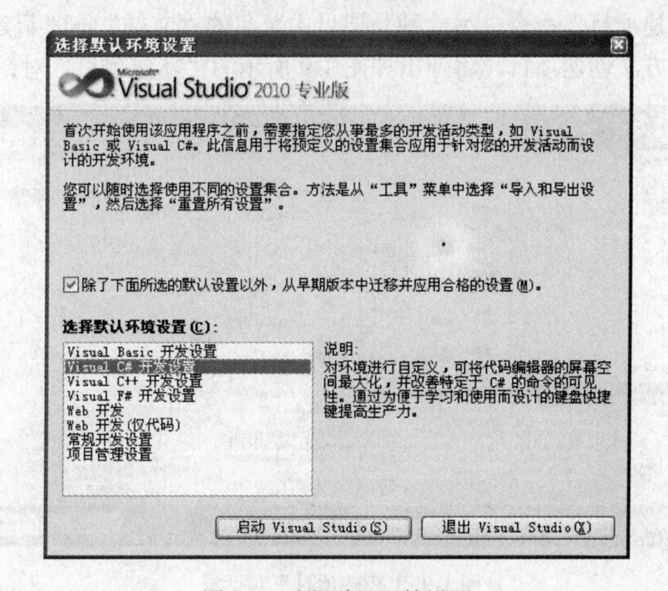

图 1-7　选择默认环境设置

在“选择默认环境设置”对话框中，可以选择不同的开发环境。本书涉及的程序都是通过 C# 语言开发的，所以选择“Visual C# 开发设置”项，然后单击“启动 Visual Studio”按钮，打开 Visual Studio 起始页，如图 1-8 所示。

起始页可以引导开发人员开始使用这个工具，它提供以下四个主要的功能。

（1）最近使用的项目：可以从这里找到最近使用的项目，也可以打开或新增项目。

（2）入门：分类引导新手入门的网页链接资源。

（3）指南和资源：显示有关于程序编写与团队开发的一些参考信息。

（4）最新新闻：通过订阅 RSS 摘要，可以直接取得有关 Microsoft 产品与技术的更新信息。

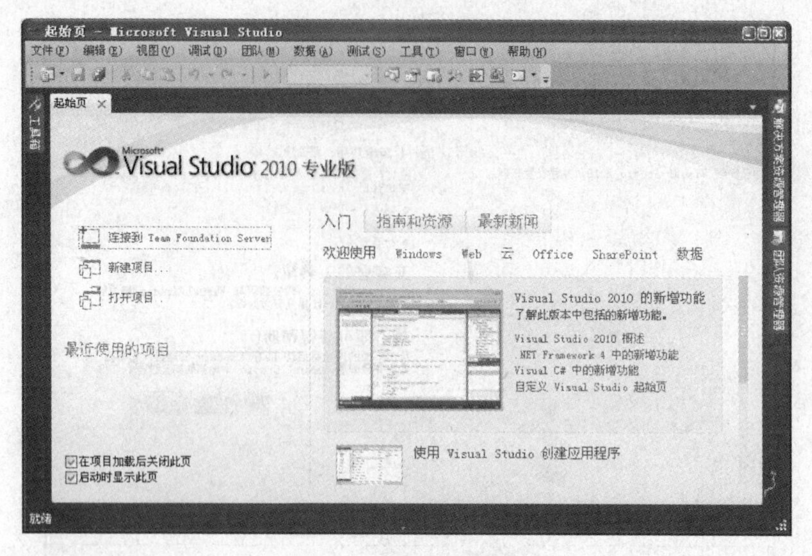

图 1-8　Visual Studio 起始页

启动 Microsoft Visual Studio 2010 开发环境之后，可以通过两种方法创建项目：一种是在起始页中选择“新建项目”命令，另一种是通过主菜单的“文件”→“新建”→“项目”选项，选择其中一种方法创建项目，将弹出如图 1-9 所示的“新建项目”对话框。

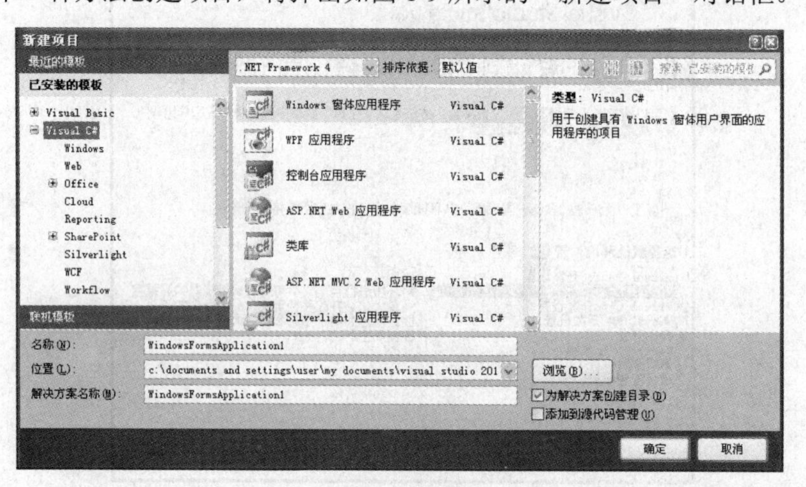

图 1-9　“新建项目”对话框

在 Visual C# 项目中可以创建控制台应用程序和 Windows 窗体应用程序。

（1）控制台应用程序。控制台应用程序是 Windows 系统组件的一部分，通常以 DOS 窗口形式进行输出。

（2）Windows 窗体应用程序。Windows 窗体应用程序是指可以在 Windows 平台上运行的所有程序，如开发人员经常使用的 C# 编程词典软件就是 Windows 窗体应用程序。

选择创建“Windows 窗体应用程序”项后，用户可对所要创建的项目进行命名、选择保存的位置、是否创建解决方案目录的设定，在命名时可以使用用户自定义的名称，也可使用默认名，单击“浏览”按钮可以设置项目保存的位置。需要注意的是，解决方案名称与项目名称一定要统一，然后单击“确定”按钮，完成项目的创建。

1.2.3　Microsoft Visual Studio 2010 集成开发环境

项目创建完成后进入 Microsoft Visual Studio 2010 的集成开发环境（IDE），如图 1-10 所示。

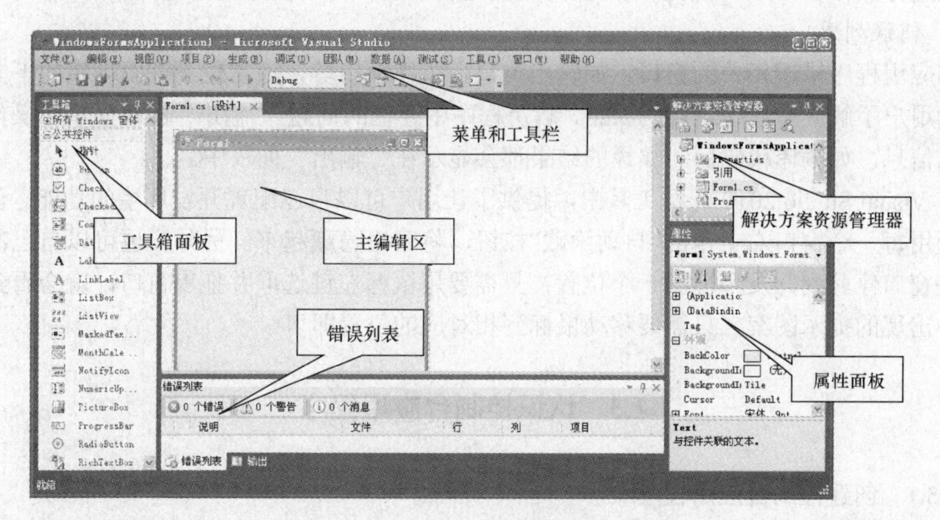

图 1-10　Visual Studio 2010 集成开发环境

Microsoft Visual Studio 2010 的集成开发环境由菜单和工具栏、“工具箱”面板、主编辑区、解决方案资源管理器、“属性”面板、错误列表等组成，下面分别进行介绍。

1. 菜单和工具栏

从菜单中，可以挖掘 Visual Studio 2010 几乎所有的功能，从项目的创建到代码的编译运行。菜单下面是两行工具栏，其中包含了大部分常用的功能，如创建项目和解决方案、保存文件、调试运行代码及关键字搜索等。而且，还可以通过右键单击空白处自定义工具栏。

2. “工具箱”面板

Visual Studio 2010 是一款可视化的编程工具，所以在设计界面时，可以通过拖曳工具栏面板上面的组件实现可视化的编辑。在工具箱面板中，不仅包括了诸如文本框、数据列表、下拉框等可视化的控件，还包括了数据库连接等非可视化工具。

3. 主编辑区

主编辑区是 Visual Studio 2010 中最主要的区域，位于开发环境的正中央，包含了界面设计和代码编辑。

4. 解决方案资源管理器

在.NET 框架体系中，解决方案的概念是在项目之上的，也就是说，一个解决方案中可以包含多个相同或不同类型的项目。在解决方案资源管理器中，可以按照树型菜单的方式，查看该解决方案下的所有项目，以及项目中的所有文件。

5. “属性”面板

“属性”面板是 Visual Studio 2010 中一个重要的工具，该面板中为 Windows 窗体应用程序的开发提供了简单的属性修改方式。对窗体应用程序开发中的各个控件属性都可以由“属性”面板设置完成。“属性”面板不仅提供了属性的设置、修改功能及事件的管理功能，还可以管理控件的事件，方便编程时对事件的处理。

“属性”面板采用了两种方式管理属性和方法，分别为按分类方式和按字母顺序方式。读者可以根据自己的习惯采用不同的方式。面板的下方还有简单的帮助，方便开发人员对控件的属性进行操作和修改。“属性”面板的左侧是属性名称，右侧是属性值。

6. 错误列表

与应用程序错误相关的窗口，如输出窗口、监视窗口等，通常位于开发环境的下方，可以帮助用户了解应用程序运行的状态，解决程序中存在的问题。“输出”面板显示了操作之后的输出信息，如编译代码后，编译的结果都会显示在“输出”面板中。

在 Visual Studio 2010 开发工具中，提供了让用户可以自己配置开发环境的功能。例如，可以使用每一个窗口右上角的“自动隐藏”按钮，将窗口隐藏起来。另外，也可以自己决定要将这些窗口停驻到开发环境哪一个位置；只需要用鼠标左键选取并拖曳窗口，就会看到开发环境中出现的提示图案，只需要移动鼠标到相对应的位置即可。

1.3 认识控制台应用程序

1.3.1 创建控制台应用程序

控制台应用程序是指能够运行在 MS-DOS 环境中的程序。控制台应用程序通常没有可视化的界面，只是通过字符串来显示或者监控程序。控制台程序常常被用于测试、监控等用途，用户往往只关心数据，不在乎界面。

【例 1-1】 本示例使用 Visual Studio 2010 开发工具，创建一个简单的控制台应用程序，输出“Hello World”。创建一个创建控制台应用程序的步骤如下所示。

（1）执行“开始”→“程序”→ Microsoft Visual Studio 2010 →Microsoft Visual Studio 2010 命令，打开 Visual Studio 2010 开发环境。

（2）在起始页的创建操作中，选择“新建项目”命令，或者执行主菜单的“文件”→“新建”→“项目”命令，弹出“新建项目”对话框，如图 1-11 所示。

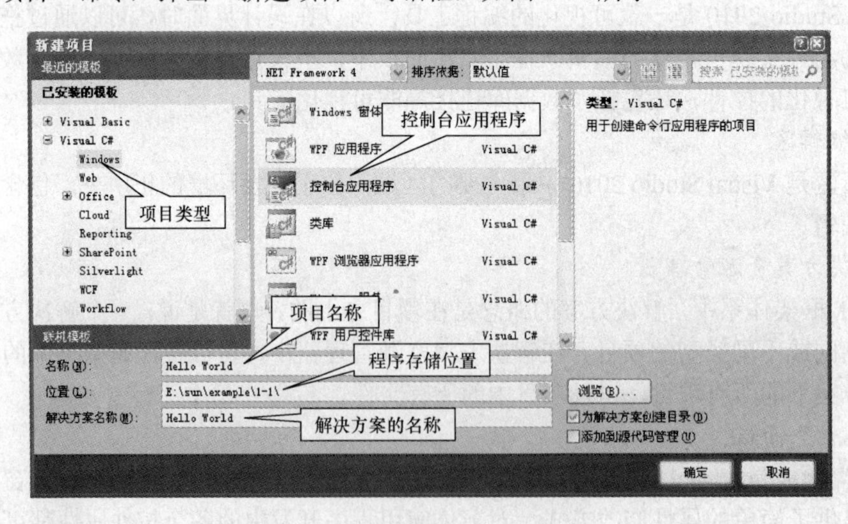

图 1-11 “新建项目”对话框

（3）在“新建项目”对话框中，选择项目类型中的 Visual C# →Windows 选项，在右边的模板列表中，选择“控制台应用程序”选项。在名称字段中，填写项目名称为 Hello World。在位置字段中，单击“浏览”按钮，选择项目保存的位置。在解决方案名称字段中，填写解决方案的名称为 Hello World。

（4）单击“确定”按钮，创建了一个控制台应用程序，如图 1-12 所示。

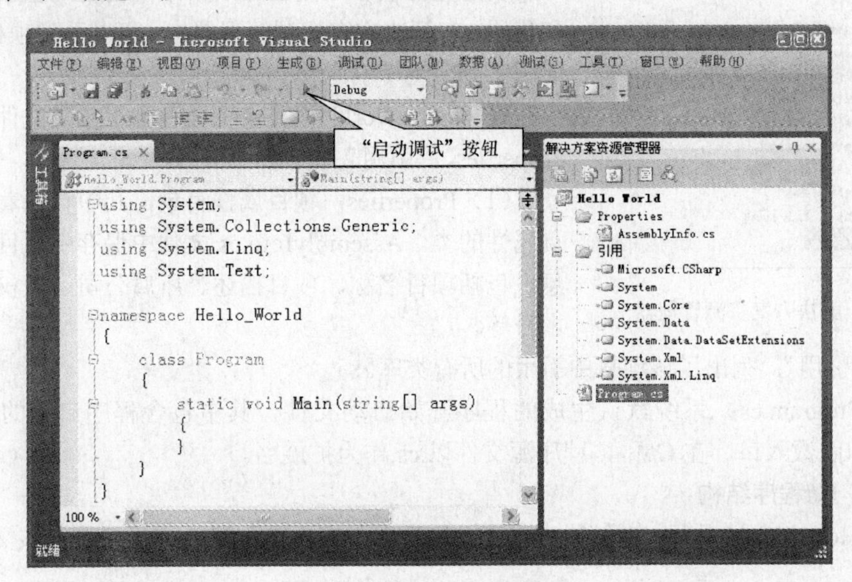

图 1-12　控制台应用程序

（5）在代码区域输入需要运行显示 Hello World 的代码，如图 1-13 所示，代码如下。

```
1. Console.WriteLine("Hello World! ");          //从控制台输出内容
2. Console.ReadLine();                          //从控制台输入
```

（6）可以使用以下方法运行程序。

1）执行菜单“调式”→“调试”命令或者执行菜单“调式”→“开始执行（不调试）”命令。

2）单击工具栏上“启动调试”按钮，如图 1-12 所示。

3）按快捷键 F5。

运行效果如图 1-14 所示。

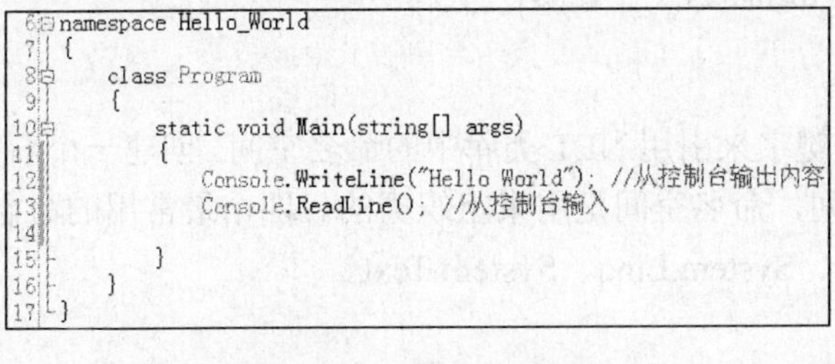

```
6  namespace Hello_World
7  {
8      class Program
9      {
10         static void Main(string[] args)
11         {
12             Console.WriteLine("Hello World"); //从控制台输出内容
13             Console.ReadLine(); //从控制台输入
14
15         }
16     }
17 }
```

图 1-13　需要运行的代码

图 1-14　运行结果

1.3.2　控制台应用程序的文件结构

在前面建立项目的时候，Visual Studio 会创建一个与 Hello World 同名的文件夹，名为解决方案文件夹。解决方案和项目都是 Visual Studio 提供的有效管理应用程序的容器。一个解决方案可以包含一个或多个项目，而每个项目都能够解决一个独立的问题。

图 1-15　解决方案资源管理器

Visual Studio 提供了一个窗口叫解决方案资源管理器，用来管理解决方案中包含的各类文件。

创建完控制台应用程序后，系统会自动生成一些文件和代码，在解决方案资源管理器中，可以看到项目的结构，如图 1-15 所示。

在 Hello World 根目录下面包含了三类文件，分别是 Properties、“引用”和 Program.cs。

（1）Properties：项目属性目录，其中存放着有关本项目属性的类。AssemblyInfo.cs 文件中保存中项目的详细信息，包括项目名称、项目描述、所属公司、版权信息及版本号等。

（2）“引用”：列出了该项目中引用的所有类库。

（3）Program.cs：系统默认生成的程序开始启动文件，其中包含程序启动的静态方法 Main()，即函数入口。在 C#中，程序源文件以.cs 作为扩展名。

1.3.3　C#程序结构

打开 Hello World 项目，在解决方案资源管理器中双击 Program.cs 可以打开该文件，如图 1-16 所示。

```
Hello_World.Program
1  using System;
2  using System.Collections.Generic;
3  using System.Linq;
4  using System.Text;
5
6  namespace Hello_World
7  {
8      class Program
9      {
10         static void Main(string[] args)
11         {
12             Console.WriteLine("Hello World"); //从控制台输出内容
13             Console.ReadLine(); //从控制台输入
14
15         }
16     }
17 }
```

图 1-16　Program.cs 文件中的程序代码

1. using 关键字

在使用类之前，必须通过 using 关键字来引用.NET 类库中的命名空间。创建一个新类后，系统会默认引用四个最常用的命名空间，命名空间是用来组织类的。四个最常用的命名空间为 System、System.Collections.Generic、System.Linq、System.Text。

2. namespace 关键字

namespace 关键字表示当前类所属的命名空间。在命名空间中可以声明类、接口、结构、枚举和命名空间等。在这段代码中，Visual Studio 自动以项目的名称 Hello World 作为这段程序的命名空间的名称。以后如有程序使用 Hello_World 命名空间里的元素，只需要在程序前加上 using Hello_World 即可。

3. class 关键字

class 关键字引导一个类的定义，其后接着类的名称。在程序模板生成时，Visual Studio 自动创建了一个类，名为 Program。

4. Main 函数

Main 函数也称为主函数，它是 C# 程序中的一个最重要的函数，是编译器规定的所有可执行程序的入口。在 C# 程序中，程序的执行必须从 Main 函数开始。

使用 Main 函数有以下几条准则。

（1）Main 函数必须封装在类中来提供可执行程序的入口点。

（2）Main 函数必须是静态函数，这允许 C# 不必创建实例对象就可以运行程序。

（3）Main 函数的保护级别无特殊要求，一般为 public。

（4）Main 函数名称的第一个字母必须大写。

（5）Main 函数的参数只有两种形式：无参数和 string 数组表示的命令行参数。

（6）Main 函数返回值只能为 void 或者 int。

有关类、数据类型、函数等相关知识点将会在后续章节中加以介绍。

5. 注释

应用程序并不是只给程序员本身看的，一名优秀的程序员应养成使用注释来说明编程结构和逻辑的习惯。注释可以使程序更容易阅读和修改，同时也为以后程序的扩展提供便利。当编译器将源代码转换为目标代码时，将忽略其中的注释和空白，即注释信息不参加编译，不影响程序的执行结果。

代码中的注释有以下三种。

（1）行注释：// ……，它只对当前行有效。

（2）块注释：/* …… */，位于这一对标记中的内容，不论有多少行，都将成为注释。

（3）文档注释：/// ……或/**……，这个标记后面紧跟它们所注释的用户定义类型（如类、委托或接口）或者成员（如字段、事件、属性或方法）。

1.3.4 Console 类

Console 是 C#中的控制台类，利用它能很方便地进行控制台的输入/输出。

1. 向控制台输出

在 Console 控制台类中，有两个输出字符串的方法：Console. WriteLine()和 Console. Write()。它们唯一的区别是前者输出后换行，后者输出后不换行。

Console. WriteLine()方法输出有以下三种方式。

（1）Console. WriteLine（）；相当于换行。

（2）Console. WriteLine（要输出的值）；输出一个值。

（3）Console. WriteLine（“格式字符串”，变量列表）；格式化字符串的形式输出。

【例 1-2】 本例使用 Console. WriteLine()方法的不同方式输出字符串，代码如下。

```
1. using System;
2. using System.Collections.Generic;
3. using System.Linq;
4. using System.Text;
5. namespace ConsoleApplication1
6. {
```

```
7.   class Program
8.   {
9.     static void Main(string[] args)
10.    {
11.      string name="张华";                            //声明一个字符串类型的变量
12.      Console.WriteLine(name);
13.      Console.WriteLine("我的姓名是：" + name);     //用+号输出
14.      Console.WriteLine("我的姓名是：{0}", name); //用占位符输出
15.      string age = "20";
16.      Console.WriteLine("我的姓名是:{0},年龄是:{1}。", name, age);
17.      Console.ReadLine();
18.    }
19.  }
20. }
```

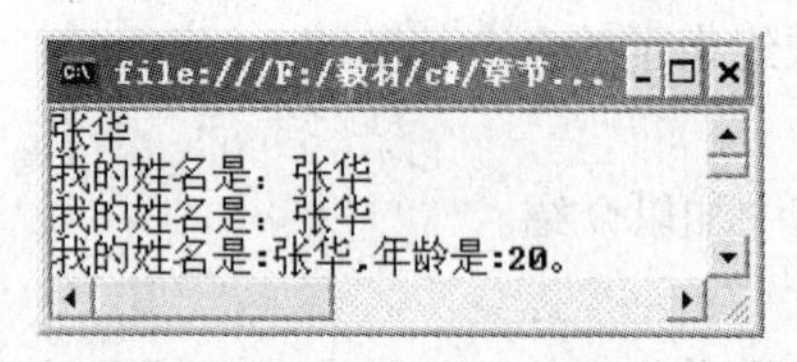

图 1-17 ［例 1-2］的运行结果

［例 1-2］的运行结果如图 1-17 所示。

［例 1-2］中第 14 行和 16 行代码为 Console. WriteLine()方法的第三种方式，第 14 行代码中的"我的姓名是：{0}"是格式字符串，{0}叫占位符，它占的是后面 name 变量的位置。

在格式字符串中，依次使用{0}、{1}、{2}……代表要输出的变量，然后将变量依次排列在变量列表中，{0}对应变量列表的第一个变量，{1}对应变量列表的第二个变量，{2}对应变量列表的第三个变量……依次类推。

2. 从控制台读入

与 Console. WriteLine()方法对应，从控制台输入使用 Console.ReadLine()方法。Console.ReadLine()方法返回一个字符串，可以直接把它赋给一个字符串变量。

【例 1-3】 本例使用 Console.ReadLine()方法的输入字符串，代码如下。

```
1.  using System;
2.  using System.Collections.Generic;
3.  using System.Linq;
4.  using System.Text;
5.  namespace ConsoleApplication1
6.  {
7.    class Program
8.    {
9.      static void Main(string[] args)
10.     {
11.       Console.WriteLine("请输入您的姓名：");
12.       string name;                          //声明字符串类型变量
13.       name = Console.ReadLine();            //从控制台获取 name 变量的值
14.     Console.WriteLine("您的姓名是：{0}",name);
15.       Console.ReadLine();
16.     }
17.   }
18. }
```

［例 1-3］的运行结果如图 1-18 所示。

file:///F:/教材/c#/章...
你输入您的姓名：
张三
您的姓名是：张三

图 1-18 ［例 1-3］的运行结果

本 章 小 结

本章主要介绍了 C#语言的特点及 Microsoft Visual Studio 2010 的安装和集成开发环境，并通过实例讲解了如何利用 Microsoft Visual Studio 2010 集成开发环境创建控制台应用程序，详细介绍了 C#程序结构和输入/输出类的使用。

实 训 指 导

实训名称：程序的流程控制

1. 实训目的

（1）熟悉 Microsoft Visual Studio 2010 集成开发环境。

（2）使用 Microsoft Visual Studio 2010 集成开发环境开发控制台应用程序。

2. 实训内容

使用 Microsoft Visual Studio 2010 集成开发环境，创建一个简单的控制台应用程序，输出“我的第一个应用程序”。

3. 实训步骤

（1）执行“开始”→“程序”→ Microsoft Visual Studio 2010 → Microsoft Visual Studio 2010 命令，打开 Visual Studio 2010 开发环境。

（2）在起始页的创建操作中，选择“新建项目”命令，或者执行主菜单的“文件”→“新建”→“项目”命令，弹出“新建项目”对话框。

（3）在“新建项目”对话框中，选择项目类型中的 Visual C# →Windows 选项，在右边的模板列表中，选择“控制台应用程序”选项。在名称字段中，填写项目名称为 Hello World。在位置字段中，单击“浏览”按钮，选择项目保存的位置。在解决方案名称字段中，填写解决方案的名称为“Exp1-01”。单击“确定”按钮，创建了一个控制台应用程序。

（4）在代码区域输入代码，代码如下。

```
1.  using System;
2.  using System.Collections.Generic;
3.  using System.Linq;
4.  using System.Text;
5.  namespace ConsoleApplication1
6.  {
7.    class Program
8.    {
9.     static void Main(string[] args)
10.    {
11.      Console.WriteLine("我的第一个应用程序");
12.      Console.ReadLine();
13.      }
14.   }
15. }
```

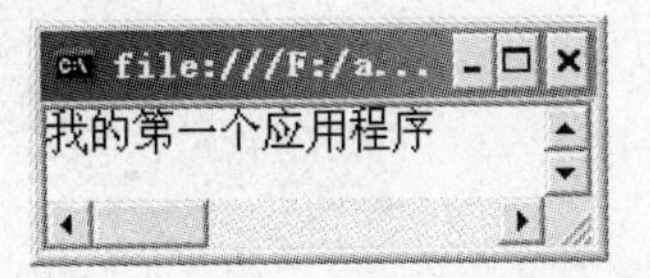

图 1-19 实训指导 1 的运行结果

运行结果如图 1-19 所示。

习 题

一、选择题

1．C#程序设计语言属于什么类型的编程语言（ ）。

A．汇编语言 B．机器语言 C．高级语言 D．自然语言

2．C#是一种面向（ ）的语言。

A．机器 B．过程 C．对象 D．事物

3．C#语言所使用的开发平台是（ ）。

A．Visual C++ B．Microsoft SQL Server

C．Microsoft Visual Studio 2010 D．TURBO C

4．在程序中加入（ ）可以提高程序的可读性，使程序易于阅读和理解。

A．编写思路 B．编写要求 C．代码注释 D．代码分析

5．编写完程序后，按（ ）键运行程序。

A．F3 B．F5 C．F11 D．F10

6．在使用类之前，必须通过（ ）关键字来引用.NET 类库中的命名空间。

A．using B．namespace C．class D．Console

7．实现控制台的输入/输出的类是（ ）。

A．using B．namespace C．class D．Console

8．（ ）关键字表示当前类所属的命名空间。

A．using B．namespace C．class D．Console

二、简答题

1．请简述 C#语言的特点。

2．请简述 Main 函数的作用。

3．请举例说明如何使用 Console 类实现控制台的输入/输出。

第2章　数据类型、运算符与表达式

2.1　数据类型与数据存储

2.1.1　关键字与标记符

1. 关键字

C#语言中一些被赋予特定含义，具有专门用途的字符串称为关键字（又称保留字）。表2-1列出了C#语言的关键字。

表2-1　　C#语言的关键字

abstract	as	base	bool	break	byte	case	catch
char	checked	class	const	continue	decimal	default	delegate
do	double	else	enum	ecent	explicit	extern	false
finally	fixed	float	for	foreach	get	goto	if
implicit	in	int	interface	internal	is	lock	long
namespace	new	null	object	out	override	partial	private
protected	public	readonly	ref	return	sbyte	sealed	set
short	sizeof	stackalloc	static	struct	switch	this	throw
true	try	typeof	uint	ulong	unchecked	unsafe	ushort
using	value	virtual	volatile	volatile	void	where	while

2. 标识符

C#语言对各种变量、方法和类等要素命名时使用的字符序列称为标识符。可以这样理解，凡是可以自己命名的地方都叫标识符，都遵守标识符的命名规则。例如，在第一个程序"Hello World"中，

```
1. Console.WriteLine("Hello World! ");
2. Console.ReadLine();
```

Console、WriteLin和ReadLine都是标识符，Console是类名，WriteLin和ReadLine是方法名。

C#语言标识符命名规则如下。

（1）不能与系统关键字重名。

（2）标识符由字母、下划线"_"、数字或中文组成。

（3）标识符应以字母、中文或下划线开头。

（4）标识符中间不能包含空格。

（5）C#语言标识符对大小写敏感。

2.1.2　数据类型

应用任何一种程序语言需要充分了解它提供的数据类型，这样才能明白它的功能与限制。

从大的方面来分，C#语言的数据类型可以分为三种：值类型、引用类型、指针类型。指针类型仅用于非安全代码中。值类型和引用类型的区别就是值类型的数据是直接存放，而引用类型的数据存放的是地址。

C#语言提供了编程语言所能容纳的所有常见的类型，每一个类型值都有特定的不变的大小，同时每一个类型都对应.Net Framework 中的底层类型，即每一种数据类型都是类库中定义好的类型的简写。因此这些类型值都可在 System 命名空间中找到对应的类型。例如，关键字 int 是一个名为 System.Int32 结构的简写。

```
int i=1;
```

可以定义为

```
System.int32 i=1;
```

1. 值类型

值类型包含整数、浮点数、字符类型、布尔类型。

（1）整数类型。整数类型如表 2-2 所示。

表 2-2　　整 数 类 型

类型名称	.Net 系统类型	说 明	范 围
byte	System.SByte	8 位有符号整数	0～255
short	System.Int16	16 位有符号整数	–32 768～32 767
int	System.Int32	32 位有符号整数	–2 147 483 648～2 147 483 647
long	System.Int64	64 为有符号整数	–9 223 372 036 854 775 808～9 223 372 036 854 775 807

定义整数类型的数字。如：

```
int i=1;   long i=123;  byte i=122;
```

（2）浮点数类型。浮点数类型如表 2-2 所示。

表 2-3　　浮 点 数 类 型

类型名称	.Net 系统类型	说 明
float	System.Single	单精度浮点数，范围$\pm 1.5\times 10^{-45}\sim\pm 3.4\times 10^{38}$，7 位有效数字
double	System.Double	双精度浮点数，范围$\pm 5.0\times 10^{-324}\sim\pm 1.7\times 10^{308}$，15～16 位有效数字

注意：float 型数据，要在数字后加上 f 或 F，double 型要加后缀 d 或 D，若末尾不写字母，则默认为 double 类型。如：

```
float i=8.88f;              //float 型
double i=7E-02;             //double 型，0.07
```

（3）字符类型。字符类型（char 类型）表示 Unicode 字符，是无符号的 16 位整数。它只能存放一个字符。如：

```
char a= 'a'; char b='天';
```

注意：引号是单引号。

我们还可以使用转义字符。转义字符是以反斜杠为首的两字符特殊标记，常见的转义字符如表 2-4 所示。

表 2-4　常见的转义字符

字符	意　义	值（unicode）	字符	意　义	值（unicode）
\'	单引号	\u0027	\f	换页	\u 000c
\"	双引号	\u 0022	\n	换行	\u 000a
\\	反斜杠	\u 005c	\r	回车	\u 000d
\0	空字符	\u 0000	\t	水平制表	\u 0009
\a	警铃	\u 0007	\v	垂直制表	\u 000b
\b	退格	\u 0008			

可以定义转义字符，还可以使用 unicode 值。如：

```
char c='\'';或者 char c='\u0027';
```

（4）布尔类型。布尔类型（bool 类型）是逻辑值。有两个值 true（真，成立）和 false（假，不成立）。

2. 引用类型

引用类型有 object、string。

（1）object 类型。object 类型是所有值类型和引用类型的基类，即所有其他类型的最根本的基础类型。如：

```
object obj=null;
```

（2）string 类型。string 类型（字符串类型）。可以存储从无字符（空字符）到任何多字符。如：

```
string str="welcome to study c# !";
```

字符串文字可以写成两种形式，被引用形式和被@引用形式。

被引用形式：字符串放入双引号内，支持转义字符。

被@引用形式：在字符串定义的前面放@,它不支持转义字符,通常用它表示地址非常方便。如：

```
string str1=@"C:\temp\newfile";
```

上面的地址还可定义为"C:\\temp\\newfile"。

2.1.3　常量与枚举

1. 常量

（1）常量的含义。在程序运行过程中，其值不能被改变的量称为常量。使用常量可以提高代码的可读性，并使代码更易于维护。常量是有意义的名称，用于代替在应用程序的整个执行过程都保持不变的数字或字符串。

（2）常量的声明。常量的一般书写方式如下。

```
const 类型 常量名 = 表达式
```

例如：

```
const float Pi=3.141 592 7f;
```

声明常量后，该名称可以在多处使用，修改也比较方便。

关于常量的声明注意以下几点。

1）类型只能是数值或字符串。

2）常量名应该全部使用大写，每个单词之间用下划线分隔。这样方便程序员很容易地认出常量。

3）表达式是必需的，即在声明常量的同时必须要给它赋值。表达式可以是一个值，也可以是一个算术表达式，其中不能包含变量，但可以包含其他符号常量。

2. 枚举

枚举类型（enum type）是一种独特的值类型，它用于声明一组命名的常量。

（1）枚举的声明。枚举声明用于声明新的枚举类型。格式如下。

```
访问修辞符 enum 枚举名：基础类型
{
   枚举成员
}
```

基础类型必须能够表示该枚举中定义的所有枚举数值。枚举声明可以显式地声明 byte、sbyte、short、ushort、int、uint、long 或 ulong 类型作为对应的基础类型。没有显式地声明基础类型的枚举声明意味着所对应的基础类型是 int。

（2）枚举成员。枚举成员是该枚举类型的命名常数。任意两个枚举成员不能具有相同的名称。每个枚举成员均具有相关联的常量值。此值的类型就是枚举的基础类型。每个枚举成员的常量值必须在该枚举的基础类型的范围之内。

【例 2-1】 枚举 1。

```
1. public enum TimeofDay:uint
2. {
3.        Morning=-3,
4.        Afternoon=-2,
5.        Evening=-1
6. }
```

上述代码将产生编译错误，原因是常量值 -1、-2 和-3 不在基础整型 uint 的范围内。

（3）枚举成员默认值。在枚举类型中声明的第一个枚举成员的默认值为零。以后的枚举成员值是将前一个枚举成员（按照文本顺序）的值加 1 得到的。这样增加后的值必须在该基础类型可表示的值的范围内；否则将出现编译错误。

【例 2-2】 枚举 2。

```
1. public enum TimeofDay:uint
2. {
3.        Morning,
4.        Afternoon,
5.        Evening
6. }
```

Morning 的值为 0，Afternoon 的值为 1，Evening 的值为 2。

（4）为枚举成员显示赋值。允许多个枚举成员有相同的值。没有显示赋值的枚举成员的值，总是前一个枚举成员的值+1。

【例 2-3】 枚举 3。

```
1. public enum Number
2. {
3.     a=1,
4.     b,
5.     c=1,
6.     d,
7. }
```

输出：b 的值为 2，d 的值为 2。

注意：以上枚举值都不能超过它的基础类型范围。否则会报错。

2.1.4 变量

1. 变量的含义

顾名思义，在程序运行过程中，其值可以改变的量称为变量。变量是存储信息的单元，它对应于某个内存空间，用变量名代表其存储空间。程序能在变量中存储值和取出值。

2. 变量的声明和赋值

C#是强类型语言。强类型语言要求程序设计者在使用数据之前必须对数据的类型进行声明。

声明变量的格式如下。

```
数据类型　变量名;
```

例如，声明一个整型变量表示成绩：

```
int score;
```

声明了变量后就可以引用变量，例如，用浮点类型定义商品价格为 10，代码如下。

```
1. double price;
2. price=10;
```

变量的命名必须遵循 C#语言的命名规范。

例如，下列变量名有对有错。

```
2_s   _2s   _s  s#a  int class   ?aaa  Main
```

为变量命名时，尽量采用统一的命名方式，如骆驼命名法（Camel）：小写字母开头，如果变量包含多个单词，则第二个单词及后续单词的首字符采用大写字母；变量名应具有描述性质，这样使程序容易理解。如 char szFileName。

注意：C# 语言对大小写非常敏感，因此 Name 与 name 是不同的两个变量。

【例 2-4】 变量的使用。

```
1. int myint1=5;
2. int myint2,myint3;
3. Console.WriteLine("初始化变量 myint1:{0}:",myint1);
4. myint2=6;
5. myint3=myint1+myint2;
6. Console.WriteLine("myint3={0}",myint3);
```

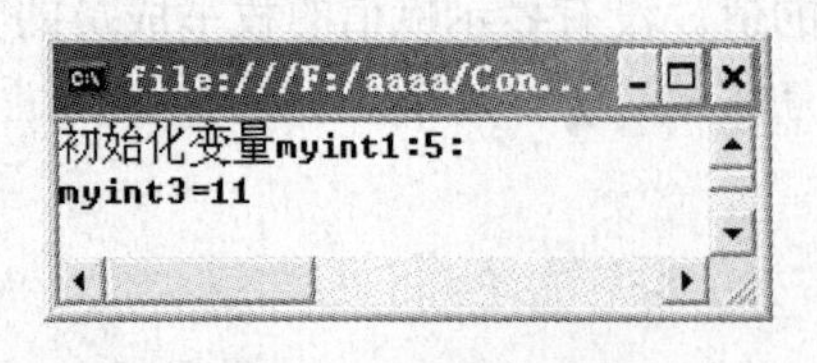

图 2-1 变量的使用

输出结果如图 2-1 所示。

2.1.5 使用数组存储数据

在进行批量处理数据的时候，要用到数组。数组是一组类型相同的有序数据。在 C# 语言中，把一组具有相同名字、不同下标的变量称为数组。数组按照数组名、数据元素的类型和维数来进行描述。C# 语言中数组是类 System.Array 类对象。例如，声明一个整型数组：`int[] arr=new int[5];`实际上生成了一个数组类对象，arr 是这个对象的引用（地址）。

在 C# 语言中数组可以是一维的也可以是多维的，同样也支持数组的数组，即数组的元素还是数组。一维数组最为普遍，用得也最多。

1. 数组类型

在 C# 2010 中，数组属于引用类型，也就是说在数组变量中存放的是对数组的引用，真正的数组元素数据存放在另一个内存区域中。

数组元素在内存中是连续存放的，这是数组元素用下标表示其在数组中位置的根据。

C# 语言中的数组类型可以对应任何数据类型，即数组可以是基本数据类型，也可以是类类型。例如，可以声明一个文本框（TextBox）类型的数组。

C# 语言通过.NET 框架中的 System.Array 类来支持数组，因此，可以使用该类的属性与方法操作数组。

2. 声明数组

因为数组是引用类型的变量，因此声明数组的过程与声明类对象相同，包含两个环节，即声明数组变量与数组变量的实例化。

声明数组时，要先定义数组的数据类型，声明数组的一般格式如下。

```
类型名称[ ] 数组名;
```

例如：

```
1. int [ ] count;              //声明一维数组
2. string [, ] names;          //声明多维数组
3. byte[ ][ ] scores;          //声明数组的数组
```

声明了数组后，并没有为数组元素分配内存，因此在方括号中不能指出数组元素的个数，即数组的长度，也不能访问它的任何元素。

3. 初始化一维数组

数组在声明后必须实例化才可以使用。

（1）用逗号分隔开的元素值列表，放在花括号中。

例如：

```
int [ ] myIntArray={10, 20, 30, 40, 50};
```

说明：

1）myIntArray 有 5 个元素，每个元素都被赋予了一个整数值。

2）元素的个数是数组的长度，用 Length 属性获得

```
Console.Write(myIntArray .Length );
```

3）索引从 0 开始。

```
myIntArray[0]=10;
myIntArray[1]=20;
myIntArray[2]=30;
myIntArray[3]=40;
myIntArray[4]=50
```

（2）使用 new 运算符，指定数组元素的类型和个数来初始化数组的变量。格式如下。

```
数组名称 = new 类型名称[无符号整型表达式];
```

例如：

```
int [ ] myIntArray= new int[5];
```

（3）使用这两种初始化方式相结合。例如：

```
int [ ] myIntArray= new int[5] {2,6,16,8,99};
```

注意：两者大小要一致。

（4）不需要在声明的时候初始化。例如：

```
1. int [ ] myIntArray;
2. int [ ] myIntArray= new int[5] {2,6,16,8,99};
```

4. 访问数组

访问数组就是对数组中的元素进行读/写操作。对数组中元素的访问分为对单个元素的访问与对所有元素的访问两种情况。

对数组元素的访问最常见的两种形式是为数组元素赋值和用数组元素的值为其他变量赋值，即对数组元素的读/写操作。

使用数组名与下标（索引）可以唯一确定数组中的某个元素，从而实现对该元素的访问。例如：

```
1. int x = 4, y = 5;  int [ ]A = new int[3]{1,2,3};
2. x = A[0];     //使用数组 A 的第 1 个元素的值为其他变量赋值
3. A[1] = y;     //为数组 A 的第 2 个元素赋值
```

5. foreach 循环语句

C#语言专门提供了一种用于遍历数组的 foreach 循环语句。所谓“遍历”是指依次访问数组中所有元素。

foreach 循环语句的格式为

```
foreach(类型名称 变量名称 in 数组名称)
{
    循环体语句序列
}
```

【例 2-5】 foreach 循环语句的使用。

```
1. int[ ] myIntArray;
2. myIntArray = new int[5] {10, 20, 30, 40, 50};
3. foreach (int i in myIntArray )
4. {
```

```
5.        Console.WriteLine(i);
6. }
```

输出结果如图 2-2 所示。

【例 2-6】 foreach 遍历数组并求和

```
1.  int[ ] myIntArray={ 87, 68, 94, 100, 83, 78, 85, 91, 76, 87 };;
2.  int total = 0; // add each element's value to total
3.  foreach (int number in myIntArray)
4.  {
5.      total += number;
6.  }
7.  double average = (double)total / myIntArray.Length;
8.  //不能在 foreach 语句中修改数组元素的值
9.  Console.WriteLine("Total of array elements: {0}", total);
10. Console.WriteLine("average of array element: "+average );
```

输出结果如图 2-3 所示。

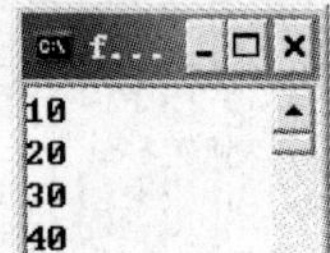
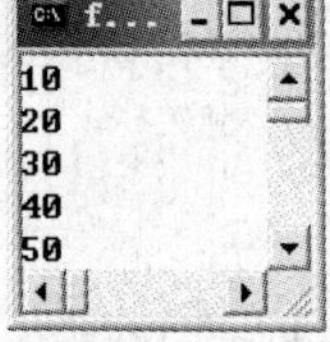

图 2-2 foreach 循环语句的使用

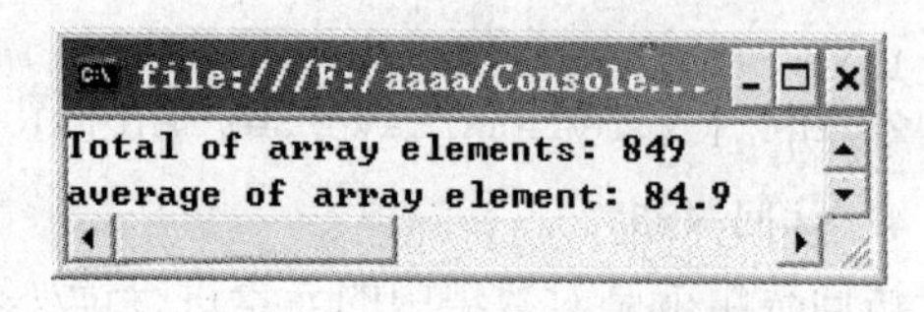

图 2-3 foreach 遍历数组

2.1.6 使用结构存储数据

结构是 C#程序员用来定义自己的值类型的最普遍的机制。结构比枚举更强大，因为它提供函数、字段、构造函数、操作符和访问控制。结构成员的默认访问权限是 private。

1. 结构的声明

结构是用户自定义的值类型。

```
struct 结构名称
{
   结构体;
}
```

【例 2-7】 结构的声明。

```
1.  struct Pair
2.  {
3.      public int X, Y;      //公有变量名单词的首字母大写(PascalCase 规则)
4.  }
5.  struct Pair
6.  {
7.      private int X, Y;     //非公有变量名单词的首字母小写(camelCase 规则)
8.  }
9.  struct Pair
10. {
11.     int X, Y;             //默认的访问修饰符是 private
12. };                        //可以有结尾分号
```

2. 值的产生

一个结构类的变量存在于栈（stack）中，字段不是被预先赋值的，字段只有被赋值后才能读，使用点操作符来访问成员。

【例 2-8】 假设 Pair 是一结构，它有两公有整数类成员 X,Y。

```
1.  static void Main()
2.  {
3.      Pair p;
4.      Console.Write(p.X);      //错误
5.      …
6.  }
7.  static void Main()
8.  {
9.     Pair p;
10.     p.X = 0;
11.     Console.Write(p.X);      //正确
12.     …
13. }
```

结构类的变量存在于栈中。在［例 2-8］中，虽然声明了一个叫 p 的 Pair 类结构变量，但实际上只是声明两个局部变量 p.X 和 p.Y 的一种简写形式。

［例 2-8］中的第一段程序的 Console.Write 试图使用 p.X 的值，但它是错误的，因为 p.X 没有被赋初值。

3. 值的初始化

一个结构变量总是能使用默认构造函数来进行初始化。默认构造函数把字段初始化为 0 / false / null。

【例 2-9】 结构的初始化。

```
1.  static void Main()
2.  {
3.      Pair p;
4.      Console.Write(p.X);      //错误，p.X 没有初始化
5.      …
6.  }
7.  static void Main()
8.  {
9.      Pair p = new Pair();
10.     Console.Write(p.X);      //正确,p.X=0
11.     …
12. }
```

除了上面介绍的初始化方法外，还可以使用默认构造函数来初始化一个结构变量。调用构造函数总是使用 new 关键字。一个结构变量是值类型的，它直接存在于栈中，new 关键字的使用不会在堆中开辟内存。结构的默认构造函数总是把结构变量中的所有字段初始化。

注意：在 C#语言中调用默认构造函数必须使用括号。

```
1. Pair p = new Pair;          //错误
2. Pair p = new Pair();        //正确
```

【例 2-10】 定义一个点结构 point。

```
1.  using System;
2.  struct point         //结构定义
3.  {
4.      public int x,y;  //结构中也可以声明构造函数和方法，变量不能赋初值
5.  }
6.  class Test
7.  {
8.      static void Main()
9.     {
10.         point P1;
11.         P1.x=166;
12.         P1.y=111;
13.         point P2;
14.         P2=P1;         //值传递，使 P2.x=166,P2.y=111
15.         point P3=new point();//用 new 生成结构变量 P3，P3 仍为值类型变量
16.     }                  //用 new 生成结构变量 P3 仅表示调用默认构造函数，使 x=y= =0。
17. }
```

2.1.7 数据类型转化

在编写 C# 语言源程序时，经常会遇到类型转换问题。例如整型数和浮点数相加，C#语言会进行隐式转换。详细记住哪些类型数据可以转换为其他类型数据，是不可能的，也是不必要的。程序员应记住类型转换的一些基本原则，编译器在转换发生问题时，会给出提示。C#语言中类型转换分为隐式转换和显示转换。

1. 隐式转换

隐式转换就是系统默认的、不需要加以声明就可以进行的转换。隐式数据转换的规则是由低精度的数据自动向高精度的数据进行转换，例如从 int 类型转换到 long 类型就是一种隐式转换。在隐式转换过程中，转换一般不会失败，转换过程中也不会导致信息丢失。

【例 2-11】 隐式转换。

```
1. int m=10;
2. double n;
3. n=m;
4. Console.Write(n);
5. Console.Read();
```

输出：10。

在上面的代码中，int 类型 m 的值自动转换成 double 类型再赋给 n，反之，如果将 n 的值赋给 m，则会出现无法转换的错误信息。

2. 显示转换

显式类型转换，又叫强制类型转换。与隐式转换正好相反，显式转换需要明确地指定转换类型，显示转换可能导致信息丢失。

【例 2-12】 把长整形变量显式转换为整型。

```
1. long x=5000;
2. int i=(int)x;          //如果超过 int 取值范围，将产生异常
```

由于显式转换存在高精度数据向低精度数据的转换，因此可能出现丢失数据或数据错误

的情况。

3. string 类型的转换

（1）string 类型转换成其他类型。C#语言中还经常要进行 string 类型和其他简单类型的转换，这里需要使用 Framework 类库中提供的一些方法。整型、浮点型、字符型和布尔类型都对应有一个结构类型，该结构类型中提供 parse 方法，可以把 string 类型转换成相应的类型。例如，要把 string 类型转换成 int 类型，则有相应的 int.Parse（sting）方法。

【例 2-13】 使用 int.Parse（sting）方法进行类型转化。

```
1. using System;
2. namespace ConsoleApplication1
3. {
4.     class Program
5.     {
6.         static void Main(string[] args)
7.         {
8.             string str="123";
9.             int i=int.Parse(str);
10.            Console.Write(i);
11.        }
12.    }
13. }
```

输出：123。

（2）其他类型转换成 string 类型。计算后的数据如果要以文本的方式输出，如在文本框中显示计算后的数据，则需要将数值数据转换成 string 类型，转换方法是执行 ToString 方法。

【例 2-14】 执行 ToString 方法将其他类型转换成 string 类型。

```
1. using System;
2. namespace ConsoleApplication1
3. {
4.     class Program
5.     {
6.         static void Main(string[] args)
7.         {
8.             int j = 5 * 5;
9.             string str = "5*5 的平方是:" + j.ToString();
10.            Console.Write(j);
11.        }
12.    }
13. }
```

输出：25。

（3）Convert 类。Convert 类中提供了多种数据转换方法，对不同类型之间的数据进行转换。把 string 转换成 double 类型，使用 ToDouble 方法，格式如下。

```
Convert. ToDouble (string)
```

【例 2-15】 使用 Convert 类。

```
1. using System;
2. namespace ConsoleApplication1
```

```
3.  {
4.      class Program
5.      {
6.          static void Main(string[] args)
7.          {
8.              double d = Convert.ToDouble("123.456");
9.              Console.Write(d);
10.         }
11.     }
12. }
```

输出：123.456。

2.2 运算符与表达式

2.2.1 运算符与表达式概述

1．运算符和表达式的概念

C# 语言中各种运算是用符号来表示的，用来表示运算的符号称为运算符。用运算符把运算对象连接起来的有意义的式子称为表达式，每个表达式的运算结果是一个值。

2．运算符的分类

运算符必须有运算对象，根据运算对象的多少可以把运算符分成单目运算符、双目运算符和三目运算符。

（1）单目运算符：单目运算符作用于一个操作数，如–X、++X、X– –等。

（2）双目运算符：双目运算符对两个操作数进行运算，如 x+y。

（3）三目运算符：三目运算符只有一个，即条件运算符——x? y:z。

3．运算符的优先级

计算表达式 3+5*2。我们都知道先算“*”号再算“+”号，其实这里就涉及运算符的优先级问题。即当表达式中出现多个运算符，计算表达式值时，必须决定运算符的运算次序。我们把这个问题称为运算符的优先级。

C#语言运算符的详细分类及操作符从高到低的优先级顺序如表 2-5 所示。

表 2-5 运算符的详细分类及操作符从高到低的优先级顺序

类 别	操 作 符
初级操作符	(x) x.y f(x) a[x] x++ x-- new type of sizeof checked unchecked
一元操作符	+ – ! ~ ++x –x (T)x
乘除操作符	* / %
加减操作符	+ –
移位操作符	<< >>
关系操作符	< > <= >= is as
等式操作符	== !=
逻辑与操作符	&

续表

<table>
<tr><th>类　别</th><th>操　作　符</th></tr>
<tr><td>逻辑异或操作符</td><td>^</td></tr>
<tr><td>逻辑或操作符</td><td>|</td></tr>
<tr><td>条件与操作符</td><td>&&</td></tr>
<tr><td>条件或操作符</td><td>||</td></tr>
<tr><td>条件操作符</td><td>?:</td></tr>
<tr><td>赋值操作符</td><td>= *= /= %= += -= <<= >>= &= ^= |=</td></tr>
</table>

4. 运算符的结合性

有表达式 b*(a−c)。该表达式应先算括号内的“a−c”，然后再用 b 乘上“a−c”的运算结果。

当在一个表达式中出现多个同级别的运算符时，应先算哪个呢？这就涉及运算符的结合性。

运算符的结合性遵循以下规则。

（1）除赋值运算外，所有的双目运算符都是左结合的。

（2）赋值和条件运算符是右结合的。

（3）建议使用圆括号控制运算顺序。

2.2.2　算术运算符与算术表达式

C# 语言中的算术表达式由运算符和操作数组成，算术运算符包含基本算术运算符和递增（++）、递减（−−）运算符。

1. 基本算术运算符 + − * / %

说明：

（1）/：如果除数和被除数都为整数，则结果为整数，把小数舍去（并非四舍五入）。

（2）%：在 C# 语言中，所有数值类型都具有预定义的模运算。

例如：

```
5%2=1
-5%2=-1
5.0%2.2=0.6
5.0m%2.2m=0.6
```

2. 递增（++）、递减（−−）运算符

递增（++）、递减（−−）运算符是一元运算符，其作用是使变量的值自动增加 1 或者减少 1。

自增和自减运算符既可以在操作数前面（前缀），也可以在操作数后面（后缀），即++i、−−i、i++、i−−。

说明：

（1）++a，−−a　在使用 a 之前，使 a 得值加（减）1。

（2）a++，a−−　在使用 a 之后，使 a 得值加（减）1。

注意：递增和递减运算符只能用于变量，而不能用于常量或表达式，8++或（a+b）++都是不合法的。

【例 2-16】 递增递减运算。

```
1. int a = 3;
2. int b= - a ++;
3. Console.WriteLine(a);
4. Console.WriteLine(b);
```

［例 2-16］是按-（a++）来进行运算的，因为 a++是在表达式运算完毕后再进行自加的，所以首先让 b 的值等于-a，也就是-3，然后 a 进行自加得 4。输出结果如图 2-4 所示。

【例 2-17】 递增递减运算。

```
1. int a = 3;
2. int b= -++a;
3. Console.WriteLine(a);
4. Console.WriteLine(b);
```

［例 2-17］中先对 a 进行自加，变为 4，然后再把-a 赋值给变量 b，输出结果如图 2-5 所示。

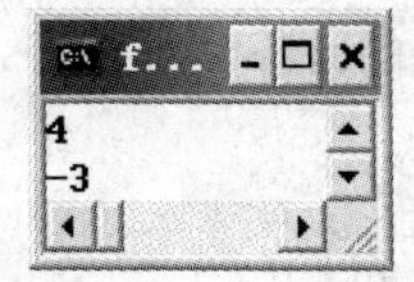

图 2-4 递增递减运算结果

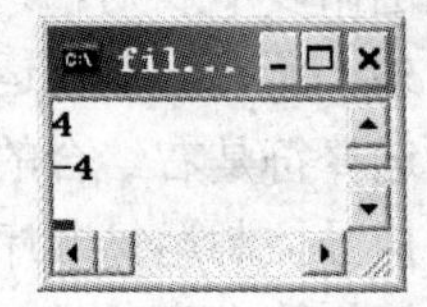

图 2-5 递增递减运算结果

2.2.3 赋值运算符与赋值表达式

赋值运算符用于将一个数据赋予一个变量，赋值操作符的左操作数必须是一个变量，赋值结果是将一个新的数值存放在变量所指示的内存空间中。其中“=”是简单的赋值运算符，它的作用是将右边的数据赋值给左边的变量，数据可以是常量，也可以是表达式。

赋值运算符如表 2-6 所示。

表 2-6 **赋 值 运 算 符**

类　型	符　号	说　明
简单赋值运算符	=	x=1
复合赋值运算符	+=	x+=1 等价于 x=x+1
	-=	x-=1 等价于 x=x-1
	*=	x*=1 等价于 x=x*1
	/=	x/=1 等价于 x=x/1
	%=	x%=1 等价于 x=x%1
	&=、|=、^=、>>=、<<=	

复合赋值运算符的运算非常简单，例如 x*=5 就等价于 x=x*5，它相当于对变量进行一次自乘操作。复合赋值运算符的结合方向为自右向左。同样，也可以把表达式的值通过复合赋

值运算符赋予变量，这时复合赋值运算右边的表达式是作为一个整体参加运算的，相当于表达式有括号。

例如，a%=b*2−5 相当于 a%=(b*2−5)，它与 a=a%(b*2−5)是等价的。

注意：C#语言可以对变量进行连续赋值，这时赋值操作符是右关联的，这意味着从右向左运算符被分组。如 x=y=z 等价于 x=(y=z)。

2.2.4　关系运算符与关系表达式

关系运算符用于在程序中比较两个值的大小，关系运算的结果类型是布尔型，也就说，结果不是 true 就是 false。关系运算符如表 2-7 所示。

表 2-7　关 系 运 算 符

符　号	意　义	关系表达式	运算结果
>	大于	3>6	false
<	小于	3<6	true
>=	大于等于	3>=6	false
<=	小于等于	PI<=3.1416	true
= =	等于	PI==3.1416	false
!=	不等于	3!=2	true

一个关系运算符两边的运算对象如果是数值类型的对象，则比较的是两个数的大小；如果是字符型对象，则比较的是两个字符的 Unicode 编码的大小。例如，字符 x 的 Unicode 编码小于 y，则关系表达式‘x’<‘y’的结果为 true。

关系运算可以同算术运算混合，这时候，关系运算符两边的运算对象可以是算术表达式的值，C# 语言先求表达式的值，然后将这些值做关系运算。例如，3+6>5−2（结果是 false）。

【例 2-18】　关系运算。

```
1. int a = 1;
2. int b = 1;
3. Console.WriteLine(a == b);
4. object x = 1;
5. object y = 1;
6. Console.WriteLine(x == y);
```

输出：true
　　　false

2.2.5　逻辑运算符与逻辑表达式

逻辑运算符用于表示两个布尔值之间的逻辑关系，逻辑运算结果是布尔类型。

逻辑非运算的结果是原先的运算结果的逆，即如果原先运算结果为 false，则经过逻辑非运算后，结果为 true；原先为 true，则结果为 false。

逻辑与运算的含义是，只有两个运算对象都为 true，结果才为 true；只要其中有一个是 false，结果就为 false。

逻辑或运算的含义是，只要两个运算对象中有一个是 true，结果就为 true，只有两个条件均为 false，结果才为 false。逻辑运算符如表 2-8 所示。

表 2-8 逻辑运算符

符 号	意 义	运 算 规 则
!	逻辑非	! false 的结果为 true ! true 的结果为 false
&&	逻辑与	true&&true 的结果为 true true&&false 的结果为 false false&&false 的结果为 false
||	逻辑或	true||true 的结果为 true true||false 的结果为 true false||false 的结果为 false

【例 2-19】 逻辑运算。

```
1. int a = 3;
2. bool b = (a = = 4) && (a++ < 2);
3. Console.WriteLine(b);
4. int c = 3;
5. bool d = (c= = 3) || (c++ < 2);
6. Console.WriteLine(d);
```

输出：false
　　　true

2.2.6 条件运算符与条件表达式

条件运算符是C#语言中的唯一一个三目运算符，它由“?”和“:”两个符号组成。条件运算符的一般格式为

```
表达式 1?表达式 2:表达式 3
```

其中操作数 1 的值必须为布尔值。进行条件运算时，首先判断问号前面的布尔值是 true 还是 false，如果是 true，则条件运算表达式的值等于操作数 2 的值；如果为 false，则条件表达式的值等于操作数 3 的值。

条件运算符的结合性：自右向左。

【例 2-20】 条件运算。

```
1. int x=5,y=8;
2. int m = x > y ? x : y;
3. Console.WriteLine(m);
```

输出：8

2.2.7 其他运算符

1．字符串连接符（+）

字符串连接是最常用的字符串运算。所谓字符串的连接，就是将两个字符串连接在一起，形成新的字符串。C# 语言提供了字符串连接运算符“+”，用于连接两个字符串。

【例 2-21】 字符串连接运算。

```
1. string str1 = 'a' + "bcdef";
2. Console.WriteLine(str1);
3. string str2 = "26"+ "3.14";
4. Console.WriteLine(str2);
```

输出：abcdef
　　263.14

2. is 运算符

is 运算符用于检查表达式是否指定的类型，如果是，则结果为 true，否则结果为 false。

is 表达式格式为

```
变量名或常量名 is 数据类型
```

【例 2-22】 is 运算。

```
1. int k = 2;
2. bool isTest = k is int;     //isTest=true
3. Console.WriteLine(isTest);
```

输出：true

3. sizeof 运算符

sizeof 运算符获得值类型数据在内存占用的字节数。sizeof 运算符的使用方法如下。

```
sizeof (类型标识符)
```

它的结果是一个整数，这个整数代表字节数。

【例 2-23】 sizeof 运算。

```
1. int x=sizeof(int);
2. Console.WriteLine(x);
```

输出：4

因为每个 int 型变量占用 4 字节

4. typeof 运算符

typeof 运算符用于获得一个对象的类型。

5. checked 和 unchecked 运算符

checked 和 unchecked 两个运算符用于控制整数算术运算中当前环境的溢出情况。checked 用于检测某些操作的溢出条件。

【例 2-24】 下面代码试图分配不符合 short 变量范围的值，引发系统错误。

```
1. short val1=20 000, val2=20 000;
2. short myshort=checked((short)(val1+val2));
3. Console.WriteLine(myshort);
```

运行后出现如图 2-6 所示的错误。

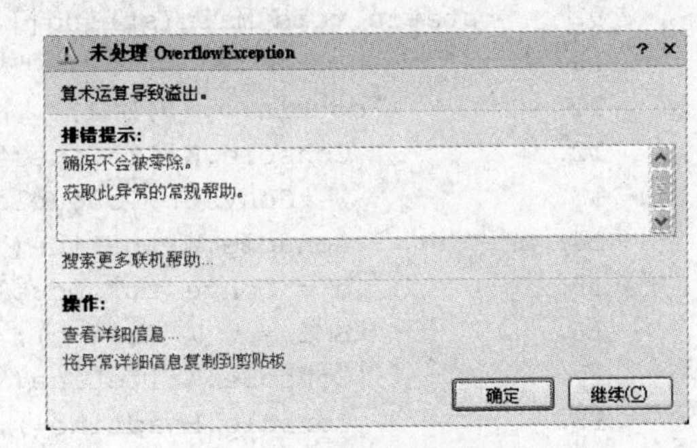

图 2-6　算术运算导致溢出

借助于 unchecked 运算符，可以保证即使溢出，也会忽略错误，接受结果。把［例 2-23］修改如下。

【例 2-25】 unchecked 运算符忽略错误。

```
1. short val1=20 000, val2=20 000;
2. short myshort=unchecked((short)(val1+
val2));
3. Console.WriteLine(myshort);
```

输出：−25 536

本　章　小　结

本章主要介绍了C#语言中的各种数据类型及运算符和表达式，并通过实例讲解如何根据数据选择合适的数据类型、各种表达式的使用。掌握并灵活运用本章所学内容至关重要，它直接影响了后继章节的判断语句和循环语句的学习。

实　训　指　导

实训名称：数据类型与数据存储

1. 实训目的

（1）掌握控制台应用程序的基本编写方法。

（2）熟悉各种类型变量的使用和相互之间的转换。

（3）掌握各种运算符和表达式在程序中的使用。

2. 实训内容

（1）一个称为“身体质量指数”（BMI）的量用来计算与体重有关的健康问题的危险程度。BMI的计算公式为$BMI=W/h^2$。其中W是以kg为单位的体重，h是以m为单位的身高。BMI的值在20～25被认为是“正常的”。编写一个程序，输入体重和身高，输出BMI。

（2）编写一个关于学生信息的程序，定义结构类型（有学号、姓名、性别和程序设计成绩4个字段），声明该结构类型变量，用赋值语句对该变量赋值以后再输出。

3. 实训步骤

（1）创建一个控制台应用程序，代码如下。

```
1.  using System;
2.  using System.Collections.Generic;
3.  using System.Linq;
4.  using System.Text;
5.  namespace ConsoleApplication1
6.  {
7.    class Program
8.    {
9.      static void Main(string[] args)
10.     {
11.            double w, h,BMI;
12.             Console.WriteLine("请输入您的体重：(单位是kg)");
13.             w =Convert.ToDouble(Console.ReadLine());
14.             Console.WriteLine("请输入您的身高：(单位是m)");
15.             h = Convert.ToDouble(Console.ReadLine());
16.             BMI = w / (h * h);
17.             Console.WriteLine("您的BMI是："+BMI);
18.             Console.ReadLine();
19.       }
20.   }
21. }
```

运行结果如图 2-7 所示。

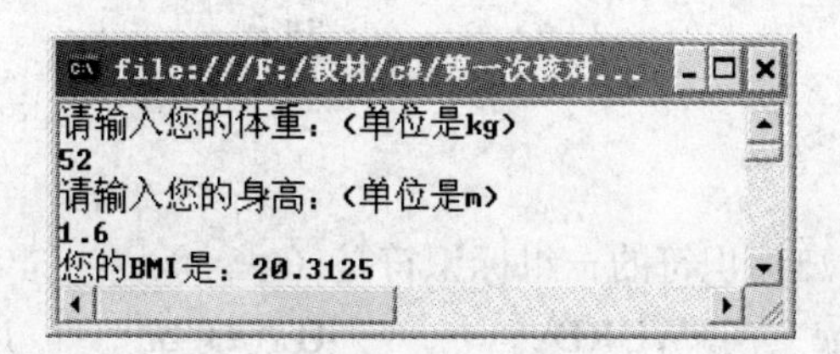

图 2-7　BMI 计算结果

（2）创建一个控制台应用程序，代码如下。

```
22. using System;
23. using System.Collections.Generic;
24. using System.Linq;
25. using System.Text;
26. namespace ConsoleApplication1
27. {
28.     struct student
29.     {
30.         public int no;
31.         public string name;
32.         public string sex;
33.         public double score;
34.     }
35.     class Program
36.     {
37.       static void Main(string[] args)
38.       {
39.             student stu;
40.             stu.no = 2 012 002 368;
41.             stu.name = "张丽";
42.             stu.sex = "女";
43.             stu.score = 96;
44.            Console.WriteLine("学生的学号是{0},名字叫{1},性别是{2},程序设计的成
    绩是{3}",+
45.             +stu.no, stu.name, stu.sex, stu.score);
46.             Console.ReadLine();
47.       }
48.   }
49. }
```

运行结果如图 2-8 所示。

file:///F:/教材/c#/第一次核对稿/第2章/ConsoleApplication2...
学生的学号是2012002368,名字叫张丽,性别是女,程序设计的成绩是96

图 2-8　学生信息程序的运算结果

习 题

一、选择题

1．可用做C#程序用户标识符的一组标识符是（　　）。

A．void　define　+WORD　　B．a3_b3　_123　YN

C．for　-abc　Case　　D．2a　DO　sizeof

2．在C# 语言中，表示一个字符串的变量应使用以下哪条语句定义（　　）。

A．`CString str;`　　B．`string str;`

C．`Dim str as string;`　　D．`char * str;`

3．小数类型和浮点类型都可以表示小数，正确说法为（　　）。

A．两者没有任何区别　　B．小数类型比浮点类型取值范围大

C．小数类型比浮点类型精度高　　D．小数类型比浮点类型精度低

4．请问经过表达式 a=3+1>5?0:1 的运算，变量 a 的最终值是（　　）。

A．3　　B．1　　C．0　　D．4

5．在C# 语言中，下列哪些语句可以创建一个具有3个初始值为" "的元素的字符串数组（　　）。

A．`string StrList[3]("");`　　B．`string[3] StrList= {"","",""};`

C．`string[] StrList = {"","",""};`　　D．`string[] StrList = new string [3];`

6．下列语句创建了（　　）个 string 对象。

```
string [,] strArray = new string[3,4];
```

A．0　　B.3　　C.4　　D.12

7．假定一个10行20列的二维整型数组，下列哪个定义语句是正确的（　　）。

A．`int[]arr = new int[10,20]`

B．`int[]arr = int new[10,20]`

C．`int[,]arr = new int[10,20]`

D．`int[,]arr = new int[20;10]`

8．以下程序的运行结果为（　　）。

```
using System;
class Test
{
   public static void Main()
   {
     int x = 5;
     int y = x++;
     y=++x;
     Console.WriteLine(y);
   }
}
```

A．5　　B．6　　C．7　　D．8

9．以下程序的运行结果为（　　）。

```
using System;
class Test
{
   public static void Main()
   {
     string str1= "3"+ "4";
     Console.WriteLine(str1);
   }
}
```

A．7　　　B．6　　　C．34　　　D．8

10．以下程序的运行结果为（　　）。

```
using System;
class Test
{
   public static void Main()
   {
      int a= 3;
      int b = (++a) +(++a)+(++a);
      Console.WriteLine(a);

   }
}
```

A．7　　　B．6　　　C．5　　　D．8

二、简答题

1．简述 C#语言标识符的命名规则。

2．简述数组的概念。举例说明数组的遍历方法（起码两种）。

第2篇　使用C#开发控制台应用程序

第3章　程序的流程控制

3.1　数据输入/输出与格式控制

通常编写的控制台应用程序，一般都有输入/输出操作。程序运行时，用户输入必要的数据，由程序对数据进行处理后再将处理结果反馈给用户。控制台应用程序的输入与输出主要通过命名空间 System 中的 Console 类来实现，Console 类表示控制台应用程序的标准输入/输出流，它提供了控制台输入/输出的基本方法，使用 ReadLine( )和 Read()方法实现输入，使用 WriteLine( )和 Write( )方法实现输出。

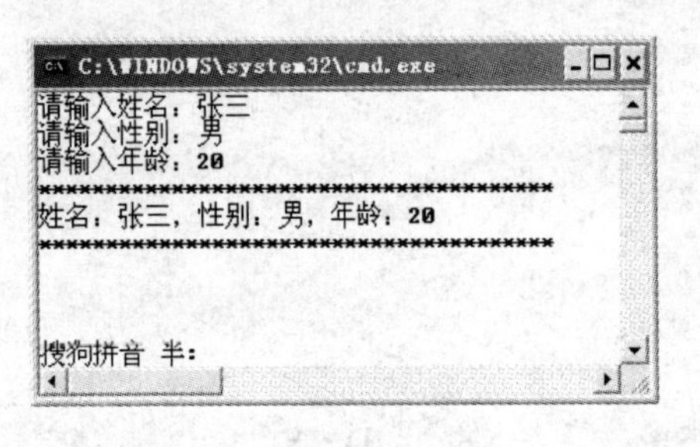

图 3-1 ［例 3-1］过程演示

3.1.1　使用 Console 类实现数据输入

对于控制台应用程序，数据的输入主要有两种方法：控制台输入和文件读入。本章主要讨论控制台输入。

【例 3-1】通过控制台分别输入学生的姓名、性别、年龄等信息，在控制台窗口输出这些数据。具体输入过程与输出结果如图 3-1 所示。

代码如下所示。

```
1.  using System;
2.  using System.Collections.Generic;
3.  using System.Linq;
4.  using System.Text;
5.
6.  namespace ConsoleApplication1
7.  {
8.      class Program
9.      {
10.         static void Main(string[] args)
11.         {
12.             string name;
13.             char sex;
14.             int age;
15.             Console.Write("请输入姓名：");
16.             name = Console.ReadLine();
17.             Console.Write("请输入性别：");
18.             sex = Convert.ToChar(Console.ReadLine());
19.             Console.Write("请输入年龄：");
20.             age = int.Parse(Console.ReadLine());
21.             Console.WriteLine("************************************");
22.             Console.WriteLine("姓名："+name+"，性别："+sex+"，年龄："+age);
23.             Console.WriteLine("************************************");
```

```
24.         }
25.     }
26. }
```

代码解读：

（1）第 12 行声明一个 string 类型的变量 name。

（2）第 13 行声明一个 char 类型的变量 sex。

（3）第 14 行声明一个 int 类型的变量 age。

（4）第 15、17、19 行使用 Console 类的 Write( )方法输出提示字符串，用于提示用户输入合适的数据。

（5）第 21、23 行使用 Console 类的 WriteLine( )方法输出分隔行，用于突显第 22 行的输出信息。

（6）第 16 行使用 Console 类的 ReadLine( )方法，输入一个字符串，即姓名，由于使用 ReadLine( )方法读入的是字符串类型的数据，而被赋值的变量 name 也是 string 类型，因此不需要进行数据类型的转换。

（7）第 18 行使用 Console 类的 ReadLine( )方法，输入一个字符即性别，由于被赋值的变量 sex 为 char 类型，因此需要使用 Convert 类的 ToChar( )方法进行数据类型的转换。

（8）第 20 行使用 Console 类的 ReadLine( )方法，输入一个全为数字的字符串，即年龄，由于被赋值的变量 age 为 int 类型，因此需要使用 Parse 方法进行数据类型的转换。

（9）第 22 行使用 Console 类的 WriteLine( )方法输出数据。

控制台的数据输入主要使用 Console 类的输入方法：ReadLine( )方法和 Read( )方法。

1. ReadLine( )*方法*

ReadLine( )方法的功能是从标准输入流读取一行字符，直到用户按“回车”键结束，但不包括“回车”键。ReadLine( )方法若没有接收到任何数据，或者接收了无效的字符，将返回 null。

2. Read( )*方法*

Read( )方法的功能是从标准输入读取一个字符，并以 Unicode 编码值（整数）的形式保存，它一次只能从输入流中读取一个字符，并且直到用户按“回车”键才返回。当该方法返回时，如果输入流中包含了有效的输入字符，则返回一个表示输入字符的整数；如果输入流中没有数据，则返回-1。

如果用户输入了多个字符，如“APPLE”，然后按“回车”键，则此时的输入流为“APPLE\r\n”，也就是包含“回车”键‘\r’和换行符‘\n’，但是 Read( )方法只读取字符‘A’，并返回‘A’的 Unicode 编码值，即 65，其他字符可以通过多次调用 Read( )方法来获取。

3.1.2 使用 Console 类实现数据输出

对于控制台应用程序，数据的输出主要有控制台输出和文件写入，本章主要讨论控制台输出。

1. WriteLine( )*方法*

WriteLine( )方法将指定的信息（在末尾自动添加一个回车换行符）写入标准输出流，即在控制台输出窗口输出一行字符串或一个数值。WriteLine( )方法在控制台窗口输出数据后，能自动换行，光标将停留在下一行的开始位置。

若使用时以如下形式“Console.WriteLine();”，此语句相当于换行。

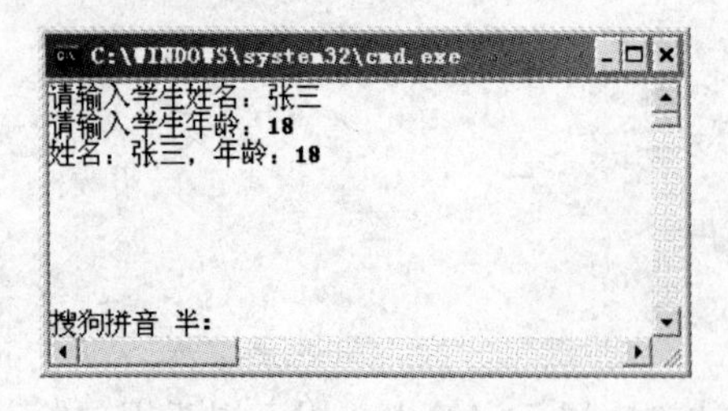

图3-2 ［例3-2］过程演示

使用 WriteLine()方法可以直接将变量的值转换成字符串输出到控制台（如［例3-1］第22行代码所示），也可以采用格式控制字符串来输出变量的值（如［例3-2］第18行代码所示）。

【例3-2】 使用格式控制字符串输出变量的值。具体输入过程与输出结果如图3-2所示。

代码如下所示。

```
1. using System;
2. using System.Collections.Generic;
3. using System.Linq;
4. using System.Text;
5.
6. namespace ConsoleApplication1
7. {
8.     class Program
9.     {
10.        static void Main(string[] args)
11.        {
12.            string name;
13.            int age;
14.            Console.Write("请输入学生姓名：");
15.            name = Console.ReadLine();
16.            Console.Write("请输入学生年龄：");
17.            age = int.Parse(Console.ReadLine());
18.            Console.WriteLine("姓名：{0}，年龄：{1}", name, age);
19.        }
20.    }
21. }
```

代码解读：

（1）第12、13行声明变量。

（2）第14～17行通过控制台输入数据，并为变量赋值。

（3）第18行通过 WriteLine()方法输出数据。在该方法中，使用了格式控制字符串，其中{0}代表对应输出的第一个变量 name，{1}代表对应输出的第二个变量 age。

具体的数据输出的格式控制将在3.1.3节中详细介绍。

2. Write()方法

Write()方法将指定的信息写入标准输出流，即在控制台输出窗口输出相应的内容，但是Write()方法没有自动换行功能，即输出完指定的信息后，光标停留在所输出数据的末尾。如果想继续输出数据，则新的数据将直接连接在原输出数据之后输出。

使用 Write()方法可以直接输出字符串（如［例3-1］第15、17、19行代码所示，可将第11行代码的 WriteLine()方法改成 Write()方法），也可以采用格式控制字符串来输出变量的值（如将［例3-2］，第18行代码中 WriteLine()方法改成 Write()方法即可）。

3.1.3 数据输出的格式控制

.NET Framework 提供了可自定义的、适用于常规用途的格式化机制，可将值转换为适合显示的字符串。例如，可以将十进制转化为十六进制，或由用户指定的标点符号组成的一系列信息，可以将日期和时间格式化以适应于特定的国家或地区等。

控制台的输出主要通过 Console 类的 WriteLine()和 Write()方法实现，这两种方法都可以采用“{index［,alignment］［:formatString］}”的形式来控制数据的输出格式。

该语法指定了一个强制索引、格式化文本的可选长度和对齐方式，以及格式说明符字符的可选字符串，其中格式说明符字符用于控制如何设置相应对象的值的格式。格式项的组成部分包括以下内容。

（1）{}：用来在输出字符串中插入变量。

（2）index：从 0 开始的整数，指示对象列表中要格式化的元素。若 index 为 0 时，则对应输出第 1 个变量的值，当 index 为 1 时，对应输出第 2 个变量的值，依次类推。如果需要输出变量的值，则 index 必须出现，并且 index 必须是连续的。

（3）alignment：可选项，表示输出的变量值所占的字符宽度。当 alignment 的值为正整数或省略时，输出的数据按照右对齐方式排列；当 alignment 的值为负数时，输出的数据按照左对齐方式排列。若省略本项，则输出数据的宽度由数据本身的宽度决定；若指定本项，则需使用逗号。

（4）formatString：格式说明符，可选项，用于限定输出数据的格式。常用的格式说明符有标准数字格式说明符和标准日期/时间格式说明符。若省略本项，则输出数据的格式保持其默认格式；若指定本项，则必须使用冒号。例如：

```
Console.WriteLine("姓名：{0,10}，年龄：{1,-10}", name, age);
```

以上语句表示输出“姓名”、“年龄”两项信息，各占宽度 10 列，姓名值按右对齐方式输出，年龄值按左对齐方式输出。

标准数字格式说明符用于格式化通用数值类型。标准格式字符串采用“Axx”形式，其中“A”为单个字母字符（格式说明符），“xx”为可选的整数（精度说明符）。格式说明符必须是某个内置格式符，精度说明符的范围为 0～99，它控制有效位数或小数点右边零的个数。格式字符串不能包含空白。

标准数字格式说明符如表 3-1 所示。注意：可在控制面板的“区域和语言选项”中设置这些格式说明符产生的输出字符串，使用不同的设置将产生不同的输出字符串。

表 3-1 标准数字格式说明符

格式说明符	名 称	说 明
C 或 c	货币	数字转换为表示货币金额的字符串。转换由当前 NumberFormatInfo 对象的货币格式信息控制。精度说明符指示所需的小数位数。如果省略精度说明符，则使用当前 NumberFormatInfo 对象给定的默认货币精度
D 或 d	十进制数	只有整型才支持此格式。数字转换为十进制数字 (0~9) 的字符串，如果数字为负，则在其前面加负号。精度说明符指示结果字符串中所需的最少数字个数。如果需要的话，则用零填充该数字的左侧，以产生精度说明符给定的数字个数

续表

格式说明符	名 称	说 明
E 或 e	科学计数法	数字转换为“–d.ddd…E+ddd”或“–d.ddd…e+ddd”形式的字符串，其中每个“d”表示一个数字（0～9）。如果该数字为负，则该字符串以减号开头。小数点前总有一个数字。精度说明符指示小数点后所需的位数。如果省略精度说明符，则使用默认值，即小数点后六位数字。格式说明符的大小写指示在指数前加前缀“E”还是“e”。指数总是由正号或负号以及最少三位数字组成。如果需要，则用零填充指数以满足最少三位数字的要求
F 或 f	固定点	数字转换为“–ddd.ddd…”形式的字符串，其中每个“d”表示一个数字（0～9）。如果该数字为负，则该字符串以减号开头。精度说明符指示所需的小数位数。如果忽略精度说明符，则使用当前 NumberFormatInfo 对象给定的默认数值精度
G 或 g	常规	根据数字类型及是否存在精度说明符，数字会转换为定点或科学记数法的最紧凑形式。如果精度说明符被省略或为零，则数字的类型决定默认精度，如下所示。 ➢ Byte 或 SByte：3 ➢ Int16 或 UInt16：5 ➢ Int32 或 UInt32：10 ➢ Int64 或 UInt64：19 ➢ Single：7 ➢ Double：15 ➢ Decimal：29 如果用科学记数法表示数字时指数大于–5 而且小于精度说明符，则使用定点表示法；否则使用科学记数法。如果要求有小数点，并且忽略尾部零，则结果包含小数点。如果精度说明符存在，并且结果的有效数字位数超过指定精度，则通过四舍五入删除多余的尾部数字。 上述规则有一个例外：如果数字是 Decimal 而且省略精度说明符时，则总使用定点表示法并保留尾部零
N 或 n	数字	数字转换为“–d,ddd,ddd.ddd…”形式的字符串，其中“–”表示负数符号（如果需要），“d”表示数字（0～9），“,”表示数字组之间的千位分隔符，“.”表示小数点符号。实际的负数模式、数字组大小、千位分隔符及十进制分隔符由当前 NumberFormatInfo 对象指定。 精度说明符指示所需的小数位数。如果忽略精度说明符，则使用当前 NumberFormatInfo 对象给定的默认数值精度
P 或 p	百分比	数字转换为由 NumberFormatInfo.PercentNegativePattern 或 NumberFormatInfo.PercentPositivePattern 属性定义的、表示百分比的字符串，前者用于数字为负的情况，后者用于数字为正的情况。已转换的数字乘以 100 以表示为百分比。 精度说明符指示所需的小数位数。如果忽略精度说明符，则使用当前 NumberFormatInfo 对象给定的默认数值精度
X 或 x	十六进制数	只有整型才支持此格式。数字转换为十六进制数字的字符串。格式说明符的大小写指示对大于 9 的十六进制数字使用大写字符还是小写字符。例如，使用“X”产生“ABCDEF”，使用“x”产生“abcdef”。 精度说明符指示结果字符串中所需的最少数字个数。如果需要，则用零填充该数字的左侧，以产生精度说明符给定的数字个数

标准的日期/时间格式说明符如表 3-2 所示。若出现表 3-2 中未说明的日期/时间格式说明符，运行时将引发异常。注意：计算机的区域性设置或日期/时间的设置不同，将产生不同的运行结果。

表 3-2 标准日期/时间格式说明符

格式说明符	名 称	说 明
d	短日期模式	输出样例：2012-08-01
D	长日期模式	输出样例：2012 年 8 月 1 日
t	短时间模式	输出样例：8:25
T	长时间模式	输出样例：8:28:52
f	完整日期/时间模式（短时间）	显示长日期和短时间模式的组合，以空格分隔 输出样例：2012 年 8 月 1 日 8:25
F	完整日期/时间模式（长时间）	显示长日期和长时间模式的组合，以空格分隔 输出样例：2012 年 8 月 1 日 8:25:52
g	常规日期/时间模式（短时间）	显示短日期和短时间模式的组合，以空格分隔 输出样例：2012-08-01 8:25
G	常规日期/时间模式（长时间）	显示短日期和长时间模式的组合，以空格分隔 输出样例：2012-08-01 8:25:52
M 或 m	月日模式	输出样例：8 月 1 日
Y 或 y	年月模式	输出样例：2012 年 8 月

【例 3-3】 输出 2012 级新生张三入学相关信息表。信息表如图 3-3 所示。

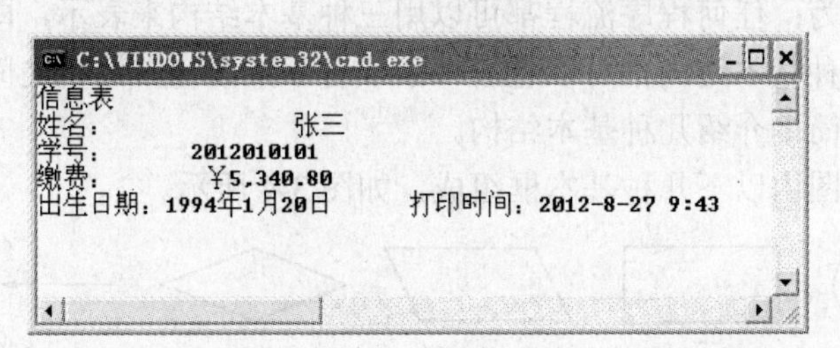

图 3-3 ［例 3-3］过程演示

［例 3-3］的代码如下所示。

```
1.  using System;
2.  using System.Collections.Generic;
3.  using System.Linq;
4.  using System.Text;
5.
6.  namespace ConsoleApplication1
7.  {
8.      class Program
9.      {
10.         static void Main(string[] args)
11.         {
12.             string name="张三";
13.             string number = "2012010101";
14.             double realPay = 5340.80;
15.             DateTime birthday, nowDate;
16.             birthday = new DateTime(1994, 1, 20, 8, 20, 20);
17.             nowDate = DateTime.Now;
18.             Console.WriteLine("信息表");
19.             Console.WriteLine("姓名: {0,16}", name);
```

```
20.             Console.WriteLine("学号：{0,16}",number);
21.             Console.WriteLine("缴费：{0,16:C}", realPay);
22.             Console.WriteLine("出生日期：{0,-16:D}打印时间：{1,-20:g}",
    birthday,nowDate);
23.         }
24.     }
25. }
```

代码解读：

（1）第12～17行声明变量并赋初值。

（2）第19～20行输出姓名及学号，输出长度均为16，右对齐。

（3）第21行输出缴费信息，以货币格式输出，长度16位，右对齐。可自行修改输出格式，观察输出结果。

（4）第22行输出日期信息，出生日期以长日期模式输出，长度16位，左对齐，打印时间以常规日期/时间模式输出，长度20位，左对齐。可自行修改输出格式，观察输出结果。

3.2 基本流程控制概述

计算机程序是由一条条语句组成的，流程控制是指控制程序中各条语句的执行顺序。结构化程序设计思想认为：任何程序流程都可以用三种基本结构来表示，即顺序结构、选择结构和循环结构。每一种基本结构都可以包含一条或若干条语句，结构之间可以互相嵌套。下面将结合传统流程图简单介绍几种基本结构。

常用的传统流程图由以下几种基本框组成，如图3-4所示。

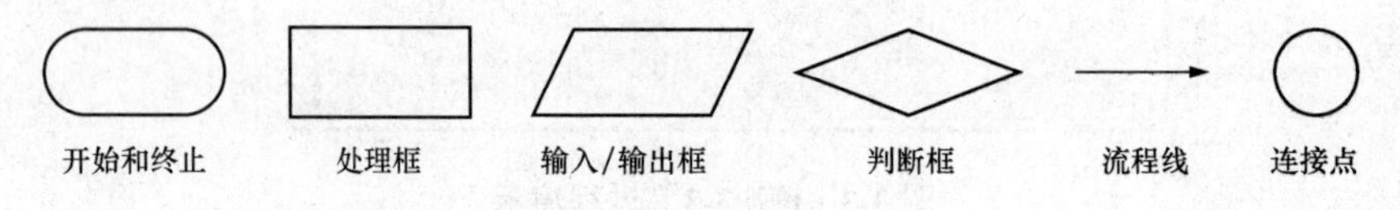

图3-4　基本流程框图

3.2.1　顺序结构

按照程序语句的先后顺序依次执行的结构，称为顺序结构。顺序结构简单易懂，符合人们的编写和阅读习惯。

【例3-4】 顺序结构例题。输入两个数，输出两数之和。

根据以往的计算习惯，可绘制如图3-5所示的传统流程图。

根据该流程图，可写出如下代码。

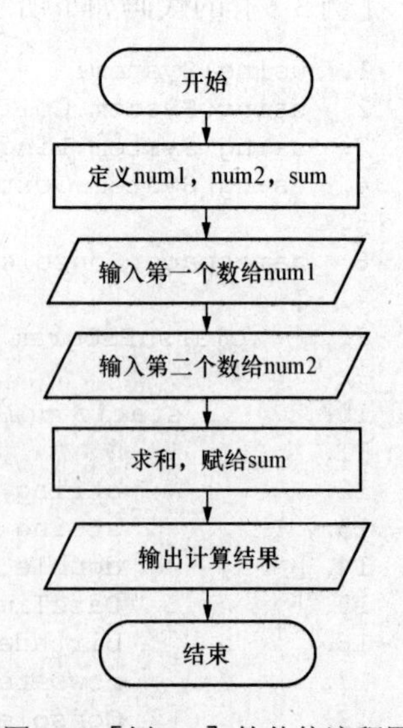

图3-5　［例3-4］的传统流程图

```
1.  using System;
2.  using System.Collections.Generic;
3.  using System.Linq;
4.  using System.Text;
5.
6.  namespace ConsoleApplication1
7.  {
8.      class Program
9.      {
10.         static void Main(string[] args)
```

```
11.         {
12.             double num1, num2, sum;
13.             Console.Write("请输入第一个数：");
14.             num1 = double.Parse(Console.ReadLine());
15.             Console.Write("请输入第二个数：");
16.             num2 = double.Parse(Console.ReadLine());
17.             sum = num1 + num2;
18.             Console.WriteLine("{0}+{1}={2}", num1, num2, sum);
19.         }
20.     }
21. }
```

运行程序，可得如图 3-6 所示的输出结果。

顺序结构是最简单的一种结构，程序中的语句是按其在程序中的先后顺序逐条执行的，没有分支和转向。一般赋值语句、输入/输出语句可以构成顺序结构。

3.2.2 选择结构

使用顺序结构能完成简单的运算，但是人们对计算机运行的要求并不仅仅局限于基本运算，经常会遇到根据要求进行逻辑判断的情况，即给出一个条件，让计算机根据条件是否成立进行不同的处理，这就是选择结构。

【例 3-5】 选择结构例题。根据输入的学生成绩，输出成绩的评定。大于等于 60 分为及格，小于 60 分为不及格。

根据描述，可绘制如图 3-7 所示的传统流程图。

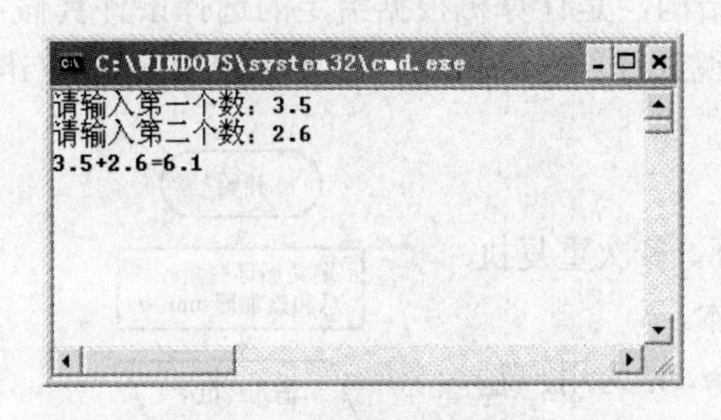

图 3-6 ［例 3-4］过程演示

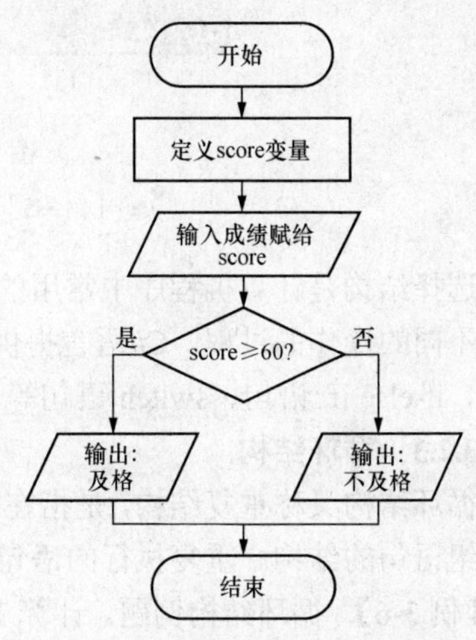

图 3-7 ［例 3-5］的传统流程图

根据该流程图，可写出如下代码。

```
1.  using System;
2.  using System.Collections.Generic;
3.  using System.Linq;
4.  using System.Text;
5.
6.  namespace ConsoleApplication1
7.  {
8.      class Program
9.      {
10.         static void Main(string[] args)
11.         {
```

```
12.             int score;
13.             Console.Write("请输入学生成绩：");
14.             score = int.Parse(Console.ReadLine());
15.             if (score >= 60)
16.             {
17.                 Console.WriteLine("及格！");
18.             }
19.             else
20.             {
21.                 Console.WriteLine("不及格！");
22.             }
23.         }
24.     }
25. }
```

运行程序，可得如图 3-8 所示的输出结果。

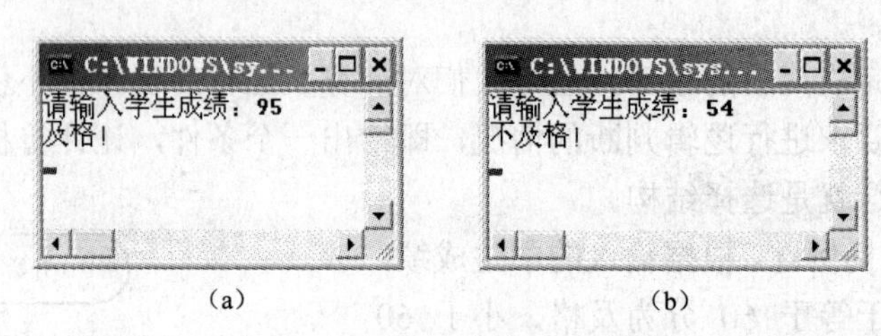

图 3-8 ［例 3-5］输出结果

(a)［例 3-5］过程演示 1；(b)［例 3-5］过程演示 2

选择结构是计算机程序中常用的一种基本结构，是计算机根据给定的选择条件真假决定执行不同的操作的过程。C#语言提供了多种实现选择结构的语句，主要包括 if 语句、if-else 语句、if-else if 语句、switch 语句等。

3.2.3 循环结构

循环结构又称重复结构，是指在指定条件下，多次重复执行一组语句的结构。重复执行的语句称为循环体。

【例 3-6】 循环结构例题。计算 1+2+3+…+*n*，*n* 为用户输入的正整数。

根据描述，可绘制如图 3-9 所示的传统流程图。

根据该流程图，可写出如下代码。

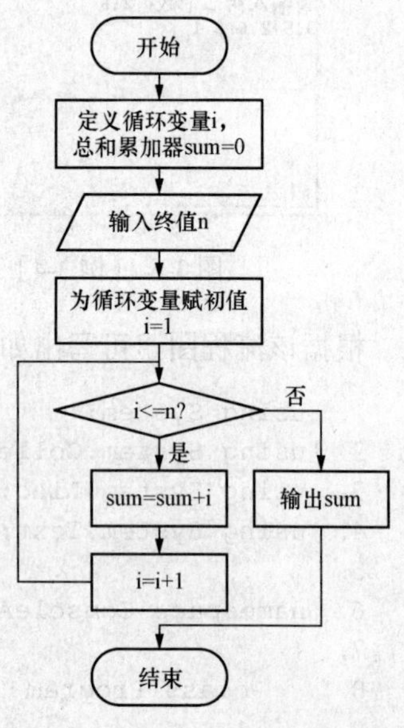

图 3-9 ［例 3-6］的传统流程图

```
1. using System;
2. using System.Collections.Generic;
3. using System.Linq;
4. using System.Text;
5.
6. namespace ConsoleApplication1
7. {
8.     class Program
9.     {
10.         static void Main(string[] args)
11.         {
```

```
12.             int i, sum = 0;
13.             int n;
14.             Console.Write("请输入n的值: ");
15.             n = int.Parse(Console.ReadLine());
16.             i = 1;
17.             while(i<=n)
18.             {
19.                 sum = sum + i;
20.                 i = i + 1;
21.             }
22.             Console.WriteLine("sum=" + sum);
23.         }
24.     }
25. }
```

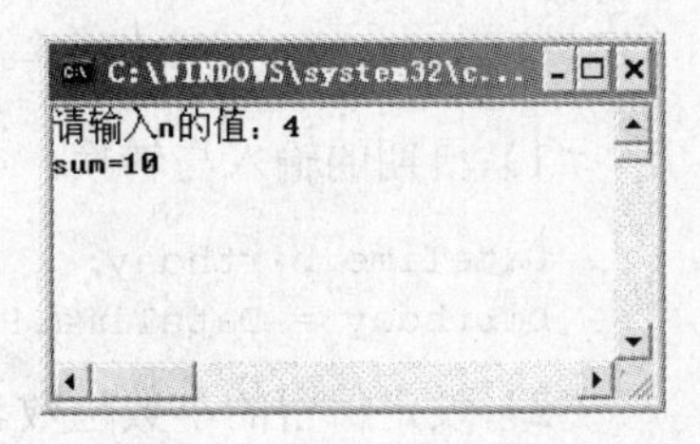

图 3-10 ［例 3-6］过程演示

运行程序，可得如图 3-10 所示的输出结果。

C#语言提供了多种实现循环结构的语句，主要包括 while 语句、do…while 语句、for 语句、foreach 语句等，还可以使用以上的循环语句实现循环的嵌套。

本 章 小 结

本章主要介绍了 C#程序中数据的输入/输出方法。通过 Console 类的 ReadLine( )和 Read( )方法可实现程序运行过程中数据的输入。通过 Console 类的 WriteLine( )和 Write( )方法可实现数据的输出。同时也介绍了标准数字格式说明符和标准日期/时间格式说明符。同时本章还介绍了结构化程序设计的三种基本流程控制结构，即顺序结构、选择结构和循环结构。在后续的章节中将继续深入讲解如何使用这三种基本结构解决不同的问题。

实 训 指 导

实训名称：程序的流程控制

1. 实训目的

（1）熟练掌握 C#语言中数据的输入/输出方法。

（2）掌握使用格式说明符实现格式化输出的方法。

（3）理解结构化程序设计的思想，理解三种基本流程控制结构。

2. 实训内容

（1）计算机学院张三同学的个人基本信息为学号 2010010101，性别男，出生日期 1992 年 8 月 14 日，本学期三门课程的成绩分别为英语 88 分、C#程序设计 92 分、数据库基础 85 分，编写 C#程序计算其总分及平均分。要求：利用 Console 类的输入方法输入学号、性别、出生日期及三门课程成绩，利用 Console 类的输出方法输出他的学号、性别、出生日期、总成绩及平均成绩（保留 1 位小数）。具体运行过程如图 3-11 所示。

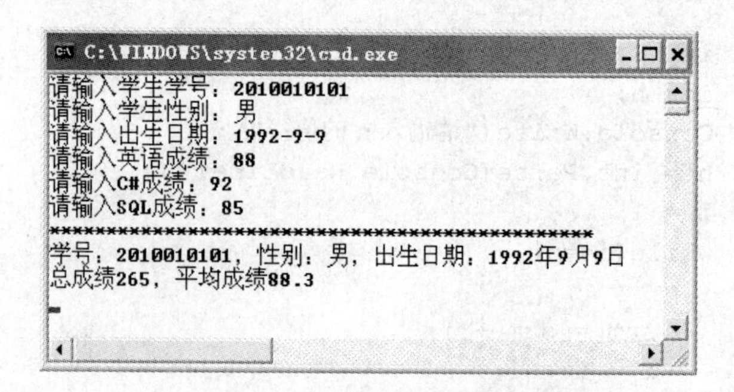

图 3-11　学生成绩处理过程演示

难点提示。

1）日期的输入与转换。

```
DateTime birthday;
birthday = DateTime.Parse(Console.ReadLine());
```

2）设定保留的小数位数。

```
Console.WriteLine("总成绩{0}，平均成绩{1,-5:F1}", sum, aver);
```

（2）**网上商城统计 7、8 月份手机销售总额及增长率。分别输入手机品牌及销售额，输出增长率。数据要求如表 3-3 所示。

表 3-3　　**网上商城手机销售额统计表

品牌	7 月销售额（单位：万元）	8 月销售额（单位：万元）
苹果	12.5	16.4
三星	8.5	11.2

具体运行过程如图 3-12 所示。

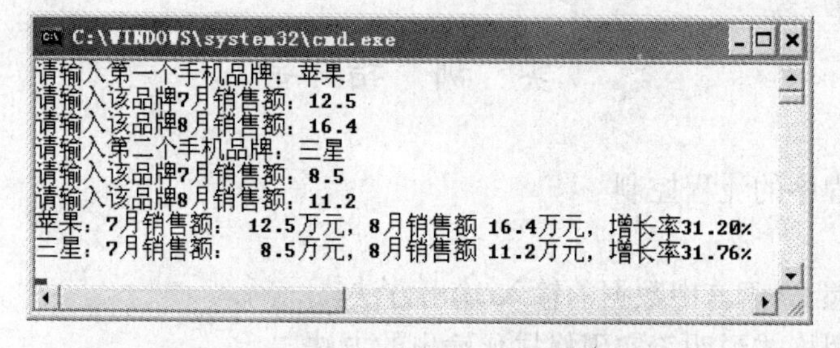

图 3-12　手机销售额增长率处理过程演示

习　题

一、选择题

1．下面对 Write( )方法和 WriteLine( )方法的描述，正确的是（　　）。

A．WriteLine( )方法在输出字符串的后面添加换行符

B．使用 Write( )方法输出的字符串总是显示在同一行

C．使用 Write()方法和 WriteLine()方法输出数值变量时，必须先把数值变量转换成字符串

D．使用不带参数的 WriteLine()方法时，将不会产生任何输出

2．下面对 Read()方法和 ReadLine()方法的描述，错误的是（　　）。

A．只有当用户按“回车”键时，Read()方法和 ReadLine()方法才会返回

B．ReadLine()方法读取的字符不包含回车符和换行符

C．使用 ReadLine()方法读取的字符不包含回车符和换行符

D．Read()方法一次只能从输入流中读取一个字符

3．以下不属于结构化程序设计基本结构的是（　　）。

A．顺序结构　　B．选择结构　　C．循环结构　　D．数组结构

4．关于标准的日期/时间格式说明符 F，以下说法正确的是（　　）。

A．长日期长时间　　B．长日期短时间

C．短日期长时间　　D．短日期短时间

5．下列语句的输出正确的是（　　）。

```
double x = 123 456 789;
Console.WriteLine("{0:E}", x);
```

A．1.234 568E+008　　B．123 456 789.00

C．123,456,789.00　　D．$123,456,789.00

6．下列输出语句中的格式字符为（　　）。

```
Console.WriteLine("缴费：{0,16:C}", realPay);
```

A．十进制格式　　B．十六进制格式　　C．货币格式　　D．百分比格式

7．下列输出语句的对齐格式是（　　）。

```
Console.WriteLine("出生日期：{0,-16:D}打印时间：{1,-20:g}",birthday,nowDate);
```

A．左对齐　　B．右对齐　　C．上对齐　　D．下对齐

二、简答题

1．结构化程序设计一般分为哪几种基本的流程控制结构？分别是什么？

2．简述输出方法的格式字符串语法，并详细阐述各组成部分的含义。

第 4 章　异常处理与跟踪调试

4.1 异 常 处 理

4.1.1　捕获程序的异常

错误在实际编程过程中是不可避免的，代码中的语法错误能够被编译器检查出来，若不修正程序就无法编译成功。而代码中的逻辑错误就复杂得多，有的错误能够被编译器标识出来；有的错误虽然被检查到，但只是被编译器作为警告提出，并不妨碍解决方案的生成；有的错误只有在程序运行过程中才会出现；还有的错误可能一直隐藏在程序中，永远不知道哪一天会产生作用。所以错误即使发生了也不一定会立即被察觉，错误很有可能导致进一步扩散。

一种处理错误的方式是在代码中不断检查变量的值。例如，为了打开一个文本文件并向其写入一行字符串，程序进行了一系列的判断，力图避免错误的发生。首先，判断文件是否存在，若文件不存在则创建一个；若文件存在，则为避免它是隐藏文件或只读文件而不能读写，又将其文件属性设为普通；打开文件后，若文件支持随机访问，则将当前位置移动到文件末尾；最后，若文件处于打开状态，则关闭它。

另一种处理错误的方式称为异常处理。异常是指程序在运行过程中遇到的非正常情况或意外行为，这些行为在编程时通常是无法预见的。异常并不一定是错误，错误也不一定就会导致异常，只有当代码违反了预期假设，由此而发生的错误才是异常。引发异常的可能性有很多，如试图打开一个不存在的文件、使用一个无效的数组索引、连接到一个不存在的数据库、算术溢出、堆栈溢出、内存不足等。对于任何一种现代编程语言来说，异常处理都是其中的一个基本组成部分。同样，对于软件开发人员来说，进行异常处理也是程序设计的一个基本原则。

正确地使用异常处理机制，不仅能够保证程序的完整性，还能检查应用程序的性能和状态，并在发生异常时迅速、准确地报告问题。异常处理的目的是要尽可能达到以下三个目标：

（1）显示出错误信息，让用户知道有错误产生。

（2）若可能，则让用户有机会保存文件，保留成果。

（3）让用户有机会将程序关闭，而不是强迫用户关机重新运行。

无论多优秀的程序在运行时都有可能产生异常，这就需要有一种机制来捕获和处理异常。C# 语言使用 try 语句来捕获和处理程序执行过程中产生的异常。try 语句捕获和处理异常的机制是：当在 try 块中产生异常时，程序会按顺序查找第一个能处理该异常的 catch 块，并使程序流程转到该 catch 块。try 语句的语法格式如下。

```
try
{
    //有可能产生异常的语句块
    …

}
catch(异常类)
```

```
{
    //处理或响应异常的语句
    ...
}
finally
{
    //清除操作的语句块
    ...
}
```

由以上格式可见，try 语句由 try、catch 和 finally 语句块组成，各块的作用如下。

（1）try 块包含可能抛出异常的代码。

（2）catch 语句块包含用来处理和响应异常的代码。其中，异常类就是需要捕获的异常。C#语言中的所有异常类均派生自 System.Exception 类。

（3）无论 try 块是否引发异常，finally 块总会被执行，这样操作的好处是在 finally 块中可以进行必要的清除操作，如关闭文件、释放对象占用的资源等操作。

在实际使用中，该格式具有三种可能出现的使用形式，即 try-catch、try-finally 和 try-catch-finally。在这三种形式中，catch 语句块可出现多次。

【例 4-1】 异常处理。定位到源代码 Program.cs 中，将以下代码添加到 Main( )方法中。

```
1. int a,b,c;
2. try
3. {
4.     Console.Write("请输入第一个数：");
5.     a = int.Parse(Console.ReadLine());
6.     Console.Write("请输入第二个数：");
7.     b = int.Parse(Console.ReadLine());
8.     c = a / b;
9.     Console.WriteLine("{0}/{1}={2}",a,b,c);
10. }
11. catch (DivideByZeroException e1)
12. {
13.     Console.WriteLine("Error" + e1.Message);
14. }
15. catch (Exception e)
16. {
17.     Console.WriteLine("Error" + e.Message);
18. }
19. finally
20. {
21.     Console.WriteLine("finally语句块被执行");
22. }
```

运行程序，输入不同的数据将得到不同的结果，如图 4-1 所示。

当输入的数据类型不符合要求时，程序流程将转到代码第 17～18 行的 catch 语句块；当输入的除数为 0 时，程序流程将转到代码第 11～14 行的 catch 语句块。而 finally 语句块中的语句不论是否发生异常，都会被执行到。

注意：在 catch 块中，不能访问 try 块中定义的局部变量；每个 catch 块只能处理一种异常；如果不给 catch 语句块指定异常类，则 catch 块将捕获所有异常。

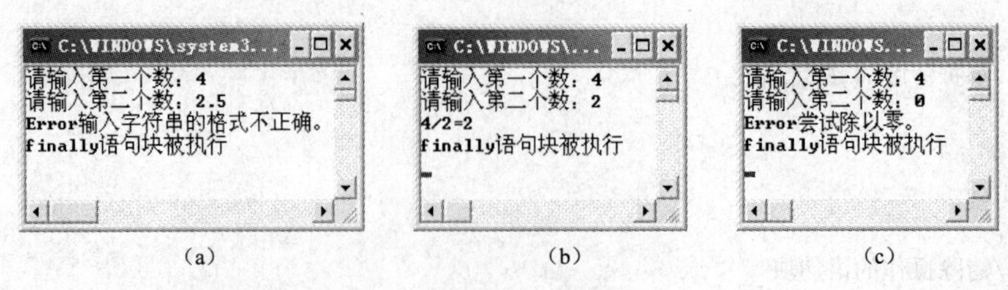

(a)　　　　(b)　　　　(c)

图 4-1 ［例 4-1］运行结果

（a）输入的数字不符合要求；（b）输入正确；（c）除数为 0 引发异常

4.1.2　异常类属性的应用

.NET Framework 设计了 Exception 类表示在应用程序执行期间发生的错误，此类是所有异常的基类。当发生错误时，系统或当前正在执行的应用程序通过引发包含关于该错误信息的异常来报告错误。异常发生后，将由该应用程序或默认异常处理程序进行处理。当运行时发生了错误，异常状况发生时，会抛出一个异常对象来表示出现了错误，应用程序收到系统所提供的 Exception 对象，通过 try…catch…finally 语句就能取得异常的类型。Exception 基类的属性如表 4-1 所示，这些属性可以帮助理解代码位置、类型、异常的发生原因。

表 4-1　　　　Exception 类 的 属 性

属性名称	功 能 说 明
Data	获取一个提供用户定义的其他异常信息的键/值对的集合
HelpLink	获取或设置指向此异常所关联帮助文件的链接
InnerException	获取导致当前异常的 Exception 实例
Message	获取描述当前异常的信息
Source	获取或设置导致错误的应用程序或对象的名称
StackTrace	获取当前异常发生时调用堆栈上的帧的字符串表示形式
TargetSite	获取引发当前异常的方法

在.NET 类库中，一般的异常类都派生于 System 命名空间中的 System.Exception 基类，可以从 Exception 对象得知异常的类型。Exception 类派生于 System.Object 类，在 System 命名空间中的预定义异常类还有很多，图 4-2 显示了常用异常类结构的模式。

Exception 类是所有异常的基类，此类标识异常的类型，并包含详细描述异常的属性。当发生错误时，系统或当前正在执行的应用程序通过引发包含关于该错误的信息的异常来报告错误。异常发生后，将由该应用程序或默认异常处理程序进行处理。

基类 Exception 下存在以下两类异常。

（1）从 SystemException 派生的预定义公共语言运行库异常类。

（2）从 ApplicationException 派生的用户定义的应用程序异常类。

SystemException 类是作为一种方法提供的，该方法用于在系统定义的异常和应用程序定义的异常之间进行区分。SystemException 不提供导致 Exception 原因的信息。大多数情况下都不应引发此类的实例。

ApplicationException 是发生非致命应用程序错误时引发的异常，是由用户程序引发，而不是由公共语言运行库引发。

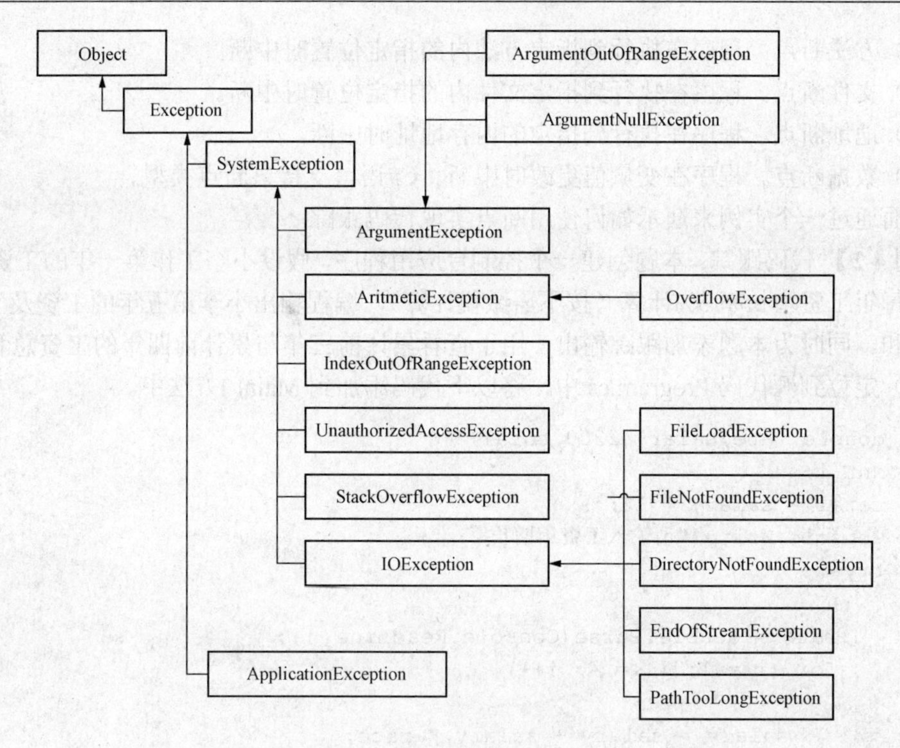

图 4-2　常用异常类结构模式

4.2 跟踪与调试

未经严格测试的程序很难保证程序的质量。跟踪和调试是程序设计后期不可或缺的一项工作，也是程序测试的重要技术。对于 C#语言新手来说，程序代码中可能包含多个错误，程序中出现错误并不可怕，只要熟练掌握跟踪和调试的基本技巧，尽快发现错误并排除错误即可。

4.2.1　代码的跟踪

跟踪是一种在应用程序运行时监视其执行情况的手段。当开发.NET 应用程序时，可以在代码中添加跟踪和调试功能，并且在开发应用程序时和部署应用程序后，使用这些功能得到相关信息，从而对程序进行分析。

.NET 框架中的 System.Diagnostics 命名空间提供了用于跟踪代码执行情况和调试应用程序的类。

一个应用程序可能包含大量的代码，当这个应用程序发生逻辑错误时，要寻找产生错误的代码往往不是一件容易的事情，但可以借助调试器来调试源程序。调试器加载被调试的程序，并控制程序指令的执行，通过调试器可以随时检查程序所处的状态。但是调试器本身并不能中断程序的运行，调试器加载后，就将控制权交给该程序，自己处于“休眠”状态，因此在进行调试的过程中，可以在源代码中设置程序的断点，使程序运行到断点后进入中断模式，分析并查找出现问题的原因。

Visual Studio 2010 调试器有以下四种断点类型。

（1）方法断点。程序在执行到指定方法内的指定位置时中断。

（2）文件断点。程序在执行到指定文件内的指定位置时中断。

（3）地址断点。程序在执行到指定的内存地址时中断。

（4）数据断点。程序在变量值更改时中断。C#语言支持该断点类型。

下面通过一个实例来演示如何使用断点实现代码跟踪。

【例 4-2】 代码跟踪。本题创建一个控制台应用程序，假设小李工作第一年的工资为 2200 元，按每年工资增长率 5%计算（按不需缴税计算），编程输出小李第五年的工资及五年累计工资总和。同时为本题添加跟踪输出，用于查看累计前三年与累计前四年的工资总和。

（1）定位到源代码 Program.cs 中，将以下代码添加到 Main( )方法中。

```
1.  double rate,salary=2200,total;
2.  int i;
3.  total = salary * 12;
4.  Console.Write("请输入工资年增长率：");
5.  try
6.  {
7.      rate = double.Parse(Console.ReadLine());
8.      for (i = 1; i <= 4; i++)
9.      {
10.         salary = salary + salary * rate;
11.         total = total + salary * 12;
12.     }
13.     Console.WriteLine("第五年工资为：{0:C2}", salary);
14.     Console.WriteLine("五年累计工资总和为：{0:C2}", total);
15. }
16. catch (Exception e)
17. {
18.     Console.WriteLine(e.Message);
19. }
```

（2）在源代码 Program.cs 顶部的命名空间引用部分，添加如下语句

```
using System.Diagnostics;
```

（3）为了查看第三年到第四年的工资总和，在源代码 Program.cs 的 for 循环体中（代码第 8～12 行）插入一行语句 `Debug.WriteLine(total)`。

```
for (i = 1; i <= 4; i++)
{
    salary = salary + salary * rate;
    total = total + salary * 12;
    Debug.WriteLine(total);
}
```

（4）为 `total = total + salary * 12;`语句行添加断点。光标定位到该行语句，单击鼠标右键→断点→插入断点。设置断点后效果如图 4-3 所示。

（5）按 F5 键或单击工具栏上的“启动”按钮 ▶ 调试程序，程序运行至断点中断并自动切换到代码页，此时断点所在的行以黄色高亮显示。

（6）使用菜单命令“调试”→“窗口”→“监视”中的“监视 1”命令，打开“监视 1”

窗口后，单击空行，在“名称”列中输入 total，并按“回车”键。具体效果如图 4-4 所示。

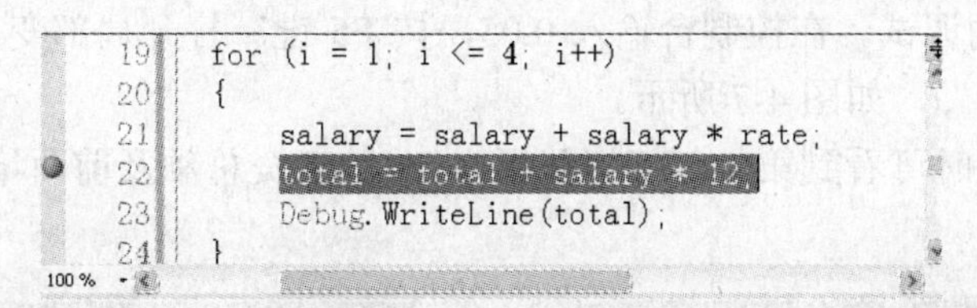

图 4-3　设置断点

（7）按 F5 键单步执行程序，观察“监视 1”窗口中 total 值的变化。

（8）按 Shift+F5 快捷键结束调试，使用菜单命令“调试”→“开始执行（不调试）”，将得到如图 4-5 所示的输出结果。

图 4-4　添加监视窗口

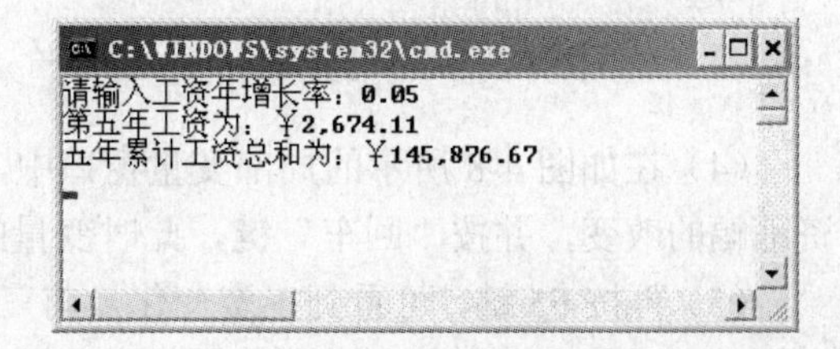

图 4-5 ［例 4-2］输出结果

（9）使用菜单命令“调试”→“窗口”→“输出”，打开输出窗口，观察 total 值的变化，如图 4-6 所示。

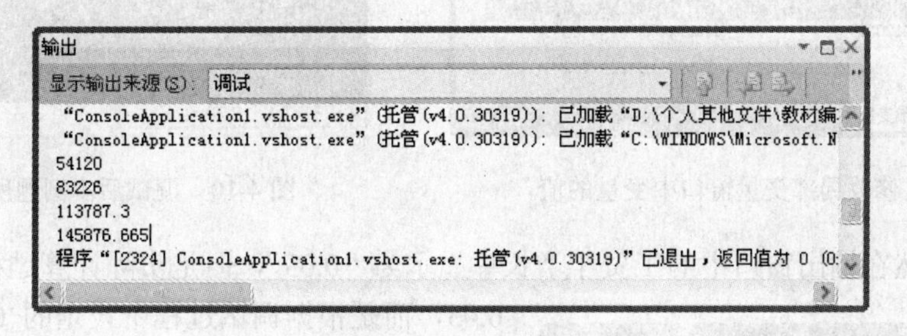

图 4-6　输出窗口

（10）断点的删除。光标定位到有断点的语句行，单击鼠标右键→ 断点→ 删除断点，即可将断点删除。

4.2.2　代码的调试

调试是指发现并纠正应用程序中逻辑错误的过程，使用.NET 集成开发环境的调试功能，可以在指定位置停止代码的执行，检查内存和寄存器值，修改变量，并仔细查看代码的工作方式。

【例 4-3】 代码调试。本题创建一个控制台应用程序，假设小李工作第一年的工资为 2200 元，假定第二年工资涨幅为 5%，第三年涨幅为 6%，第四年涨幅为 8%，第五年涨幅为 10%（按不需缴税计算），编程输出小李第五年的工资及五年累计工资总和。在调试中考虑工资达到 2500 时的年份。

（1）设置断点：将光标定位到［例 4-2］代码中 `salary = salary + salary * rate;`语

句行处，按F9键设置断点。

（2）按F5键启动调试。在控制台输入0.05，按F5键。打开局部变量窗口（“调试”→“窗口”→“局部变量”），如图4-7所示。

（3）按F5键，此时可看到第二年工资涨幅为5%的工资总额及前两年累计工资总和，如图4-8所示。

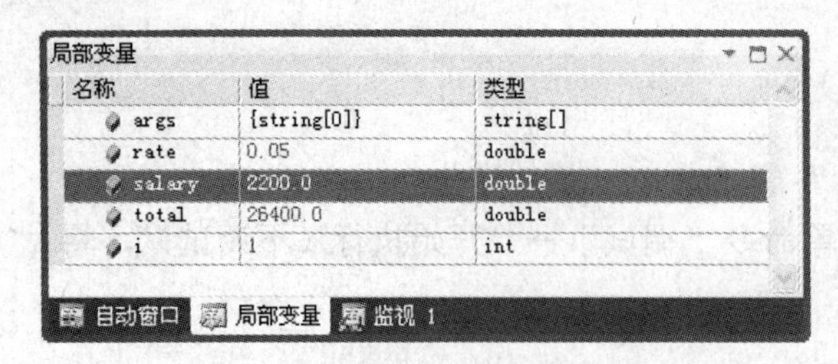

图4-7　局部变量窗口

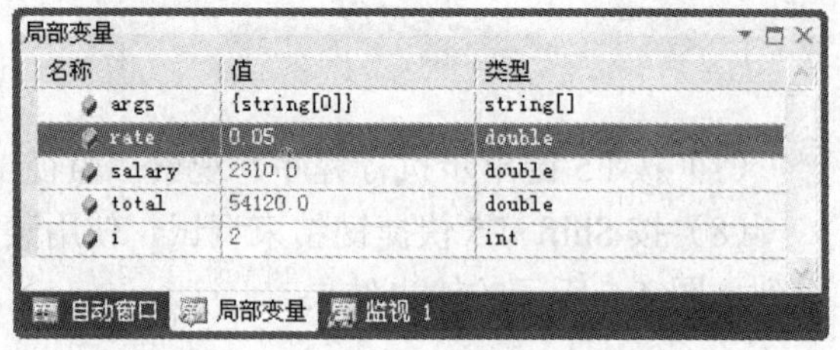

图4-8　第二年工资变化情况

（4）在如图4-8所示的局部变量窗口中，双击rate对应的“值”列，输入0.06，代表工资涨幅的改变，并按“回车”键，此时变量的值将呈现红色，如图4-9所示。

（5）再按F5键，可看到工资变化及前三年累计工资总和。按照相似的操作步骤，可完成本例题关于工资及累计工资总和计算的调试工作。最终运行结果如图4-10所示。

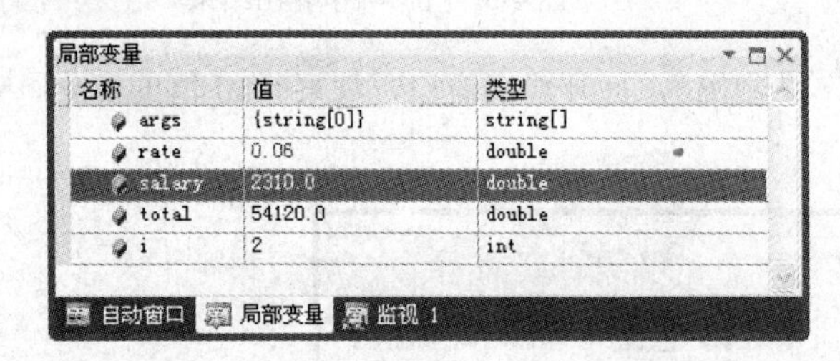

图4-9　修改局部变量窗口中变量的值

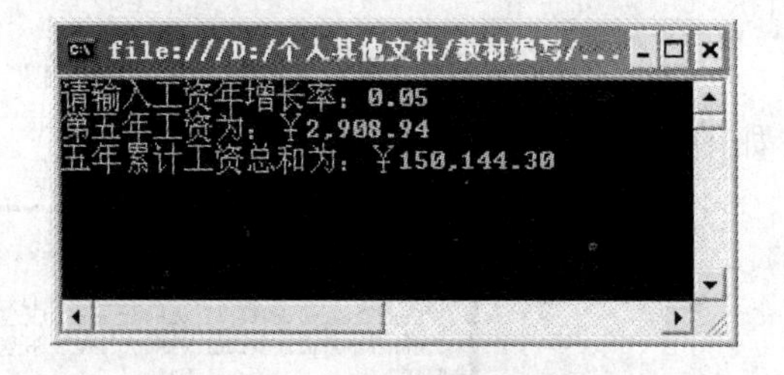

图4-10　调试后本例题所得结果

注意：虽然在输出窗口中的工资年增长率显示为“0.05”，但是实际计算过程并非单一的0.05，而是根据调试过程中设定的0.06、0.08及0.10来计算的。

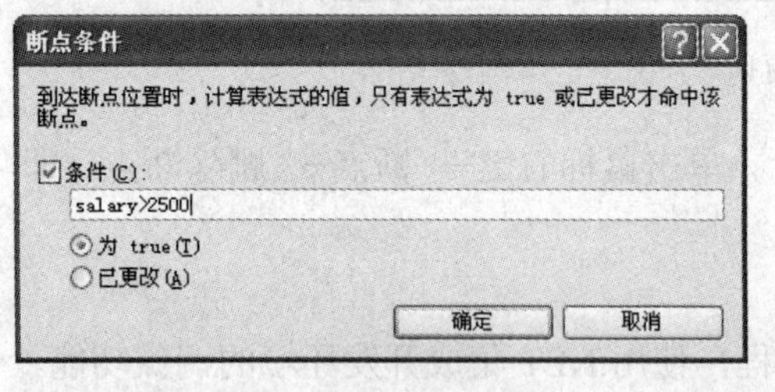

图4-11　设置断点条件

（6）处理“工资达到2500元的年份”这个调试时，可以使用断点条件，光标定位在断点红点处，单击鼠标右键→“条件”命令，将会打开“断点条件”对话框，如图4-11所示。

（7）按F5键，输入“0.05”，并按“回车”键，在工资达到2500元时就会触发断点，此时，在“监视”窗口中显示i变量的值，以此来判断年份，如图4-12所示。

Visual Studio 2010调试器提供了功能强大的命令来控制应用程序的执行。除了通过“启动”命令或F5键，还可以通过如下操作。

（1）逐语句执行。执行下一行代码，如果下一行代码包含方法调用，则在方法中的第一行代码处中断，快捷键为F11。

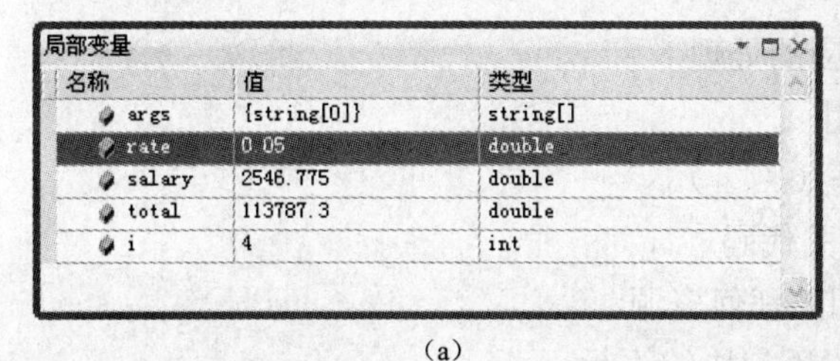

(a)

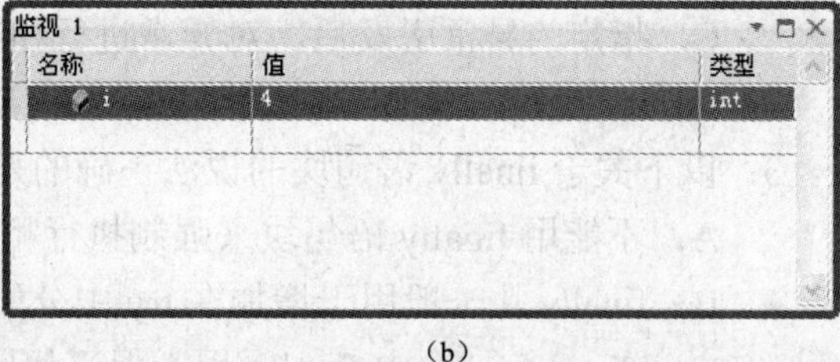

(b)

图 4-12　设置断点条件的局部变量窗口与监视窗口

(a) 设置断点条件的局部变量窗口；(b) 设置断点条件的监视窗口

(2) 逐过程执行。执行下一行代码，如果下一行代码包含方法调用，则一次执行完整的方法，快捷键为 F10。

(3) 跳出。如果当前中断位置位于方法调用的内部，则跳出方法并在方法的返回处中断，快捷键为 Shift+F11。

(4) 停止调试。结束调试并终止程序，快捷键为 Shift+F5。

本　章　小　结

本章主要介绍了异常的概念，异常处理的目的，介绍了异常类，详细讲述了处理机制的语法格式，并通过实例演示如何通过异常处理机制捕获异常。

本章还讲述了程序代码的跟踪和调试，以帮助 C#语言新手更快地掌握编程和纠错的能力。

实　训　指　导

实训名称：异常处理与跟踪调试

1. 实训目的

(1) 掌握程序添加异常处理代码的方法。

(2) 熟悉跟踪调试的操作方法。

2. 实训内容

(1) 为第 3 章实训指导第 1 题添加异常处理代码。

(2) 操作本章［例 4-2］及［例 4-3］，观察各个窗口数据的变化。

习　　题

一、选择题

1. 以下异常处理不正确的结构为（　　）。

A. try…catch…finally　　B. try…catch

C. try…finally　　D. catch…finally

2. 以下关于 catch 语句块的说法正确的是（　　）。

A. 包含有可能会引发异常的语句块

B. 声明有可能会引发异常的语句块

C．指定的异常引发后，对异常进行相应的处理

D．一般不与 try 配合使用，可单独使用

3．以下关于 finally 语句块的说法正确的是（　　）。

A．不能用 finally 语句块来强制执行相关代码

B．finally 块一般用于增加在 try 中分配的任何资源

C．在 try-finally 中 finally 用于保证代码语句块的执行

D．无论 try 块中的语句是否发生异常，都不会执行 finally 块中的语句

4．为了能够在程序中捕获所有的异常，在 catch 语句中使用的类名为（　　）。

A．Exception　　B．DivideByZeroException

C．FormatException　　D．ABC 均可

5．下列说法正确的是（　　）。

A．在 C#中，编译时对数组下标越界将做检查

B．在 C#中，程序运行时，数组下标越界也不会产生异常

C．在 C#中，程序运行时，数组下标越界是否产生异常由用户决定

D．在 C#中，程序运行时，数组下标越界一定会产生异常

6．可以观察变量和变量表达式变化情况的是（　　）窗口。

A．监视窗口　　B．代码窗口　　C．即时窗口　　D．输出窗口

7．调试器本身并不能中断程序的运行，调试器加载后，就将控制权交给该程序，自己处于（　　）状态，因此在进行调试的过程中，可以在源代码中设置程序的断点，使程序运行到断点后进入中断模式，分析并查找出现问题的原因。

A．运行　　B．休眠　　C．终止　　D．开始

二、简答题

1．基类 Exception 下存在哪两类异常？

2．什么是错误？什么是异常？简述两者的区别。

3．Visual Studio 2010 调试器有支持的四种断点类型是什么？

4．简述跟踪与调试的概念与作用。

第 5 章　顺序结构及常用公共类介绍

5.1　常用公共类及其函数介绍

在后续章节中，我们将使用到 C#语言常用公共类及其函数，因此需要介绍 C#语言常用公共类及其函数的使用。C#语言的常用公共类有算术类、字符串类、转换类、日期与时间类。

1. 算术类 System.Math

算术类包含三角函数、对数函数和其他通用数学函数。算术类函数如表 5-1 所示。

表 5-1　　算 术 类 函 数

函 数 原 型	功　能	说　明
int Abs(int x)	求整数 x 的绝对值	Math.Abs(−5)=5
double Acos(double x)	计算 arccos(x)的值	−1≤x≤1
double Asin(double x)	计算 arccos(x)的值	−1≤x≤1
double Atan(double x)	计算 arctan(x)的值	
double Atan2(double x, double y)	计算 arctan(y/x)的值	
long BigMul(int x,int y)	计算 x*y 的值	
int Ceiling(double x)	返回不小于 x 的最小整数	Math.Ceiling(−5.2)＝−5
double Cos(double x)	计算 cos(x)的值	x 的单位为弧度
double Exp(double x)	计算 e^x 的值	
int Floor(double x)	返回不大于 x 的最大整数	Math.Floor(−5.2)＝−6
int IEEERemainder(int x, int y)	返回 x/y 的余数	
double Log(double x)	计算 ln(x)的值	
double Log10(double x, double y)	返回 $\log_{10}(x)$的值	
double Max(double x, double y)	返回 x,y 中的较大者	
double Min(double x, double y)	返回 x,y 中的较小者	
double Pow(double x, double y)	求 x^y 的值	
int Round(double x)	将 x 四舍五入到最接近的整数	
double Round(double x, double y)	将 x 四舍五入到由 y 指定的小数位数	
int Sign(double x)	返回表示 x 符号的值	x>0 时，Math.Sign(x)=1 x=0 时，Math.Sign(x)=0 x<0 时，Math.Sign(x)=−1
double Sqrt(double x)	求 $\sqrt{x}$的值	x≥0
double Tan(double x)	计算 tan(x)的值	x 的单位为弧度

这些数学函数都是静态函数，调用的时候用算术类直接调用，例如：

```
double a=System.Math.Sin(123.8);    //System 可省略
```

2. 常用字符串处理函数

字符串类函数中有很多是实例函数，所以在函数原型中将字符串变量进行了定义，再通过成员访问运算符（.）调用。

（1）字符串类常用属性。字符串类最常用的属性为求长度属性，即 Length 属性。使用方法如下。

```
string str1= "我是中国人";
Console.WriteLine(str1.Length);    //输出结果：5
```

（2）字符串类常用函数。常用字符串类函数如表 5-2 所示。

表 5-2　　常用字符串类函数表

函 数 原 型	功　　能	说　　明
String.Compare(string str1, string str2)	比较 str1，str2 两个字符串的大小	若两字符串相同，则返回 0 若 str1>str2，则返回–1 若 str1<str2，则返回 1
String.CompareOrdinal(string str1,string str2)	比较 str1，str2 两个字符串的大小，但是以相应字符的 ASCII 值进行比较	相应字符的 ASCII 差值
string str1; str1.CompareTo(string str2)	将当前字符串对象 str1 与 str2 进行比较	结果同 Compare 函数
string str1; str1.IndexOf(char str2)	确定指定的字符 str2（或字符串）在字符串 str1 中第一次出现的位置	若找到，则返回位置索引（索引从 0 开始） 未找到，返回–1
string str1; str1.Insert(int n, string str2)	将字符串 str2 插入到字符串 str1 中的指定位置 n，创建一个新的字符串	索引从 0 开始
String.Join(string str2, string str1)	用一个字符串数组 str1 和一个分隔符串 str2 创建连接成一个新的字符串	
string str1; str1.LastIndexOf(char str2)	确定指定的字符 str2（或字符串）在字符串 str1 中最后一次出现的位置	若找到，则返回位置索引（索引从 0 开始） 未找到，返回–1
string str1; str1.Remove(int n ,int m)	从字符串 str1 中指定索引位置 n 移除 m 个字符	索引从 0 开始
string str1; str1.Replace(char c,char p)	用指定字符（串）p 替换 str1 内的字符（串）c	
string str1; char[] c; str1.Split(c)	用指定的分隔符 c 拆分字符串 str1	
string str1; str1.Substring(int n,int count)	在 str1 中，从第 n 个字符开始提取 count 个字符。count 可以省略，若省略则从第 n 个字符开始提取到最后	索引从 0 开始
string str1; str1.ToLower()	将字符串中的所有字符转换为小写	
string str1; str1.ToUpper()	将字符串中的所有字符转换为大写	
string str1; str1.Trim()	删除字符串两端空白的字符	

以上字符串类常用函数可根据函数原型使用，例如:

```
string str1="ABCDEFG";
Console.WriteLine(str1.IndexOf("D"));          //输出结果为: 3
Console.WriteLine(str1.IndexOf("DF"));         //输出结果为: -1
Console.WriteLine(str1.Remove(2, 3));          //输出结果为: ABFG
Console.WriteLine(str1.Substring(2,3));        //输出结果为: CDE
```

3. 转换类 System.Convert

将一个基本数据类型转换为另一个基本数据类型，如表 5-3 所示。

表 5-3　转换类函数

函数原型	功能
ToBoolean(expression)	将指定的值转换为等效的布尔值
ToByte(expression)	将指定的值转换为 8 位无符号整数
ToChar(expression)	将指定的值转换为字符
ToDateTime(expression)	将指定的值转换为 DateTime
ToDecimal(expression)	将指定的值转换为 Decimal 数字
ToDouble(expression)	将指定的值转换为双精度浮点数
ToInt16(expression)	将指定的值转换为 16 位有符号整数
ToInt32(expression)	将指定的值转换为 32 位有符号整数
ToInt64(expression)	将指定的值转换为 64 位有符号整数
ToSingle(expression)	将指定的值转换为单精度浮点数
ToString(expression)	将指定的值转换为其等效的 String 表示形式
ToUInt16(expression)	将指定的值转换为 16 位无符号整数
ToUInt32(expression)	将指定的值转换为 32 位无符号整数
ToUInt64(expression)	将指定的值转换为 64 位无符号整数

以上转换类函数可根据函数原型使用，在函数名称前添加 Convert，例如:

```
Single x = 4.3f;
Double y=Convert.ToDouble(x);                  //转换为 double 型
Boolean z = Convert.ToBoolean(x);              //转换为布尔型
```

4. 日期与时间类 System.DateTime

日期与时间类表示时间上的一刻，通常以日期和当前的时间表示，如表 5-4 所示。

表 5-4　日期与时间类函数

函数原型	功能
Date	获取此实例的日期部分
Day	获取此实例所表示的日期为该月中的第几天
DayOfWeek	获取此实例所表示的日期是星期几
DayOfYear	获取此实例所表示的日期是该年中的第几天

续表

函数原型	功能
Hour	获取此实例所表示日期的小时部分
Millisecond	获取此实例所表示日期的毫秒部分
Minute	获取此实例所表示日期的分钟部分
Month	获取此实例所表示日期的月份部分
Now	获取本地计算机上的当前本地日期和时间
Second	获取此实例所表示日期的秒部分
Ticks	获取表示此实例的日期和时间的刻度数
TimeOfDay	获取此实例的当天的时间
Today	获取当前日期
Year	获取此实例所表示日期的年份部分
Compare	比较两个日期的大小，若第一个日期晚于第二个日期，则返回正数，反之返回一个负数，相等则返回零

5.2 顺序结构例题分析

【例5-1】 通过控制台分别输入两个数，输出两数之中的较大值。

分析：本题较为简单，主要完成输入、比较与输出操作。比较时使用到算术类的Max函数即可解决求较大值操作。本题代码如下所示。

```
1.  using System;
2.  using System.Collections.Generic;
3.  using System.Linq;
4.  using System.Text;
5.
6.  namespace ConsoleApplication1
7.  {
8.      class Program
9.      {
10.         static void Main(string[] args)
11.         {
12.             double x, y;
13.             try
14.             {
15.                 Console.Write("请输入第一个数：");
16.                 x = double.Parse(Console.ReadLine());
17.                 Console.Write("请输入第二个数：");
18.                 y = double.Parse(Console.ReadLine());
19.                 Console.WriteLine("{0},{1}之间的较大值为{2}", x, y,
Math.Max(x, y));
20.             }
21.             catch (Exception e)
```

```
22.            {
23.                Console.WriteLine(e.Message);
24.            }
25.        }
26.    }
27. }
```

具体输入过程与输出结果如图 5-1 所示。

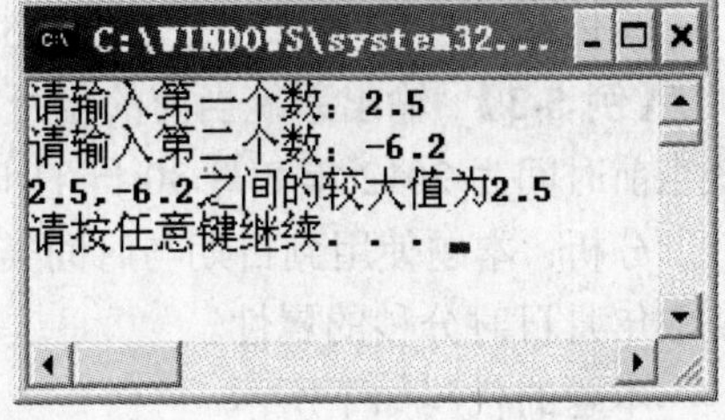

图 5-1 ［例 5-1］过程演示

【例 5-2】 输入三角形的三边长，求三角形的周长及面积，面积值精确到小数点后两位（对小数点后第三位四舍五入）。

分析：假设输入的三个数 a、b、c 能构成三角形，从数学知识已知求三角形周长的公式为

周长 $perimeter = a + b + c$;

面积 $area = \sqrt{s(s-a)(s-b)(s-c)}$，其中 $s = \frac{1}{2}(a+b+c)$。

本题还需要使用到求平方根函数 Math.Sqrt，并且需要指定输出的精度。

本题的代码如下所示。

```
1.  using System;
2.  using System.Collections.Generic;
3.  using System.Linq;
4.  using System.Text;
5.
6.  namespace ConsoleApplication1
7.  {
8.      class Program
9.      {
10.         static void Main(string[] args)
11.         {
12.             double a, b, c;
13.             double perimeter, area,s;
14.             try
15.             {
16.                 Console.WriteLine("请输入三角形的三边长");
17.                 Console.Write("a=");
18.                 a = double.Parse(Console.ReadLine());
19.                 Console.Write("b=");
20.                 b = double.Parse(Console.ReadLine());
21.                 Console.Write("c=");
22.                 c = double.Parse(Console.ReadLine());
23.                 perimeter = a + b + c;
24.                 s = (double)1 / 2 * perimeter;
25.                 area = Math.Sqrt(s * (s - a) * (s - b) * (s - c));
26.                 Console.WriteLine("三角形周长为: " + perimeter);
27.                 Console.WriteLine("三角形面积为: " + Math.Round(area, 2));
28.             }
29.             catch (Exception e)
30.             {
```

```
31.                 Console.WriteLine(e.Message);
32.             }
33.         }
34.     }
35. }
```

具体输入过程与输出结果如图 5-2 所示。

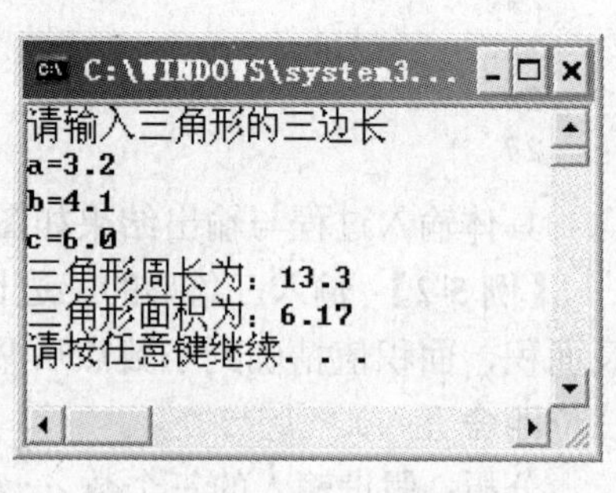

图 5-2 ［例 5-2］过程演示

【例 5-3】 输出系统当前的年月日时分秒。（假设系统当前时间为 2012 年 8 月 30 日 11 时 08 分 32 秒）

分析：本题使用到日期与时间类的 Now 属性，以及获取年月日时分秒的属性。

本题的代码如下所示。

```
1.  using System;
2.  using System.Collections.Generic;
3.  using System.Linq;
4.  using System.Text;
5.
6.  namespace ConsoleApplication1
7.  {
8.      class Program
9.      {
10.         static void Main(string[] args)
11.         {
12.             DateTime dtNow = DateTime.Now;
13.             int dtYear, dtMonth, dtDay, dtHour, dtMinute, dtSecond;
14.             dtYear = dtNow.Year;
15.             dtMonth = dtNow.Month;
16.             dtDay = dtNow.Day;
17.             dtHour = dtNow.Hour;
18.             dtMinute = dtNow.Minute;
19.             dtSecond = dtNow.Second;
20.             Console.WriteLine("现在是{0}年{1}月{2}日，{3}：{4}：{5}。", dtYear,
    dtMonth, dtDay, dtHour, dtMonth, dtSecond);
21.         }
22.     }
23. }
```

输出结果如图 5-3 所示。

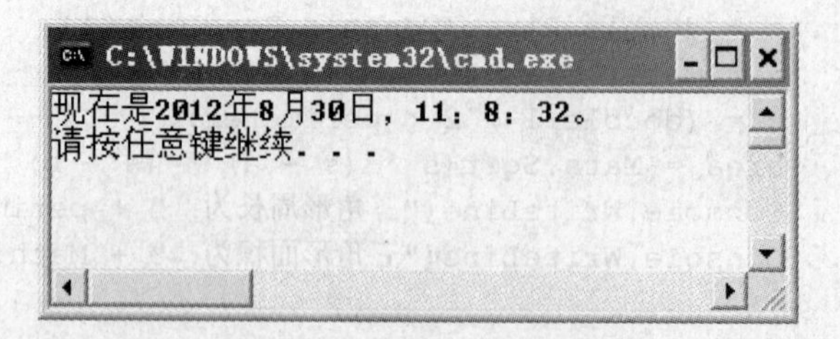

图 5-3 ［例 5-3］过程演示

本章小结

本章主要介绍了常用公共类及其函数，并通过顺序结构例题演示了部分函数的使用方法。希望读者能举一反三，掌握常用公共类及其函数的使用，并能熟练运用它们解决实际问题。

实训指导

实训名称：顺序结构程序设计

1．实训目的

（1）掌握常用公共类及其函数的使用方法。

（2）熟练掌握使用顺序结构编程解决实际问题。

2．实训内容

（1）一个棱长 5cm 的正方体，削成一个最大的球体，问削去部分的体积（结果保留两位小数，对小数点后第三位四舍五入）。运行结果如图 5-4 所示。

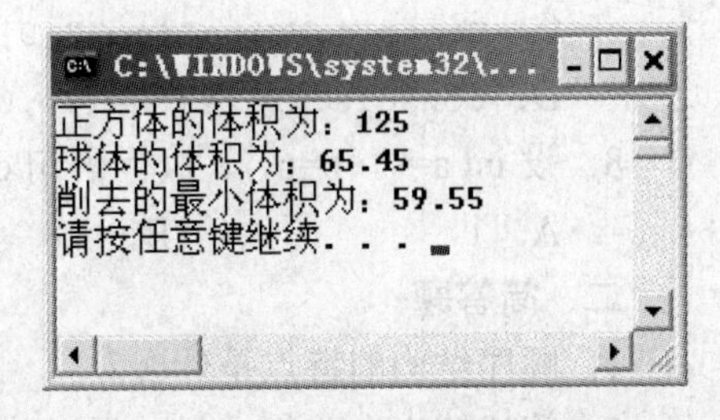

图 5-4　正方体削成球体过程演示

难点提示：圆球体积 $V=\frac{4}{3}\pi R^3$。

（2）计算输入的两个日期之间距离的天数。具体效果如图 5-5 所示。

（3）输入一个三位数，将这个三位数分离成百位、十位、个位并输出。具体效果如图 5-6 所示。

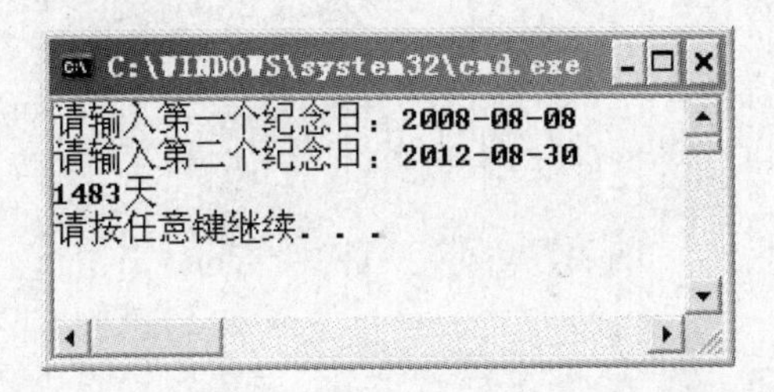

图 5-5　计算两个日期之间相差天数过程演示

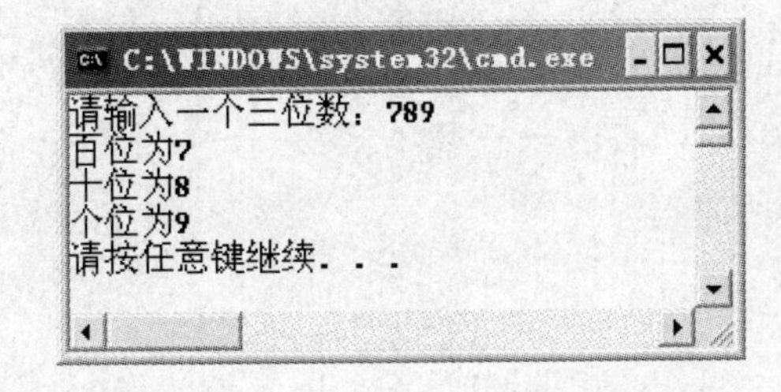

图 5-6　分解一个三位数的过程演示

习　题

一、选择题

1．C#程序设计语言属于什么类型的编程语言？（　　）。

A．汇编语言　　B．机器语言　　C．高级语言　　D．自然语言

2．请问经过表达式 a=3+1>5?0:1 的运算，变量 a 的最终值是什么？（　　）。

A．3　　B．1　　C．0　　D．4

3．设 double 型变量 x 和 y 的取值分别为 12.5 和 5.0，那么表达式 x/y+(int)(x/y)–(int)x/y 的值为（　　）。

A．2.9　　B．2.5　　C．2.1　　D．2

4．下列属于合法C#语言变量名的有（　　）。

A．x_123　　B．if　　C．1_x　　D．3x

5．要使用变量age来存储人的年龄，则将其都声明为（　　）类型最为适合。

A．sbyte　　B．byte　　C．int　　D．float

6．以下赋值语句中正确的是（　　）。

A．`short x=32 768;`　　B．`ushort y=65 534;`

C．`long x=5000; int y=x;`　　D．`double x=20; decimal y=x;`

7．以下语句不可以在屏幕上输出Hello,World的语句是（　　）。

A．`Console.WriteLine("Hello"+",World");`

B．`Console.Write("Hello{0}","World");`

C．`Console.WriteLine("{0},{1}","Hello,World");`

D．`Console.Write("Hello,World");`

8．设int a=9，b=6，c执行语句c=a/b+0.8后c的值是（　　）。

A．1　　B．1.8　　C．2　　D．2.3

二、简答题

1．顺序结构的特点是什么？

2．简述输出当前年、月、日、时、分、秒的步骤。

3．如果希望使用变量x来存放数据987 654 321.123 456 78，并且仍然以小数形式而不是指数形式显示，则应该将变量x声明为何种类型？

第 6 章　选择结构程序设计

6.1　选择结构概述

现实生活中，经常需要根据不同的情况做出不同的动作，如考试成绩大于等于 60 分即为及格，若小于 60 分则为不及格。在程序中，要实现这样的功能就需要使用选择结构。

C#语言中选择结构有以下几种。

（1）if 语句。

（2）if-else 语句。

（3）if-else if 语句。

（4）嵌套的 if 语句。

（5）switch 语句，又称开关语句。

选择结构和循环结构（将在第 7 章中介绍）是所有程序设计语言的最基础、最核心的内容，它们无处不在。用户通过灵活地运用这两种结构，可以实现复杂的逻辑运算。学会选择结构的语法并不困难，但是要把复杂的算法通过这些语句表达出来就需要不断地摸索和锻炼。

6.2　if　语　句

if 语句是用来判断所给定的条件是否满足，根据判断的结果（真或假）来决定所要执行的操作。if 语句的语法格式如下。

```
if(表达式)
{
   语句块
}
```

语法说明：

（1）关键字 if 后面为半角状态下的圆括号，圆括号内可以是一个表达式或者一个布尔型常量或变量。表达式可以是关系表达式或者逻辑表达式，总之圆括号中的表达式所返回的一定是布尔值 true 或 false。例如：

```
if(true)                    //布尔型常量，表示条件成立
if(a==100)                  //关系表达式
if(a>=1&&a<=10)             //逻辑表达式
if(a)                       //变量 a 只能是布尔型变量
```

注意：在书写测试对等时，应为双等号，非赋值号。若写成 `if(a=100)`，该表达式为赋值表达式，非逻辑表达式，不能作为 if 语句的表达式。这样的语句通不过编译，初学者需特别注意避免犯此类错误。

（2）if 表达式后为一对大括号，大括号内为条件成立所执行的语句块。语句块本身就是程序代码，它可以是一条语句，也可以是多条语句。当语句块内只包含一条语句时，大括号可省略，但是从编程规范的角度出发，不推荐省略大括号的写法。也就是说即使只有一条语句，也要用一对大括号括起来，并且在大括号中的语句应缩进一个制表符或长度相当的空格（一般为四个空格的宽度），表示它们受控于以上的 if 语句，这样的代码可读性更强，更易于理解。

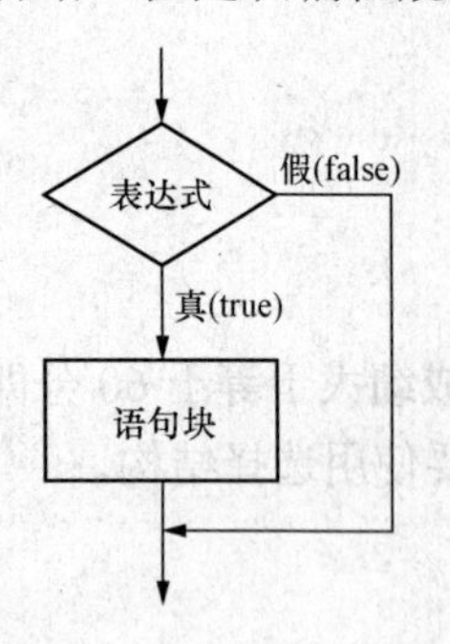

图 6-1　if 语句传统流程图

（3）当 if 的表达式的值为 true 时，将执行大括号里的语句块，当表达式的值为 false 时，将跳过该 if 语句，执行大括号后面的语句。

本结构的传统流程图如图 6-1 所示。

【例 6-1】 编写程序，完成数学类中符号函数（Sign）的功能，即

$$y=\begin{cases}1 & (x>0)\\0 & (x=0)\\-1 & (x<0)\end{cases}$$

本题代码如下所示。

```
1.  using System;
2.  using System.Collections.Generic;
3.  using System.Linq;
4.  using System.Text;
5.
6.  namespace ConsoleApplication1
7.  {
8.      class Program
9.      {
10.         static void Main(string[] args)
11.         {
12.             double x;
13.             int y=0;
14.             Console.Write("请输入 x 的值：");
15.             try
16.             {
17.                 x = double.Parse(Console.ReadLine());
18.                 if (x > 0)
19.                 {
20.                     y = 1;
21.                 }
22.                 if (x == 0)
23.                 {
24.                     y = 0;
25.                 }
26.                 if (x < 0)
27.                 {
28.                     y = -1;
29.                 }
```

```
30.             Console.WriteLine("x={0},y={1}", x, y);
31.         }
32.         catch (Exception e)
33.         {
34.             Console.WriteLine(e.Message);
35.         }
36.     }
37.   }
38. }
```

具体输入过程与输出结果如图 6-2 所示。

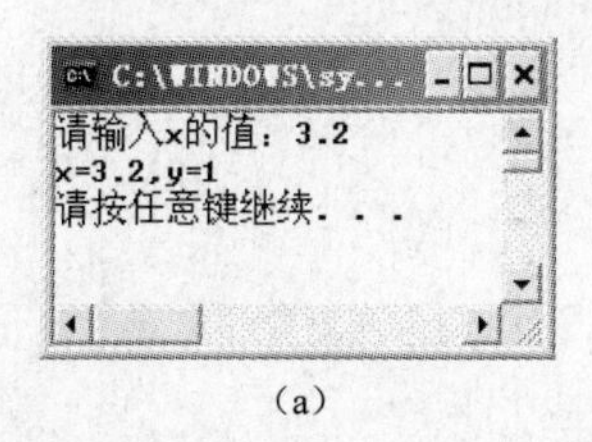

(a)

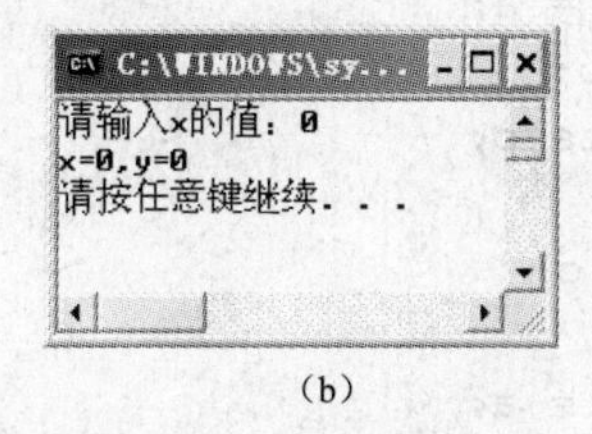

(b)

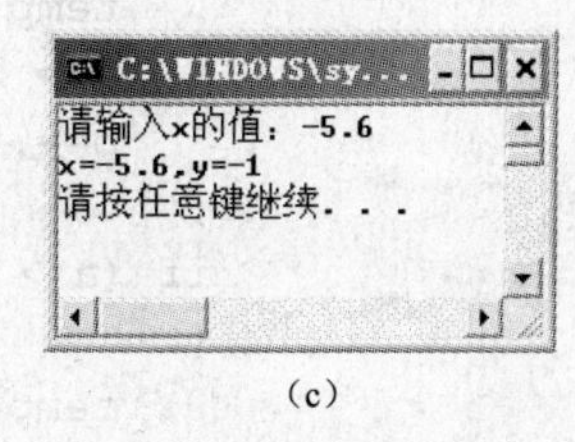

(c)

图 6-2 ［例 6-1］过程演示

(a)［例 6-1］过程演示（1）；(b)［例 6-1］过程演示（2）；(c)［例 6-1］过程演示（3）

从如图 6-2 所示的三个运行状态看到，输入不同的数值，可得到不同的输出结果。初学者要注意在调试选择结构程序时，必须调试各种输入条件，并观察得到的结果是否与预期相符。只要有一种情况不符合预期，就表示程序有待调整与改进。

【例 6-2】 编写程序，输入三个整数，将三个数按从小到大的顺序排列并输出。

分析：将输入的三个数（假设为 *a*，*b*，*c*）按从小到大的顺序排列，可分解为以下几个步骤：

（1）取 *a*，*b* 两数进行比较，较小值赋给 *a*，较大值赋给 *b*。

（2）取 *a*，*c* 两数进行比较，较小值赋给 *a*，较大值赋给 *c*。经过以上两个步骤，则可保证变量 *a* 中存放的是三个数中的最小值。

（3）取 *b*，*c* 两数进行比较，较小值赋给 *b*，较大值赋给 *c*。经过此步骤，可完成排序操作。

本题的代码如下所示。

```
1.  using System;
2.  using System.Collections.Generic;
3.  using System.Linq;
4.  using System.Text;
5.
6.  namespace ConsoleApplication1
7.  {
8.      class Program
9.      {
10.         static void Main(string[] args)
11.         {
12.             int a, b, c,temp;
13.             try
14.             {
```

```
15.                 Console.WriteLine("请输入三个整数：");
16.                 Console.Write("a=");
17.                 a = int.Parse(Console.ReadLine());
18.                 Console.Write("b=");
19.                 b = int.Parse(Console.ReadLine());
20.                 Console.Write("c=");
21.                 c = int.Parse(Console.ReadLine());
22.                 Console.WriteLine("排序前 a={0},b={1},c={2}", a, b, c);
23.                 if (a > b)
24.                 {
25.                     temp = a;
26.                     a = b;
27.                     b = temp;
28.                 }
29.                 if (a > c)
30.                 {
31.                     temp = a;
32.                     a = c;
33.                     c = temp;
34.                 }
35.                 if (b > c)
36.                 {
37.                     temp = b;
38.                     b = c;
39.                     c = temp;
40.                 }
41.                 Console.WriteLine("排序后 a={0},b={1},c={2}", a, b, c);
42.             }
43.             catch (Exception e)
44.             {
45.                 Console.WriteLine(e.Message);
46.             }
47.         }
48.     }
49. }
```

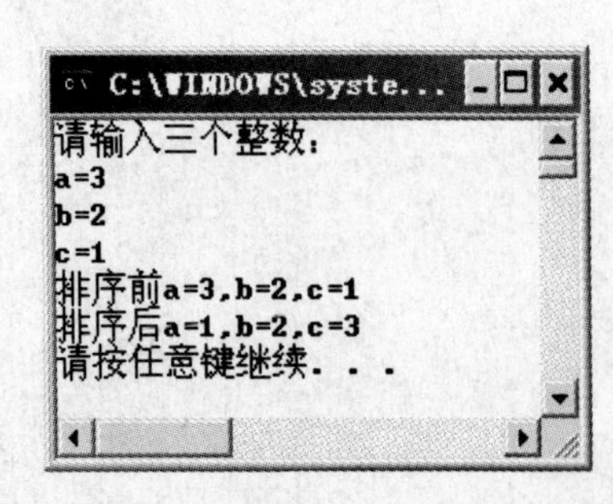

图 6-3 ［例 6-2］过程演示

具体输入过程与输出结果如图 6-3 所示。

交换算法是本题的关键，必须掌握。交换算法代码如下。

```
1. if (a > b)
2. {
3.     temp = a;
4.     a = b;
5.     b = temp;
6. }
```

其中，a 和 b 分别为要比较的两个数，目的为较小数赋给变量 a，较大数赋给 b。在赋值过程中，需要借助一个临时变量 temp，交换过程由三个语句组成。

6.3 if-else 语 句

当一个选择结构只存在两种可能的结果时，可使用 if-else 语句来表达。if-else 语句的语法格式如下。

```
if(表达式)
{
    语句块 1
}
else
{
    语句块 2
}
```

语法说明：

（1）首先判断表达式是否成立，成立则执行语句块 1。

（2）若表达式不成立，则执行语句块 2。

本结构的传统流程图如图 6-4 所示。

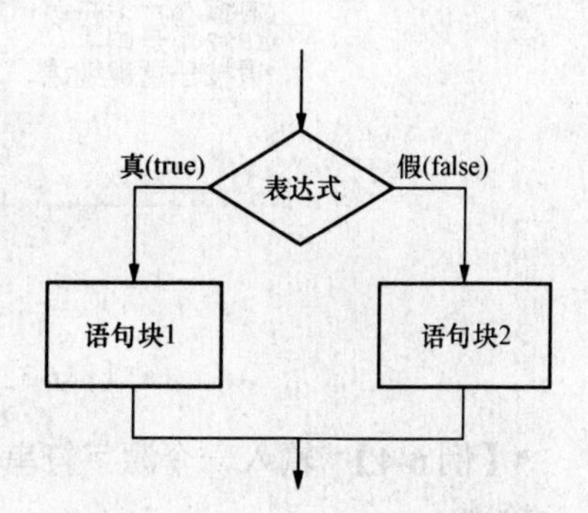

图 6-4 if-else 语句传统流程图

【例 6-3】 输入一个年份，判断该年份是否为闰年并输出。

分析：本题的关键在于闰年的条件，满足以下两个条件之一的年份即为闰年：

（1）能被 4 整除但不能被 100 整除的年份。

（2）能被 400 整除的年份。

本题的代码如下所示。

```
1.  using System;
2.  using System.Collections.Generic;
3.  using System.Linq;
4.  using System.Text;
5.
6.  namespace ConsoleApplication1
7.  {
8.      class Program
9.      {
10.         static void Main(string[] args)
11.         {
12.             int year;
13.             try
14.             {
15.                 Console.Write("请输入一个年份：");
16.                 year = int.Parse(Console.ReadLine());
17.                 if (year % 4 == 0 && year % 100 != 0 || year % 400 == 0)
18.                 {
19.                     Console.WriteLine("{0}年是闰年", year);
20.                 }
21.                 else
```

```
22.                 {
23.                     Console.WriteLine("{0}年不是闰年", year);
24.                 }
25.             }
26.             catch (Exception e)
27.             {
28.                 Console.WriteLine(e.Message);
29.             }
30.         }
31.     }
32. }
```

具体输入过程与输出结果如图 6-5 所示。

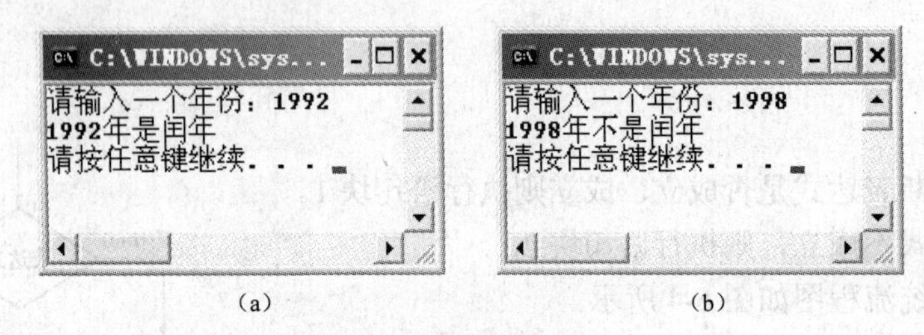

（a）　　（b）

图 6-5 ［例 6-3］过程演示

（a）［例 6-3］过程演示（1）；（b）［例 6-3］过程演示（2）

【例 6-4】 输入一个源字符串，输入一个子字符串，在源字符串中查找是否存在子字符串并输出。

分析：本题的关键在于字符串的检索，可使用字符串类的 IndexOf 函数。

本题的代码如下所示。

```
1.  using System;
2.  using System.Collections.Generic;
3.  using System.Linq;
4.  using System.Text;
5.
6.  namespace ConsoleApplication1
7.  {
8.      class Program
9.      {
10.         static void Main(string[] args)
11.         {
12.             string str1, str2;
13.             try
14.             {
15.                 Console.Write("请输入源字符串：");
16.                 str1 = Console.ReadLine();
17.                 Console.Write("请输入待查找的字符串：");
18.                 str2 = Console.ReadLine();
19.                 if (str1.IndexOf(str2) >= 0)
20.                 {
21.                     Console.WriteLine("字符串{0}中存在字符串{1}", str1, str2);
```

```
22.                 }
23.                 else
24.                 {
25.                     Console.WriteLine("字符串{0}中不存在字符串{1}", str1, str2);
26.                 }
27.             }
28.             catch (Exception e)
29.             {
30.                 Console.WriteLine(e.Message);
31.             }
32.         }
33.     }
34. }
```

具体输入过程与输出结果如图 6-6 所示。

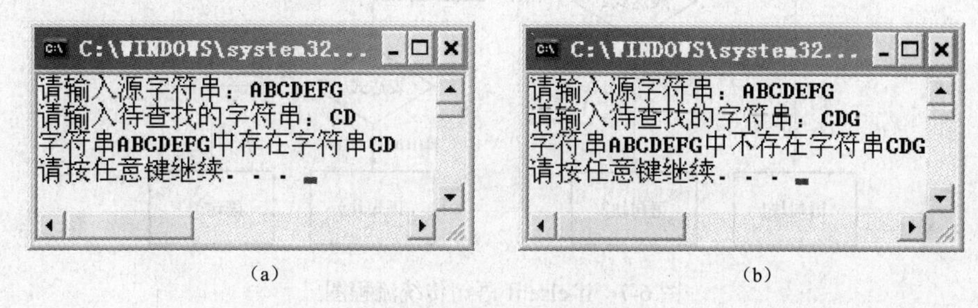

(a) (b)

图 6-6 ［例 6-4］过程演示

(a)［例 6-4］过程演示（1）；(b)［例 6-4］过程演示（2）

6.4 if-else if 语句

当一个选择语句存在多种可能的结果时，可以使用 if-else if 语句来表示。if-else if 语句的语法格式如下。

```
if(表达式 1)
{
    语句块 1
}
else if(表达式 2)
{
    语句块 2
}
…
else if(表达式 n)
{
    语句块 n;
}
else
{
    语句块 n+1;
}
```

语法说明：

（1）首先判断表达式 1 是否成立，成立则执行语句块 1。

（2）若表达式 1 不成立，则判断表达式 2 是否成立，成立则执行语句块 2。

（3）若表达式 2 不成立，则判断表达式 3 是否成立，成立则执行语句块 3。

……

（n）若表达式 n-1 不成立，则判断表达式 n 是否成立，成立则执行语句块 n。

（n+1）若表达式 n 不成立，则执行语句块 n+1。

本结构的传统流程图如图 6-7 所示。

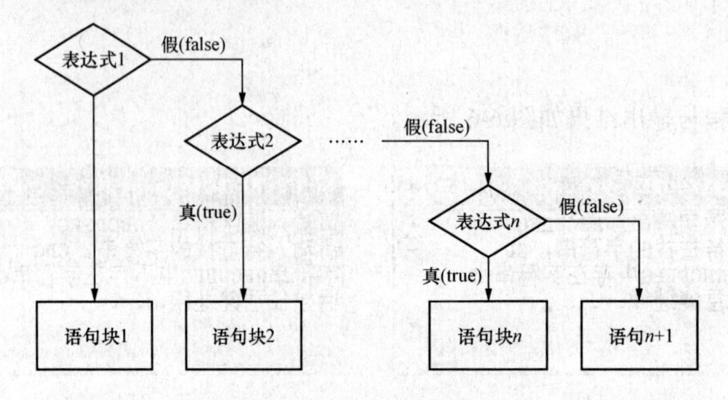

图 6-7 if-else if 语句传统流程图

【例 6-5】 使用 if-else if 语句完成数学类中符号函数（Sign）的功能。

本题的代码如下所示：

```
1.  using System;
2.  using System.Collections.Generic;
3.  using System.Linq;
4.  using System.Text;
5.
6.  namespace ConsoleApplication1
7.  {
8.      class Program
9.      {
10.         static void Main(string[] args)
11.         {
12.             double x;
13.             int y = 0;
14.             try
15.             {
16.                 Console.Write("请输入 x 的值：");
17.                 x = double.Parse(Console.ReadLine());
18.                 if (x > 0)
19.                 {
20.                     y = 1;
21.                 }
22.                 else if (x == 0)
23.                 {
24.                     y = 0;
```

```
25.                }
26.                else
27.                {
28.                    y = -1;
29.                }
30.                Console.WriteLine("x={0},y={1}", x, y);
31.            }
32.            catch (Exception e)
33.            {
34.                Console.WriteLine(e.Message);
35.            }
36.        }
37.    }
38. }
```

具体输入过程与输出结果如图 6-8 所示。

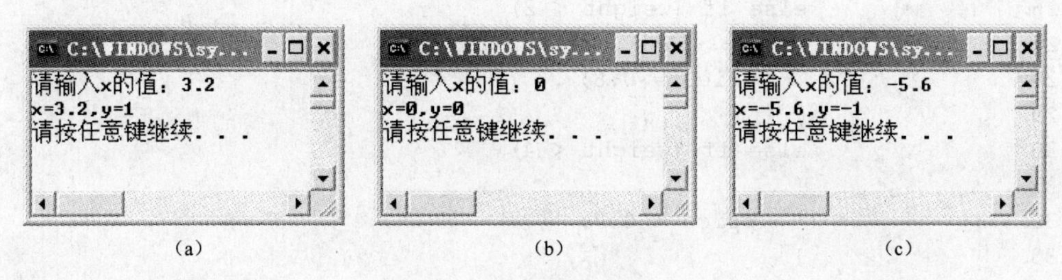

图 6-8 ［例 6-5］过程演示

(a)［例 6-5］过程演示（1）；(b)［例 6-5］过程演示（2）；(c)［例 6-5］过程演示（3）

【例 6-6】 某大型货物物流公司运费计算。假设：运费 = 货物每千米运费×千米数。但是“货物每千米运费”根据货物重量的不同而不同，具体如表 6-1 所示。

表 6-1　　货物每千米运费查询表

货物重量（单位：t）	每千米运费（元）	货物重量（单位：t）	每千米运费（元）
1t 以下	不承接	4t≤货物重量＜8t	0.6
1t≤货物重量＜2t	0.8	8t 以上	0.5
2t≤货物重量＜4t	0.7		

请根据用户输入的货物重量及公里数，计算货物运费总额。

本题的代码如下所示。

```
1.  using System;
2.  using System.Collections.Generic;
3.  using System.Linq;
4.  using System.Text;
5.
6.  namespace ConsoleApplication1
7.  {
8.      class Program
9.      {
10.         static void Main(string[] args)
```

```
11.         {
12.             double cost;            //运费
13.             double weight;          //重量
14.             double price;           //每千米单价
15.             double distance;        //总路程
16.             try
17.             {
18.                 Console.Write("请输入货物重量：");
19.                 weight = double.Parse(Console.ReadLine());
20.                 Console.Write("请输入总路程：");
21.                 distance = double.Parse(Console.ReadLine());
22.                 if (weight < 1)
23.                 {
24.                     price = 0;
25.                 }
26.                 else if (weight < 2)
27.                 {
28.                     price = 0.8;
29.                 }
30.                 else if (weight < 4)
31.                 {
32.                     price = 0.7;
33.                 }
34.                 else if (weight < 8)
35.                 {
36.                     price = 0.6;
37.                 }
38.                 else
39.                 {
40.                     price = 0.5;
41.                 }
42.                 if (price == 0)
43.                 {
44.                     Console.WriteLine("本公司不承接1吨以下的运输业务！");
45.                 }
46.                 else
47.                 {
48.                     cost = price * distance;
49.                     Console.WriteLine("重量{0}吨的货物，运输{1}千米的运费为：
    {2}元。", weight, distance, cost);
50.                 }
51.             }
52.             catch (Exception e)
53.             {
54.                 Console.WriteLine(e.Message);
55.             }
56.         }
57.     }
58. }
```

具体输入过程与输出结果如图 6-9 所示。

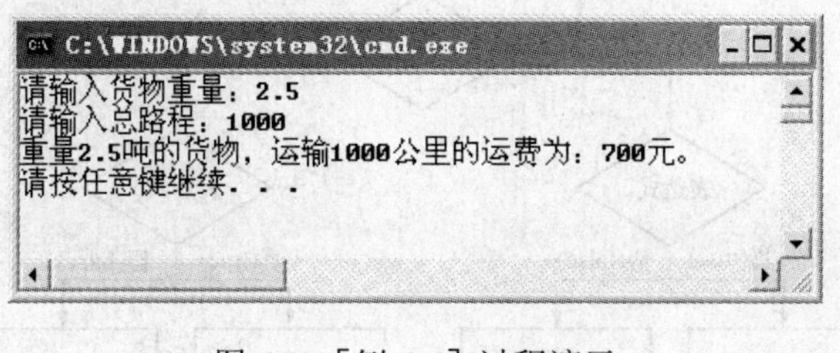

图 6-9 ［例 6-6］过程演示

6.5 嵌套的 if 语句

在 if 语句中又包含一个或多个 if 语句称为 if 语句的嵌套。嵌套的 if 语句的语法格式如下。

```
if(表达式 1)
{
    if(表达式 2)
    {
        语句块 1
    }
    else
    {
        语句块 2
    }
}
else
{
    if(表达式 3)
    {
        语句块 3
    }
    else
    {
        语句块 4
    }
}
```

语法说明：

（1）首先判断表达式 1 是否成立，若表达式 1 成立则继续判断表达式 2 是否成立，若表达式 2 成立，则执行语句块 1，若表达式 2 不成立，则执行语句块 2。

（2）若表达式 1 不成立，则继续判断表达式 3 是否成立，若表达式 3 成立，则执行语句块 3，若表达式 3 不成立，则执行语句块 4。

嵌套的 if 语句的形式多种多样，嵌套的层数也没有限制。本结构的传统流程图如图 6-10 所示。

注意：嵌套的 if 语句中，else 总是与其之前未配对的最近的 if 进行配对的。

【例 6-7】 输入学生的成绩，输出对应的等级。成绩—等级对应表如表 6-2 所示。

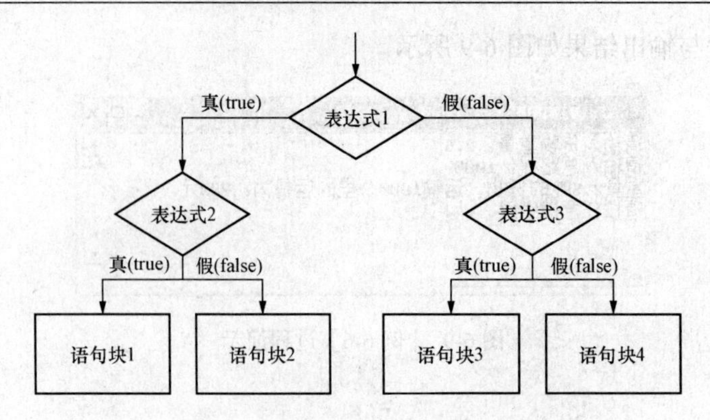

图 6-10 嵌套的 if 语句传统流程图

表 6-2 成绩—等级对应表

成绩	等级	成绩	等级
0≤成绩＜60	E	80≤成绩＜90	B
60≤成绩＜70	D	90≤成绩≤100	A
70≤成绩＜80	C		

本题的代码如下所示。

```
1.  using System;
2.  using System.Collections.Generic;
3.  using System.Linq;
4.  using System.Text;
5.
6.  namespace ConsoleApplication1
7.  {
8.      class Program
9.      {
10.         static void Main(string[] args)
11.         {
12.             int score;
13.             string grade;
14.             try
15.             {
16.                 Console.Write("请输入学生成绩(整数): ");
17.                 score = int.Parse(Console.ReadLine());
18.                 if (score >= 60)
19.                 {
20.                     if (score >= 70)
21.                     {
22.                         if (score >= 80)
23.                         {
24.                             if (score >= 90)
25.                             {
26.                                 grade = "A";
27.                             }
28.                             else
29.                             {
30.                                 grade = "B";
```

```
31.                       }
32.                    }
33.                    else
34.                    {
35.                       grade = "C";
36.                    }
37.                 }
38.                 else
39.                 {
40.                    grade = "D";
41.                 }
42.              }
43.              else
44.              {
45.                 grade = "E";
46.              }
47.              Console.WriteLine("成绩{0}分，等级为{1}。", score, grade);
48.           }
49.           catch (Exception e)
50.           {
51.              Console.WriteLine(e.Message);
52.           }
53.        }
54.     }
55. }
```

具体输入过程与输出结果如图6-11所示。

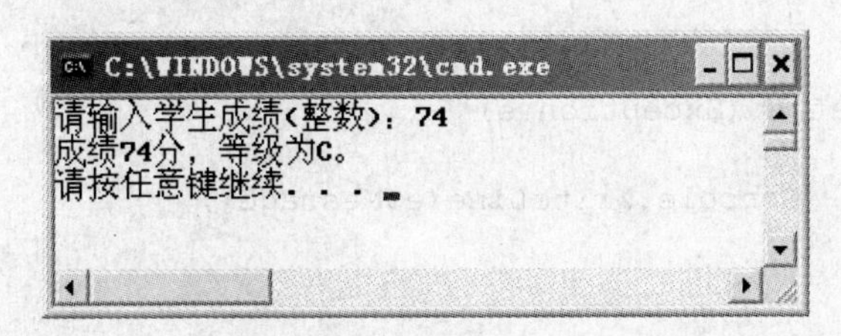

图6-11 ［例6-7］过程演示

【例6-8】 输入一个电子邮件地址，判断该电子邮件地址格式是否正确。

分析：正确的电子邮件地址格式应满足以下三点。

（1）存在“@”号。

（2）存在“.”号。

（3）“@”号位于“.@”号左侧。

可使用IndexOf函数实现字符串检索功能。

本题的代码如下所示。

```
1.  using System;
2.  using System.Collections.Generic;
3.  using System.Linq;
4.  using System.Text;
5.
6.  namespace ConsoleApplication1
7.  {
8.     class Program
```

```
9.      {
10.         static void Main(string[] args)
11.         {
12.             string str1;
13.             int flag=0;
14.             try
15.             {
16.                 Console.Write("请输入电子邮件地址：");
17.                 str1 = Console.ReadLine();
18.                 if (str1.IndexOf("@") >= 0)
19.                 {
20.                     if (str1.IndexOf(".") >= 0)
21.                     {
22.                         if (str1.IndexOf("@") < str1.IndexOf("."))
23.                         {
24.                             flag = 1;
25.                         }
26.                     }
27.                 }
28.                 if (flag == 1)
29.                 {
30.                     Console.WriteLine("邮件地址格式正确！");
31.                 }
32.                 else
33.                 {
34.                     Console.WriteLine("邮件地址格式不正确！");
35.                 }
36              }
37.             catch (Exception e)
38.             {
39.                 Console.WriteLine(e.Message);
40.             }
41.         }
42.     }
43. }
```

具体输入过程与输出结果如图 6-12 所示。

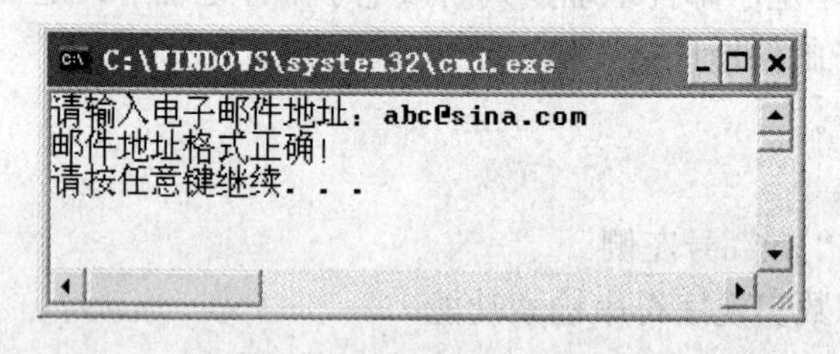

图 6-12 ［例 6-8］过程演示

6.6 switch 语 句

switch 语句又称为“开关语句”，它是多分支选择语句，允许根据条件判断执行一段代码。它与 if-else if 语句构造相同，两者相似度很高。某些特定的 if-else if 语句可使用 switch 语句代替，而所有的 switch 语句都可以使用 if-else if 语句来表达。switch 语句的语法格式如下。

```
switch(表达式)
{
    case 值1:语句块1;break;
    case 值2:语句块2;break;
    case 值3:语句块3;break;
    …
    case 值n:语句块n;break;
    default:语句块n+1;break;
}
```

语法说明：

（1）switch 关键字后面的表达式类型必须是字符串或整数。

（2）case 后面的值必须是常量表达式，不允许使用变量，且类型也只能为字符串或整数，任意两个或多个 case 后的值不能相同。

（3）case 和 default 后为“:”。

（4）switch 结构比较特殊，在 switch 结构中位于 case 后面的语句块，无论语句是单条语句还是多条语句，都不需使用大括号包围。

（5）default 子句可以省略，若存在，则只能有一个 default 子句。

（6）各个 case 子句与 default 子句可互换位置。

（7）本结构执行过程：首先计算表达式的值，然后按顺序与各个 case 后的值进行比对，找到对应的 case 入口，从而执行相应的语句块，遇到 break 则退出 switch 结构的执行。

本结构的传统流程图如图 6-13 所示。

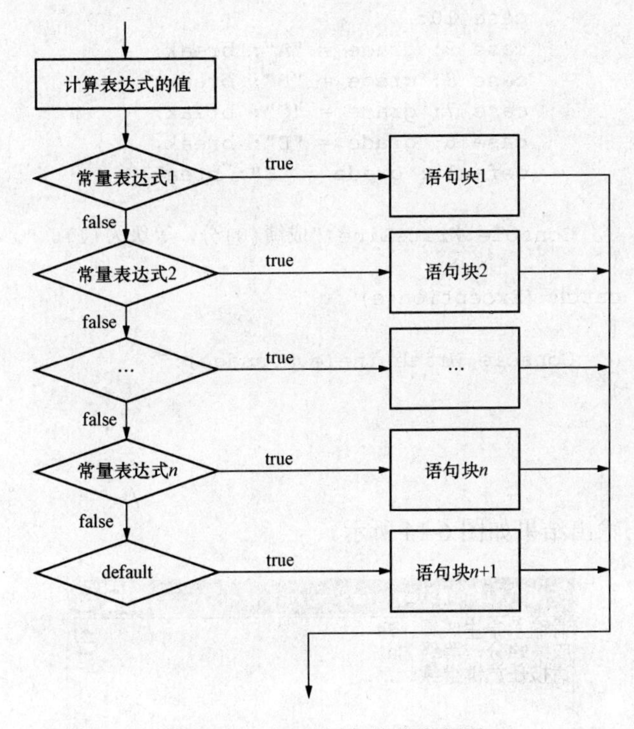

图 6-13 switch 语句传统流程图

【例 6-9】 输入学生的成绩，输出对应的等级。成绩—等级对应表如表 6-2 所示。

分析，本题的难点在于某一范围内的成绩均属于同一等级，但是如果要写 case 子句，就需要写 10 条甚至 50 多条，而且这些 case 子句的内容相当相似，因此需要考虑有何变通的方法。可修改 switch 后面表达式的表示形式，不单纯采用 score，如用 score/10 这样的表达式来表示，从而大大减少 case 子句书写的工作量。

本题的代码如下所示。

```
1.  using System;
2.  using System.Collections.Generic;
3.  using System.Linq;
4.  using System.Text;
5.
6.  namespace ConsoleApplication1
7.  {
8.      class Program
9.      {
10.         static void Main(string[] args)
11.         {
12.             int score;
13.             string grade;
14.             try
15.             {
16.                 Console.Write("请输入学生成绩：");
17.                 score = int.Parse(Console.ReadLine());
18.                 switch (score / 10)
19.                 {
20.                     case 10:
21.                     case 9: grade = "A"; break;
22.                     case 8: grade = "B"; break;
23.                     case 7: grade = "C"; break;
24.                     case 6: grade = "D"; break;
25.                     default: grade = "E"; break;
26.                 }
27.                 Console.WriteLine("成绩{0}分，等级为{1}。", score, grade);
28.             }
29.             catch (Exception e)
30.             {
31.                 Console.WriteLine(e.Message);
32.             }
33.         }
34.     }
35. }
```

具体输入过程与输出结果如图 6-14 所示。

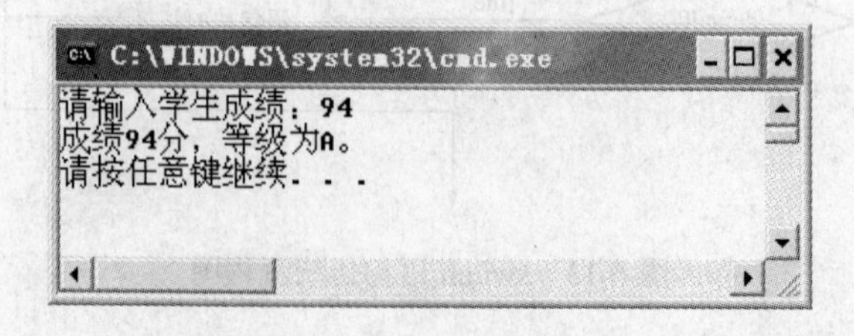

图 6-14 ［例 6-9］过程演示

【例6-10】 输入年、月、日，输出该日为该年的第几天。

分析：本题的关键在于处理好闰年与平年的区别。

本题的代码如下所示。

```
1.  using System;
2.  using System.Collections.Generic;
3.  using System.Linq;
4.  using System.Text;
5.
6.  namespace ConsoleApplication1
7.  {
8.      class Program
9.      {
10.         static void Main(string[] args)
11.         {
12.             int year, month, day;
13.             int days = 0;      //各月份累计日期之和
14.             int total=0;       //指定年月日所对应当年天数
15.             try
16.             {
17.                 Console.Write("请输入年份: ");
18.                 year = int.Parse(Console.ReadLine());
19.                 Console.Write("请输入月份: ");
20.                 month = int.Parse(Console.ReadLine());
21.                 Console.Write("请输入日期: ");
22.                 day = int.Parse(Console.ReadLine());
23.                 switch (month)
24.                 {
25.                     case 1: days = 0; break;
26.                     case 2: days = 31; break;
27.                     case 3: days = 31 + 28; break;
28.                     case 4: days = 31 + 28 + 31; break;
29.                     case 5: days = 31 + 28 + 31 + 30; break;
30.                     case 6: days = 31 + 28 + 31 + 30 + 31; break;
31.                     case 7: days = 31 + 28 + 31 + 30 + 31 + 30; break;
32.                     case 8: days = 31 + 28 + 31 + 30 + 31 + 30 + 31; break;
33.                     case 9: days = 31 + 28 + 31 + 30 + 31 + 30 + 31 + 31; break;
34.                     case 10: days = 31 + 28 + 31 + 30 + 31 + 30 + 31 + 31 +
    30; break;
35.                     case 11: days = 31 + 28 + 31 + 30 + 31 + 30 + 31 + 31 +
    30 + 31; break;
36.                     case 12: days = 31 + 28 + 31 + 30 + 31 + 30 + 31 + 31 +
    30 + 31 + 30; break;
37.                 }
38.                 total = days + day;
39.                 if (year % 4 == 0 && year % 100 != 0 || year % 400 == 0)
40.                 {
41.                     total = total + 1;
42.                 }
43.                 Console.WriteLine("{0}年{1}月{2}日是当年的第{3}天。", year,
```

```
        month, day, total);
44.             }
45.             catch (Exception e)
46.             {
47.                 Console.WriteLine(e.Message);
48.             }
49.         }
50.     }
51. }
```

具体输入过程与输出结果如图6-15所示。

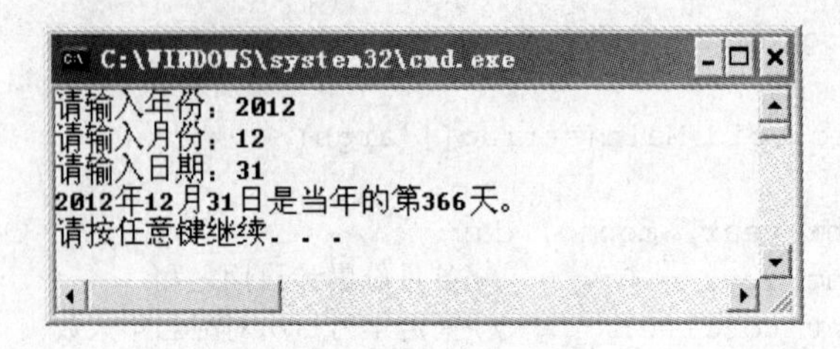

图6-15 ［例6-10］过程演示

本 章 小 结

本章主要介绍了选择结构，选择结构的形式多种多样，选择结构根据条件判断结果选择执行不同的操作，分为单分支结构和多分支结构。具体形式有单行if语句，if-else语句，if-else if语句，嵌套的if语句以及switch语句等。在实际编程过程中，一个题目可以有很多种解法，需要经过不断的尝试、积累与总结，找到最佳解决方案。

实 训 指 导

实训名称：选择结构程序设计

1. 实训目的

（1）掌握选择结构的概念。

（2）掌握选择结构的语句组成。

（3）掌握使用各种选择结构编程解决实际问题。

2. 实训内容

（1）一淘宝网店销售毛巾，对于小订单（订货量小于200条），每条3.5元。当订货量超过200条（包括200条）时，每条3元。编程，要求输入订购毛巾的数量，输出总价格。运行结果如图6-16所示。

（2）某冰淇淋店暴风雪价格，小杯20元，中杯22元，大杯24元。现在该店搞活动，买单一产品，总消费金额在50元以上，可全单打9折。请编程，输入商品类型及商品数量，输出总费用。具体效果如图6-17所示。

（3）编写求解一元二次方程$ax^2+bx+c=0$的实根。

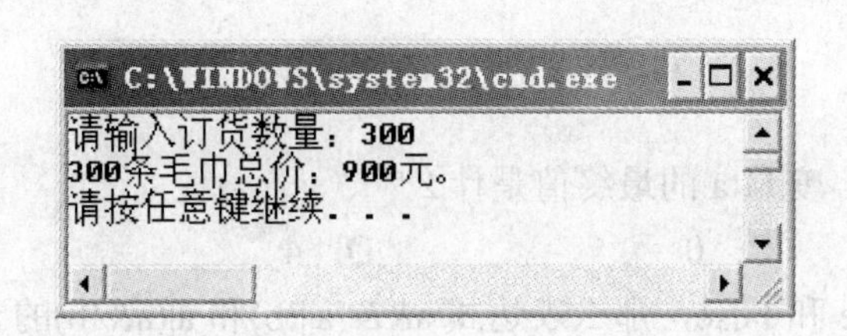

图6-16　毛巾总价格计算过程演示

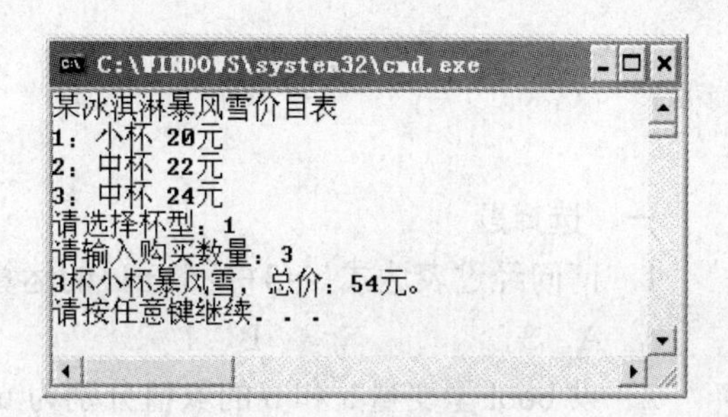

图6-17　冰淇淋价格计算过程演示

分析：本题首先需要输入 *a*,*b*,*c* 的值，根据 *a*,*b*,*c* 的值求 *x*，且本题求实根，因此 *x* 应大于零，若小于零则可结束计算。然后根据求根公式，得出本方程的解。具体效果如图6-18所示。

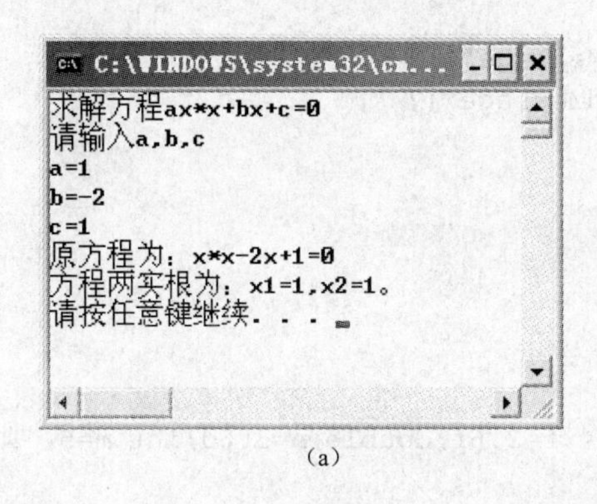

(a)

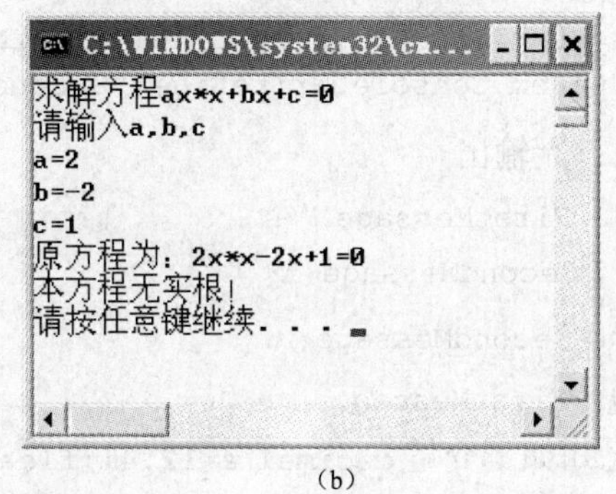

(b)

图6-18　解方程过程演示

(a) 解方程过程演示（1）；(b) 解方程过程演示（2）

（4）企业发放的奖金根据利润提成。利润区间及对应提成比例如表6-3所示。

表6-3　　利润区间及提成比例表

利润（万元）	奖　金	利润（万元）	奖　金
[0,10]	5%	(30,50]	2%
(10,20]	4%	50以上	1%
(20,30]	3%		

即利润为0～10万元时，按5%提成；利润为10万～20万元时，10万元及以下部分按5%提成，10万元以上部分按4%提成；其余依次类推。

要求：输入当月利润，输出企业应发当月奖金。具体效果如图6-19所示。

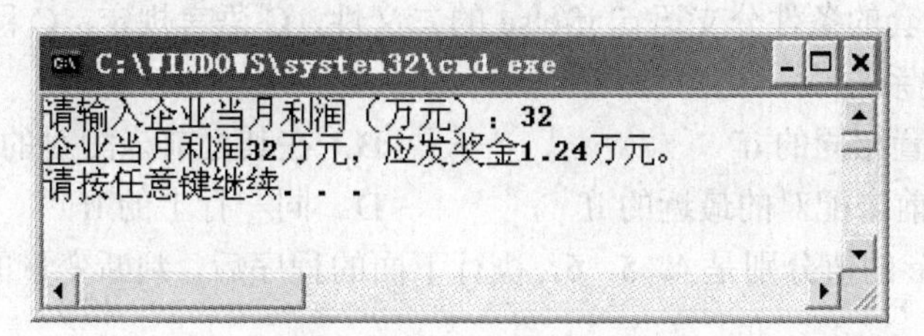

图6-19　当月奖金计算过程演示

习 题

一、选择题

1．请问经过表达式 a=3+1>5?0:1 的运算，变量 a 的最终值是什么？（ ）。

A．3　　B．1　　C．0　　D．4

2．设 bool 型变量 a 和 b 的取值分别为 true 和 false，那么表达式 a&&(a||!b)和 a|(a&!b)的值分别为（ ）。

A．true true　　B．true false　　C．false false　　D．false true

3．下列语句在控制台上的输入是什么？（ ）。

```
if(true)
    System.Console.WriteLine("FirstMessage");
    System.Console.WriteLine("SecondMessage");
```

A．无输出

B．FirstMessage
　 SecondMessage

C．SecondMessage

D．FirstMessage

4．已知如下变量 decimal a=12.4m;float f=2.6f;double n=3.6d;int m=5，则正确的语句是（ ）。

A．bool bo=(a=f)?a:f;　　B．bool bo=m>n>f;

C．bool bo=true+false;　　D．bool bo=true==false;

5．在 C#语言中，运算符"="和"=="的功能分别是（ ）。

A．关系运算和赋值运算　　B．赋值运算和关系运算

C．都是关系运算　　D．都是赋值运算

6．两次运行下面的程序，如果从键盘上分别输入 6 和 3，则输出结果是（ ）。

```
int x;
x=int.Parse(Console.ReadLine());
if(x++>5)
    Console.WriteLine(x);
else
    Console.WriteLine(x - -);
```

A．7 和 5　　B．6 和 3　　C．7 和 4　　D．6 和 4

7．为了避免嵌套的条件分支语句 if-else 的二义性，C 语言规定：C 程序中的 else 总是与（ ）组成配对关系。

A．缩排位置相同的 if　　B．在其之前未配对的 if

C．在其之前未配对的最近的 if　　D．同一行上的 if

8．已知 a、b、c 的值分别是 4．5．6，执行下面的程序后，判断变量的 n 的值为（ ）。

```
if (c < b)
    n = a + b + c;
```

```
else if (a + b < c)
    n = a + b;
else
    n = a + b;
```

A. 3　　B. 4　　C. 9　　D. 15

9. 如下程序段的输出结果是（　）。

```
int x = 1, a = 0, b = 0;
switch (x)
{
    case 0: b++; break;
    case 1: a++; break;
    case 2: a++; b++; break;
}
Console.WriteLine("a={0},b={1}", a, b);
```

A. a=2，b=1　　B. a=1，b=1　　C. a=1，b=0　　D. a=2，b=2

二、简答题

1. 多分支条件语句中的控制表达式可以是哪几种数据类型？
2. 多分支条件语句中，case 子句中在什么情况下可以不使用 break 语句？
3. 简述 if 语句嵌套时，if 与 else 的配对规则。

第7章　循环结构程序设计

7.1　选择结构概述

循环是指在指定条件下，多次重复执行一组语句的结构。在许多问题中需要使用循环控制。如计算累加、统计班级平均分、输出杨辉三角形等。循环是一组重复执行的指令，重复次数由条件决定。在C#语言中可以用以下语句来实现循环。

（1）while语句。

（2）do-while语句。

（3）for语句。

（4）foreach语句。

（5）goto语句。

不建议在程序中使用goto语句，goto语句使程序流程无规律性、可读行差，并且有可能导致程序的行为无法预知。

7.2　while　语　句

while语句的作用是判断一个条件表达式，以便决定是否进入和执行循环体。当满足该条件时进行循环，不满足该条件时则不再执行循环。while语句的语法格式如下。

```
while(表达式)
{
    语句块(循环体)
}
```

语法说明：

（1）关键字 while 后可以是关系表达式或者逻辑表达式，也可以是一个布尔变量或者常量，总之圆括号内的表达式的值必须是布尔值true或者false。

（2）大括号内的语句块，又称循环体，是需要重复执行的部分。语句块可以是一条语句，也可以是多条语句，当语句块内只包含一条语句时，大括号可省略，但是从编程规范的角度出发，不推荐省略大括号的写法，也就是说即使只有一条语句，也用一对大括号括起来。并且在大括号中的语句应缩进一个制表符或长度相当的空格（一般为4个空格的宽度），表示它们受控于以上while语句，这样的代码可读性更强，更易于理解。

（3）本结构的执行过程为：首先判断表达式的值是否成立，若表达式成立则执行大括号里的语句块，若表达式不成立则跳过该while语句，执行大括号后面的语句。

本结构的传统流程图如图7-1所示。

【例7-1】 编写程序，求1＋2＋3＋ … ＋99＋100的和。

本题的代码如下所示。

```
1.  using System;
2.  using System.Collections.Generic;
3.  using System.Linq;
4.  using System.Text;
5.
6.  namespace ConsoleApplication1
7.  {
8.      class Program
9.      {
10.         static void Main(string[] args)
11.         {
12.             int i=1;
13.             int sum = 0;
14.             try
15.             {
16.                 while (i <= 100)
17.                 {
18.                     sum = sum + i;
19.                     i = i + 1;
20.                 }
21.                 Console.WriteLine("1+2+3+……+99+100=" + sum);
22.             }
23.             catch (Exception e)
24.             {
25.                 Console.WriteLine(e.Message);
26.             }
27.         }
28.     }
29. }
```

图 7-1　while 语句传统流程图

图 7-2 ［例 7-1］过程演示

输出结果如图 7-2 所示。

说明：

（1）本程序中的 i 称为循环变量，在进入循环之前必须先为循环变量设定初值。

（2）本程序中的 sum 为累乘器，其初值应设定为 0。

（3）表达式应用于设定循环结束的条件。

（4）在循环体内应有使循环趋向于结束的语句。如本例中的 i=i+1。如无此语句，本程序将无法终止，成为死循环。

对于初学者来说，编写 while 结构时，非常容易犯的一个错误是在 while 表达式后面加“;”号，如本例中代码第 16 行改为

```
while(i<=100);
```

这意味着 while 结构的循环体为空语句，而 while 语句还在不断地判断表达式成立与否。由于未曾执行到使循环趋向于结束的语句 i=i+1，因此这样的书写方式也将造成死循环。

【例 7-2】　编写程序，计算 1×2×3×…×n 的积，即求 $n!$，n 通过输入确定。

本题的代码如下所示。

```
1.  using System;
2.  using System.Collections.Generic;
3.  using System.Linq;
4.  using System.Text;
5.
6.  namespace ConsoleApplication1
7.  {
8.      class Program
9.      {
10.         static void Main(string[] args)
11.         {
12.             int i = 1;
13.             int p = 1;
14.             int n;
15.             try
16.             {
17.                 Console.Write("请输入n的值：");
18.                 n = int.Parse(Console.ReadLine());
19.                 while (i <= n)
20.                 {
21.                     p = p * i;
22.                     i = i + 1;
23.                 }
24.                 Console.WriteLine("n!=" + p);
25.             }
26.             catch (Exception e)
27.             {
28.                 Console.WriteLine(e.Message);
29.             }
30.         }
31.     }
32. }
```

具体输入过程与输出结果如图7-3所示。

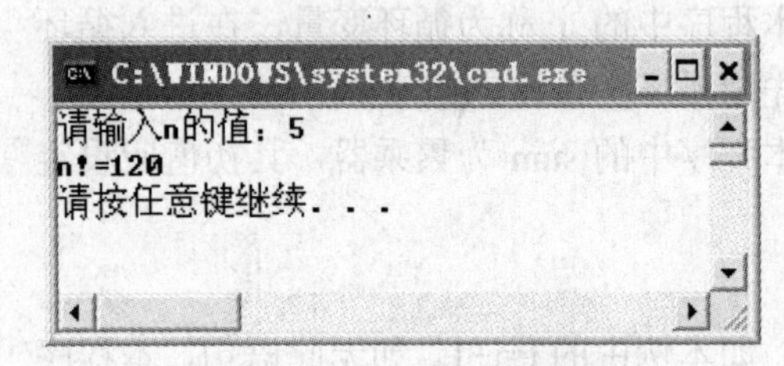

图7-3 ［例7-2］过程演示

【例7-3】 编写程序，输入10个数赋给长度为10的数组，输出最大最小值。

本题的难点在于：

（1）与数组结合。

（2）必须保证最大最小值出自于数组。

本题的代码如下所示。

```
1.  using System;
2.  using System.Collections.Generic;
3.  using System.Linq;
4.  using System.Text;
5.
6.  namespace ConsoleApplication1
7.  {
8.      class Program
9.      {
10.         static void Main(string[] args)
```

```
11.         {
12.             int[] a = new int[10];
13.             int i=0;
14.             int max;
15.             int min;
16.             try
17.             {
18.                 while (i < 10)
19.                 {
20.                     Console.Write("请输入第" + (i + 1) + "个数：");
21.                     a[i] = int.Parse(Console.ReadLine());
22.                     i = i + 1;
23.                 }
24.                 max = a[0];
25.                 min = a[0];
26.                 i = 1;
27.                 while (i < 10)
28.                 {
29.                     if (a[i] > max)
30.                     {
31.                         max = a[i];
32.                     }
33.                     if (a[i] < min)
34.                     {
35                        min = a[i];
36                    }
37                   i = i + 1;
38.                 }
39.                 Console.WriteLine("最大值为：" + max);
40.                 Console.WriteLine("最小值为：" + min);
41.             }
42.             catch (Exception e)
43.             {
44.                 Console.WriteLine(e.Message);
45.             }
46.         }
47.     }
48. }
```

具体输入过程与输出结果如图 7-4 所示。

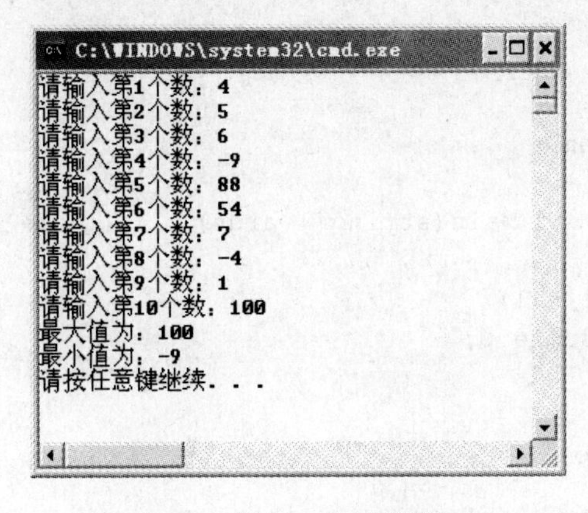

图 7-4 ［例 7-3］过程演示

7.3　do-while　语　句

do-while 语句与 while 语句基本相似，但考虑问题的角度不同。while 语句先判断条件是否成立，然后决定是否执行循环体。do-while 语句则是先执行一次循环体，再判断条件是否成立。由于条件测试在循环的末尾，因此循环体至少执行一次。

do-while 语句的语法格式如下。

```
do
{
    语句块(循环体)
}while(表达式);
```

语法说明：

（1）关键字 while 后可以是关系表达式或者逻辑表达式，也可以是一个布尔变量或者常量，总之圆括号内的表达式的值必须是布尔值 true 或者 false。初学者需要特别注意条件后需要写“;”。

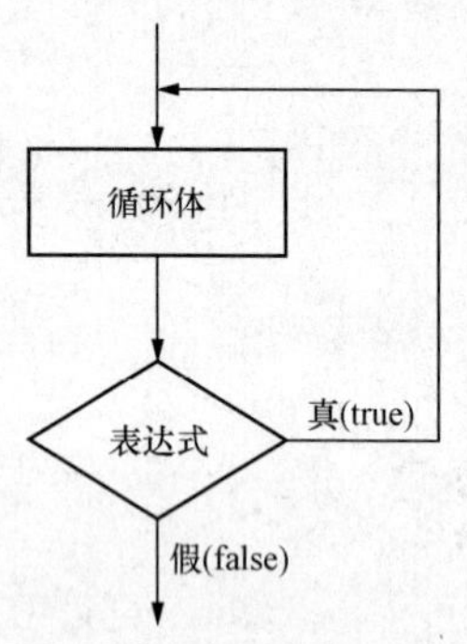

图 7-5　do-while 语句传统流程图

（2）本结构的执行过程为：首先执行一次循环体，然后判断表达式是否成立，若表达式成立则执行大括号里的语句块，若表达式不成立则退出该 do-while 循环，执行循环下面的语句。

本结构的传统流程图如图 7-5 所示。

【例 7-4】 编写程序，求 1 + 2 + 3 + … + 99 + 100 的和。

while 循环与 do-while 循环基本类似，两者只有在表达式一开始就不成立的情况下，得到的结果才不相同，对于本题来说，两者的代码是类似的，得到的结果也相同。

本题的代码如下所示。

```
1.  using System;
2.  using System.Collections.Generic;
3.  using System.Linq;
4.  using System.Text;
5.
6.  namespace ConsoleApplication1
7.  {
8.      class Program
9.      {
10.         static void Main(string[] args)
11.         {
12.             int i = 1;
13.             int sum = 0;
14.             try
15.             {
16.                 do
17.                 {
18.                     sum = sum + i;
```

```
19.                 i = i + 1;
20.             } while (i <= 100);
21.             Console.WriteLine("1+2+3+…+99+100=" + sum);
22.         }
23.         catch (Exception e)
24.         {
25.             Console.WriteLine(e.Message);
26.         }
27.     }
28.   }
29. }
```

图 7-6 ［例 7-4］过程演示

输出结果如图 7-6 所示。

【例 7-5】 输入一个五位数，将这个五位数由低位到高位分解并保存在一长度为 5 的数组中，最后将这个数按低位到高位的顺序输出。

分析：本题首先需要判断输入的数字是否为五位数，符合条件才进行分解并保存在数组中。本题所介绍的分离数字的方法也适用于数字位数未知的情况。

本题的代码如下所示。

```
1.  using System;
2.  using System.Collections.Generic;
3.  using System.Linq;
4.  using System.Text;
5.
6.  namespace ConsoleApplication1
7.  {
8.      class Program
9.      {
10.         static void Main(string[] args)
11.         {
12.             int[] a = new int[5];
13.             int i;
14.             int x;
15.             try
16.             {
17.                 Console.Write("请输入一个五位数：");
18.                 x = int.Parse(Console.ReadLine());
19.                 if (x >= 10 000 && x <= 99 999)
20.                 {
21.                     i = 0;
22.                     do
23.                     {
24.                         a[i] = x % 10;
25.                         x = x / 10;
26.                         i = i + 1;
27.                     }
28.                     while (x != 0);
29.                     i = 0;
30.                     while (i < 5)
```

```
31.                    {
32.                        Console.WriteLine(a[i]);
33.                        i = i + 1;
34.                    }
35.                }
36.                else
37.                {
38.                    Console.WriteLine("输入的数字不符合要求！");
39.                }
40.            }
41.            catch (Exception e)
42.            {
43.                Console.WriteLine(e.Message);
44.            }
45.        }
46.    }
47. }
```

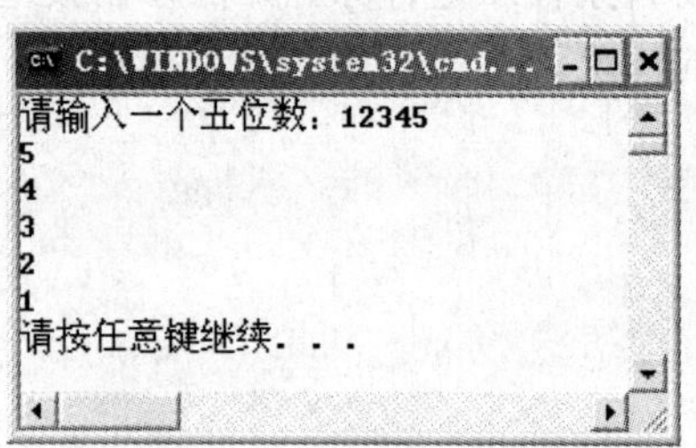

图7-7 ［例7-5］过程演示

具体输入过程与输出结果如图7-7所示。

【例7-6】 计算π的近似值。$\frac{\pi^2}{6}=\frac{1}{1^2}+\frac{1}{2^2}+\cdots+\frac{1}{n^2}$，通过以上公式计算π的近似值。直到最后一项的值小于10^{-6}为止。

分析：

(1) 本题为使用固定公式计算π的近似值，且固定公式的分母有一定的规律，对于此类问题，首先需要找到规律，然后将规律表达成C#语句即可。

(2) 本题的另一个要求为“直到最后一项的值小于 10^{-6} 为止”，即$\frac{1}{n^2}<10^{-6}$。对于这种循环次数未知，仅知道循环结束条件的循环，适合采用while或者do-while来完成。

本题的代码如下所示。

```
1.  using System;
2.  using System.Collections.Generic;
3.  using System.Linq;
4.  using System.Text;
5.
6.  namespace ConsoleApplication1
7.  {
8.      class Program
9.      {
10.         static void Main(string[] args)
11.         {
12.             double pi=0;
13.             int i=1;
14.             double t=1.0/(i*i);
15.             do
16.             {
```

```
17.                pi = pi + t;
18.                i = i + 1;
19.                t = 1.0 / (i * i);
20.            } while (t >= 1e-6);
21.            pi=Math.Sqrt(pi*6);
22.            Console.WriteLine(pi);
23.        }
24.    }
25. }
```

输出结果如图 7-8 所示。

图 7-8 [例 7-6] 过程演示

7.4 for 语句

在 C#语言中，for 语句的使用频率远远大于 while 及 do-while 语句，它的使用非常灵活。在循环次数确定的情况下，一般使用 for 语句更为适合。

for 语句的语法格式如下。

```
for(表达式 1;表达式 2;表达式 3)
{
    语句块(循环体)
}
```

语法说明：

（1）表达式 1 一般用于为循环变量设初值；表达式 2 一般用于设定循环执行的条件；表达式 3 一般用于设定循环变量增量。

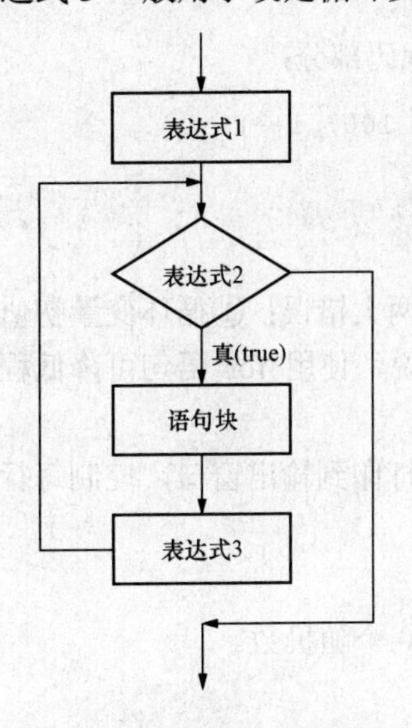

图 7-9 for 语句传统流程图

（2）本结构的执行过程为：首先执行表达式 1，然后执行表达式 2，若表达式 2 成立，则执行语句块，接着执行表达式 3，然后返回执行表达式 2，重复如上操作，直到表达式 2 不成立，则退出 for 循环，接着执行循环下面的语句。

（3）for 语句的三个表达式可以省略，变成 for(;;)的形式。此时在循环开始之前要对循环变量赋初值，在循环体中要添加跳出循环的控制语句和改变循环变量值的语句，否则将会成为死循环。在同时省略三个表达式后，表达式 1 和表达式 2 后面的分号要保留。虽然这种情况在 C#语言中时允许的，但是一般不建议使用，因为会失去 for 语句的优点，并且降低程序的可读性。

本结构的传统流程图如图 7-9 所示。

从图 7-9 中我们可以看出，事实上循环体并不只是语句块，而应该包含表达式 2．语句块以及表达式 3 在内的部分，因为它们才是真正意义上重复执行的部分。

【例 7-7】 编写程序，求 1 + 2 + 3 + … + 99 + 100 的和。

本题的代码如下所示。

```
1.  using System;
2.  using System.Collections.Generic;
```

```
3.  using System.Linq;
4.  using System.Text;
5.
6.  namespace ConsoleApplication1
7.  {
8.      class Program
9.      {
10.         static void Main(string[] args)
11.         {
12.             int i;
13.             int sum = 0;
14.             try
15.             {
16.                 for (i = 1; i <= 100; i++)
17.                 {
18.                     sum = sum + i;
19.                 }
20.                 Console.WriteLine("1+2+3+…+99+100=" + sum);
21.             }
22.             catch (Exception e)
23.             {
24.                 Console.WriteLine(e.Message);
25.             }
26.         }
27.     }
28. }
```

图7-10　[例7-7] 过程演示

输出结果如图7-10所示。

从本题可以看到核心代码部分：

```
1. for (i = 1; i <= 100; i++)
2. {
3.     sum = sum + i;
4. }
```

这段代码比while语句写法简单、灵活、易懂，且不容易犯两大错误：①循环变量初值未设定；②循环变量增量语句未设定。由此可见，对于初学者来说，使用for语句可降低程序出错的概率。

【例7-8】 编写程序，产生100个[60，100]之间的随机数并打印到输出窗口，控制每行输出5个数。然后输入一个数，如“100”，统计该数出现的次数。

分析：

（1）本题首先需要定义一个长度为100的数组，用于接收100个随机数。

（2）产生随机数，可使用如下方式之一：

Random.Next( )　　　　返回非负随机数；

Random.Next(Int)　　　返回一个小于所指定最大值的非负随机数；

Random.Next(Int, Int)　返回一个指定范围内的随机数。

（3）统计某个数字出现的次数较为简单，只需要遍历数组就可统计出。

本题的代码如下所示。

```
1.  using System;
2.  using System.Collections.Generic;
3.  using System.Linq;
4.  using System.Text;
5.
6.  namespace ConsoleApplication1
7.  {
8.      class Program
9.      {
10.         static void Main(string[] args)
11.         {
12.             Random rd = new Random();//无参即为使用系统时钟为种子
13.             int i;
14.             int[] a=new int[100];
15.             int search;
16.              int n=0;
17.             try
18.             {
19.                 //产生随机数，赋给数组元素，并输出
20.                 for (i = 0; i < a.Length; i++)
21.                 {
22.                     a[i] = rd.Next(60, 101);
23.                     Console.Write("{0,8:D}", a[i]);
24.                     if ((i + 1) % 5 == 0)
25.                     {
26.                         Console.WriteLine();
27.                     }
28.                 }
29.                 Console.Write("请输入要统计次数的数字: ");
30.                 search = int.Parse(Console.ReadLine());
31.                 //统计某个数字出现的次数
32.                 for (i = 0; i < a.Length; i++)
33.                 {
34.                     if (a[i] == search)
35.                     {
36.                         n++;
37.                     }
38.                 }
39.                 Console.WriteLine("{0}出现的次数为{1}次。", search, n);
40.             }
41.             catch (Exception e)
42.             {
43.                 Console.WriteLine(e.Message);
44.             }
45.         }
46.     }
47. }
```

具体输入过程与输出结如图 7-11 所示。

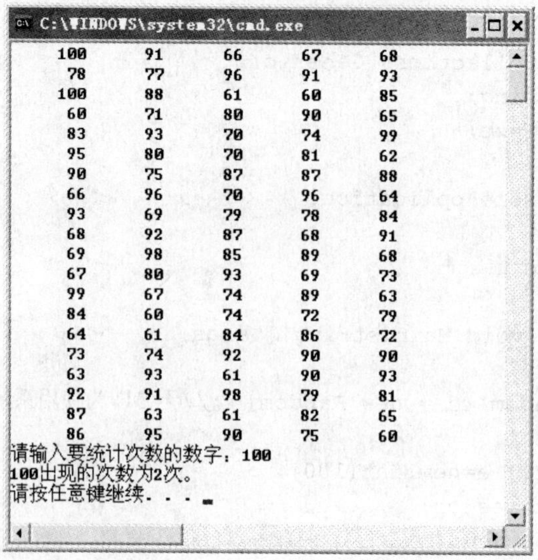

```
C:\WINDOWS\system32\cmd.exe
  100    91    66    67    68
   78    77    96    91    93
  100    88    61    60    85
   60    71    80    90    65
   83    93    70    74    99
   95    80    70    81    62
   90    75    87    87    88
   66    96    70    96    64
   93    69    79    78    84
   68    92    87    68    91
   69    98    85    89    68
   67    80    93    69    73
   99    67    74    89    63
   84    60    74    72    79
   64    61    84    86    72
   73    74    92    90    90
   63    93    61    90    93
   92    91    98    79    81
   87    63    61    82    65
   86    95    90    75    60
请输入要统计次数的数字：100
100出现的次数为2次。
请按任意键继续. . .
```

图 7-11 ［例 7-8］过程演示

7.5 foreach 语 句

C#语言引入了一种新的循环类型，称为 foreach 语句。foreach 语句提供了一种简单、明了的方法来循环访问集合里的每个元素。可以把集合比喻为一个班级，班里有很多的学生，每个学生都是这个班的成员（元素）。

foreach 语句的语法格式如下。

```
foreach(类型 标识符 in 表达式)
{
    语句块(循环体)
}
```

语法说明：

（1）类型和标识符：用来声明循环变量，在这里，循环变量是一个只读型局部变量，如果试图改变它的值将会引发编译错误。

（2）表达式：必须是集合类型，该集合的元素类型必须与循环变量类型相兼容，即如果两者类型不一致，则必须可以将集合中的元素类型转换为循环变量元素类型。

（3）语句块：一般用于对集合里的每个元素进行相应处理，需要注意的是，不能更改集合元素的值。

【例 7-9】 编写程序，为源字符串中各个字符之间添加一个分隔符。如源字符串为“abcde”，添加分隔符后输出形式为“a-b-c-d-e-”。

本题的代码如下所示。

```
1.  using System;
2.  using System.Collections.Generic;
3.  using System.Linq;
4.  using System.Text;
```

```
5.
6. namespace ConsoleApplication1
7. {
8.     class Program
9.     {
10.        static void Main(string[] args)
11.        {
12.            string str = "abcde";
13.            foreach (char c in str)
14.            {
15.                Console.Write(c + "-");
16.            }
17.            Console.WriteLine();
18.        }
19.    }
20. }
```

输出结果如图 7-12 所示。

```
C:\WINDOWS\system32\cmd.exe
a-b-c-d-e-
请按任意键继续. . .
```

图 7-12 ［例 7-9］过程演示

7.6 break 和 continue 语句

7.6.1 break 语句

break 语句可使用在 while、do-while、for、foreach 和 switch 语句中。在 6.6 节中已经介绍过使用 break 语句使流程跳转出 switch 结构。实际上，break 语句还可以用来结束循环，接着执行循环下面的语句。

【例 7-10】 输入一个数，判断该数是否为素数。

分析：所谓素数，是指只能被 1 和其本身整除的数。可使用穷举法来判断一个数是否为素数。

本题的代码如下所示。

```
1. using System;
2. using System.Collections.Generic;
3. using System.Linq;
4. using System.Text;
5.
6. namespace ConsoleApplication1
7. {
8.     class Program
9.     {
10.        static void Main(string[] args)
11.        {
12.            int i;
13.            int flag=1;
14.            int x;
15.            try
16.            {
17.                Console.Write("请输入一个数：");
18.                x = int.Parse(Console.ReadLine());
```

```
19.             for (i = 2; i < x; i++)
20.             {
21.                 if (x % i == 0)
22.                 {
23.                     flag = 0;
24.                     break;
25.                 }
26.             }
27.             if (flag == 1)
28.             {
29.                 Console.WriteLine("{0}是素数。", x);
30.             }
31.             else
32.             {
33.                 Console.WriteLine("{0}不是素数。", x);
34.             }
35.         }
36.         catch (Exception e)
37.         {
38.             Console.WriteLine(e.Message);
39.         }
40.     }
41.   }
42. }
```

具体输入过程与输出结果如图7-13所示。

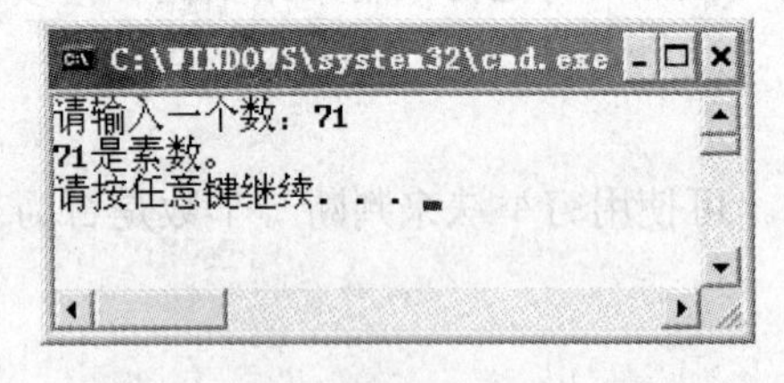

图7-13 ［例7-10］过程演示

7.6.2 continue语句

continue语句用在循环语句中，其作用是结束本次循环，即跳过循环体中尚未执行的语句，接着执行下一次是否执行循环的判断。它与break的不同之处在于，break将结束整个循环，而continue只结束本次循环。

【例7-11】 有一堆零件，需要将它们平均分组，零件数由输入控制，每组不少于5个，请输出所有可能的分组情况。

本题的代码如下所示。

```
1.  using System;
2.  using System.Collections.Generic;
3.  using System.Linq;
4.  using System.Text;
5.
6.  namespace ConsoleApplication1
7.  {
8.      class Program
9.      {
10.         static void Main(string[] args)
11.         {
12.             int sum;
13.             int i;
14.             try
```

```
15.            {
16.                Console.Write("请输入零件总数：");
17.                sum = int.Parse(Console.ReadLine());
18.                for (i = 5; i < sum; i++)
19.                {
20.                    if (sum % i != 0)
21.                    {
22.                        continue;
23.                    }
24.                    Console.WriteLine("可能分组情况：分为{0}组，每组{1}个。", sum/i,i);
25.                }
26.            }
27.            catch (Exception e)
28.            {
29.                Console.WriteLine(e.Message);
30.            }
31.        }
32.    }
33. }
```

具体输入过程与输出结果如图 7-14 所示。

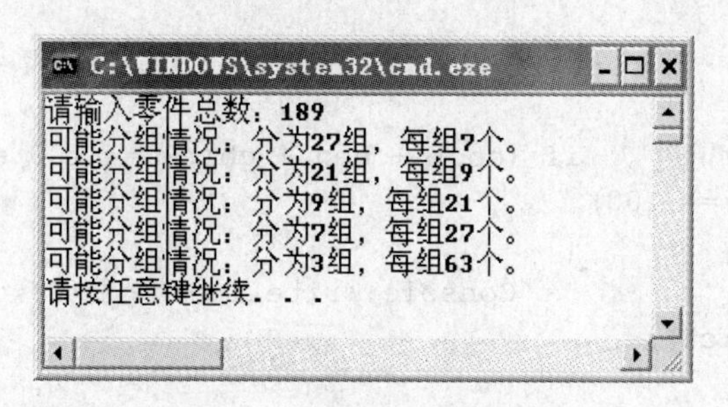

图 7-14 ［例 7-11］过程演示

7.7 嵌　套　结　构

嵌套结构是指在一个流程控制语句中又包含另一个流程控制语句。嵌套结构常见的形式有分支嵌套结构、循环嵌套结构和混合嵌套结构。

（1）分支嵌套结构。在选择结构的分支中又嵌套了另一个分支结构，已在第 6 章介绍过。

（2）循环嵌套结构。在一个循环结构的循环体内又包含另一个完整的循环结构，称为循环的嵌套。由于循环语句在一个程序中仍然可以看做一条语句，在循环体内部可以包含多条语句，也可以包含循环语句和选择语句等。在一个循环语句的内部又包含了一个或多个循环语句的形式称为循环的嵌套。

（3）混合嵌套结构。选择结构和循环结构还可以相互嵌套，即在循环结构和循环体内部包含选择结构，或者在选择结构内部包含循环结构。

【例 7-12】 公元前五世纪，我国古代数学家张丘建在《算经》一书中提到了“百鸡问题”：鸡翁一值钱五，鸡母一值钱三，鸡雏三值钱一。百钱买百鸡，问鸡翁、鸡母、鸡雏各几何？

分析：本题可使用循环的嵌套，外层循环用于确定鸡翁个数，中间循环用于确定鸡母的个数，内层循环用于确定鸡雏的个数，通过穷举法实现。

本题的代码如下所示。

```
1.  using System;
2.  using System.Collections.Generic;
3.  using System.Linq;
4.  using System.Text;
5.
6.  namespace ConsoleApplication1
7.  {
8.      class Program
9.      {
10.         static void Main(string[] args)
11.         {
12.             int cock;
13.             int hen;
14.             int chick;
15.             for (cock = 1; cock < 20; cock++)
16.             {
17.                 for (hen = 1; hen < 33; hen++)
18.                 {
19.                     for (chick = 3; chick < 100; chick ++,chick ++,chick ++)
20.                     {
21.                         if (cock + hen + chick == 100 && cock * 5 + hen * 3
   + chick / 3 == 100)
22.                         {
23.                             Console.WriteLine("鸡翁{0}，鸡母{1}，鸡雏{2}。",
   cock,hen,chick);
24.                         }
25.                     }
26.                 }
27.             }
28.         }
29.     }
30. }
```

输出结果如图 7-15 所示。

【例 7-13】 输入如图 7-16 所示的文字图形。本题为 11 行 11 列的“米”字。

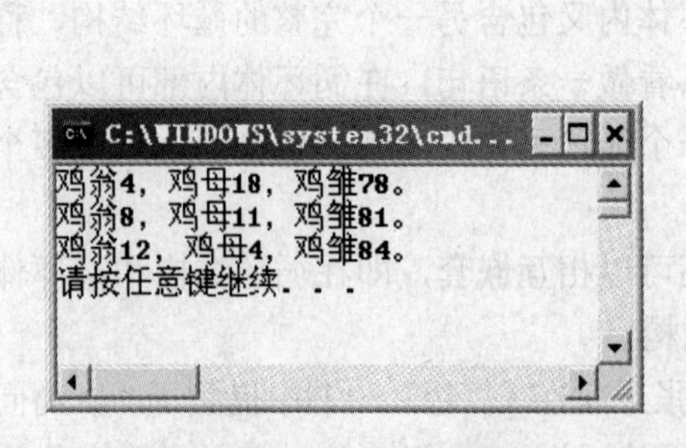

图 7-15 ［例 7-12］过程演示

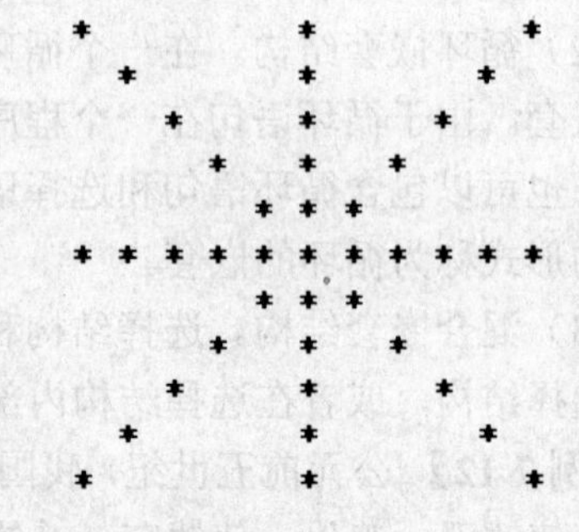

图 7-16 文字图形

分析：类似于如图 7-16 所示的图形，我们可以将整个文字所占的区域看成一个平面。不难发现，这个平面为 *n* 行 *n* 列的一个表格，只是在表格的某些位置需要输出“*”号，某些位置输出“空格”而已。而这些指定的位置也具有一定的规律：中间一行、中间一列、主对角线及辅对角线，只需要把这些条件使用 C#语句表述清楚就能解决本题难点。

本题的代码如下所示。

```
1.  using System;
2.  using System.Collections.Generic;
3.  using System.Linq;
4.  using System.Text;
5.
6.  namespace ConsoleApplication1
7.  {
8.      class Program
9.      {
10.         static void Main(string[] args)
11.         {
12.             int i, j;
13.             for (i = 1; i <= 11; i++)
14.             {
15.                 for (j = 1; j <= 11; j++)
16.                 {
17.                     if (i == 6 || j == 6 || i == j || i + j == 12)
18.                     {
19.                         Console.Write("* ");
20.                     }
21.                     else
22.                     {
23.                         Console.Write("  ");
24.                     }
25.                 }
26.                 Console.WriteLine();
27.             }
28.         }
29.     }
30. }
```

输出结果如图 7-17 所示。

本题使用双重循环表述一个 11 行 11 列的平面，外循环用于控制行输出，内循环用于控制列输出。

代码中第 17 行，表达式“i==6”及“j==6”分别表示中间一行和中间一列，“i==j”及“i+j==12”分别表示主对角线及辅对角线。

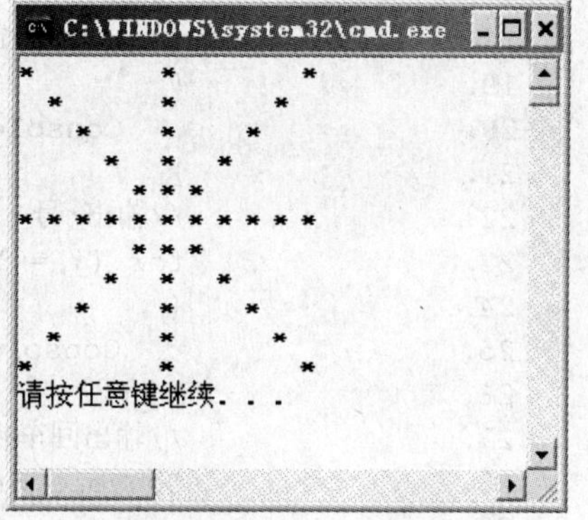

图 7-17 ［例 7-13］过程演示

代码第 19 行输出的字符串为一个星号加一个空格，而代码第 23 行输出的字符串为两个空格，与前面分析的有出入，原因在于行与行之间的距离大于同一行上相邻两个字符之间的距离，因此需要多输出一个空格来应对行距。

代码第 26 行的作用在于输出完一行后，输出一个回车换行符，控制下一个待输出内容的位置。

7.8 循环结构例题

【例 7-14】 输入如图 7-18 所示的菱形。如本题边长为 N=5。

分析：类似于如图 7-18 所示的图形，我们可以将它拆解成上、下两个独立的三角形。假设边长为 *N*=5，则上方即为 *N* 行的正三角形，下方为 *N*−1 行的倒三角形。

无论正三角形还是倒三角形都可以参考［例 7-13］的解法，使用双重循环来实现，外循环控制行输出，内循环控制列输出。需要注意的是每行的输出项：多个空格，多个“*”号及一个回车换行。

```
    *
   * * *
  * * * * *
 * * * * * * *
* * * * * * * * *
 * * * * * * *
  * * * * *
   * * *
    *
```

图 7-18　菱形

本题的代码如下所示。

```
1.  using System;
2.  using System.Collections.Generic;
3.  using System.Linq;
4.  using System.Text;
5.
6.  namespace ConsoleApplication1
7.  {
8.      class Program
9.      {
10.         static void Main(string[] args)
11.         {
12.             const int N = 5;
13.             int i, j;
14.             //输出正三角形，外循环控制行，内循环控制列
15.             for (i = 1; i <= N; i++)
16.             {
17.                 //输出空格
18.                 for (j = 1; j <= N - i; j++)
19.                 {
20.                     Console.Write(" ");
21.                 }
22.                 //输出*号
23.                 for (j = 1; j <= 2 * i - 1; j++)
24.                 {
25.                     Console.Write("*");
26.                 }
27.                 //输出回车换行
28.                 Console.WriteLine();
29.             }
30.             //输出倒三角形
31.             for (i = 1; i <= N-1; i++)
32.             {
33.                 for (j = 1; j <= i; j++)
34.                 {
```

```
35.                 Console.Write(" ");
36.             }
37              for (j = 1; j <= 2*N-1-2*i; j++)
38.             {
39.                 Console.Write("*");
40.             }
41.             Console.WriteLine();
42.         }
43.     }
44.   }
45. }
```

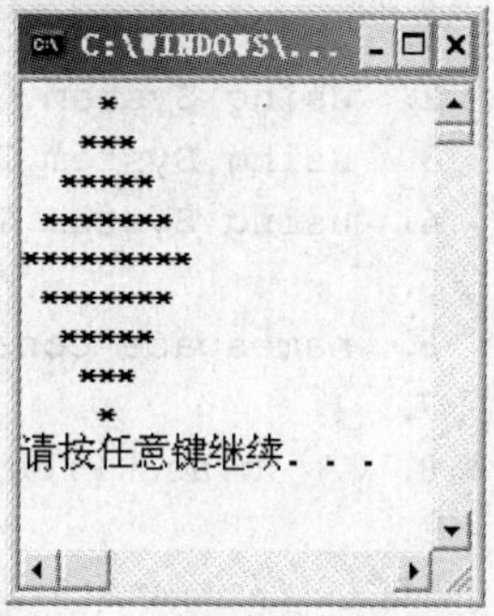

```
C:\WINDOWS\...
    *
   ***
  *****
 *******
*********
 *******
  *****
   ***
    *
请按任意键继续. . .
```

图 7-19 ［例 7-14］过程演示

输出结果如图 7-19 所示。

【例 7-15】 打印九九乘法表。

本题的代码如下所示。

```
1.  using System;
2.  using System.Collections.Generic;
3.  using System.Linq;
4.  using System.Text;
5.
6.  namespace ConsoleApplication1
7.  {
8.      class Program
9.      {
10.         static void Main(string[] args)
11.         {
12.             int i, j;
13.             for (i = 1; i <= 9; i++)
14.             {
15.                 for (j = 1; j <= i; j++)
16.                 {
17.                     Console.Write("{0,1}*{1,1}={2,-4}", i, j, i * j);
18.                 }
19.                 Console.WriteLine();
20.             }
21.         }
22.     }
23. }
```

输出结果如图 7-20 所示。

```
C:\WINDOWS\system32\cmd.exe
1*1=1
2*1=2   2*2=4
3*1=3   3*2=6   3*3=9
4*1=4   4*2=8   4*3=12  4*4=16
5*1=5   5*2=10  5*3=15  5*4=20  5*5=25
6*1=6   6*2=12  6*3=18  6*4=24  6*5=30  6*6=36
7*1=7   7*2=14  7*3=21  7*4=28  7*5=35  7*6=42  7*7=49
8*1=8   8*2=16  8*3=24  8*4=32  8*5=40  8*6=48  8*7=56  8*8=64
9*1=9   9*2=18  9*3=27  9*4=36  9*5=45  9*6=54  9*7=63  9*8=72  9*9=81
请按任意键继续. . .
```

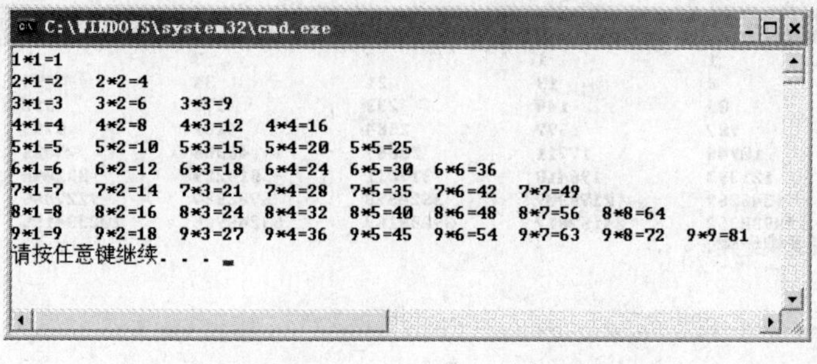

图 7-20 ［例 7-15］过程演示

【例 7-16】 打印斐波那契数列（Fibonacci Sequence）的前 40 项，每行输出 5 个。斐波那契数列是这样的一个数列：1 1　2　3　5　8　13　21　24…。

分析：从数字序列的规律来看，第一、第二项为 1，从第三项开始为前两项之和，即 a[i]=a[i-1]+a[i-2]。由于需要记录前面各项的结果，本题可结合数组来完成。

本题的代码如下所示。

```
1.  using System;
2.  using System.Collections.Generic;
3.  using System.Linq;
4.  using System.Text;
5.
6.  namespace ConsoleApplication1
7.  {
8.     class Program
9.     {
10.        static void Main(string[] args)
11.        {
12.           int[] a = new int[40];
13.           int i;
14.           a[0] = 1;
15.           a[1] = 1;
16.           for (i = 2; i < a.Length; i++)
17.           {
18.              a[i] = a[i - 1] + a[i - 2];
19.           }
20.           for (i = 0; i < a.Length; i++)
21.           {
22.              Console.Write("{0,15}", a[i]);
23.              if ((i + 1) % 5 == 0)
24.              {
25.                 Console.WriteLine();
26.              }
27.           }
28.        }
29.     }
30. }
```

输出结果如图 7-21 所示。

```
C:\WINDOWS\system32\cmd.exe
              1              1              2              3              5
              8             13             21             34             55
             89            144            233            377            610
            987           1597           2584           4181           6765
          10946          17711          28657          46368          75025
         121393         196418         317811         514229         832040
        1346269        2178309        3524578        5702887        9227465
       14930352       24157817       39088169       63245986      102334155
请按任意键继续. . .
```

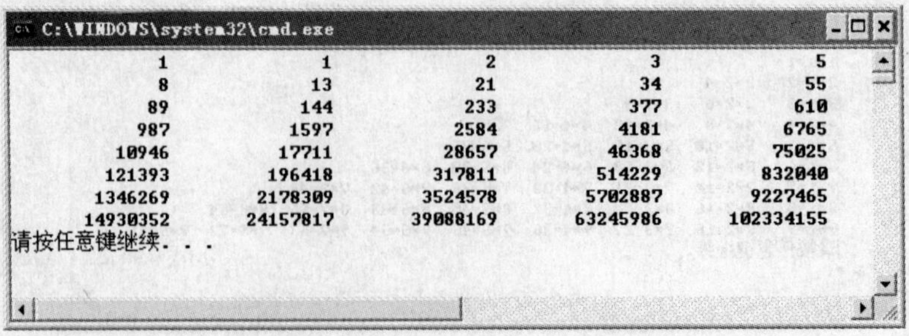

图 7-21 ［例 7-16］过程演示

【例 7-17】 二维数组求和。在本题中将会演示二维数组所有元素求和，对角线元素求和，以及外围元素求和。

本题的代码如下所示。

```
1.  using System;
2.  using System.Collections.Generic;
3.  using System.Linq;
4.  using System.Text;
5.
6.  namespace ConsoleApplication1
7.  {
8.     class Program
9.     {
10.        static void Main(string[] args)
11.        {
12.           int[,] a=new int[4,4]{{1,2,3,4},{5,6,7,8},{9,10,11,12},
   {13,14,15,16}};
13.           int i, j;
14.           int sum=0;         //数组总和
15.           int sum1=0;        //对角线元素之和
16.           int sum2 = 0;      //外围元素之和
17.
18.           //以矩阵形式输出该二维数组
19.           Console.WriteLine("二维数组数据为：");
20.           for (i = 0; i < a.GetLength(0); i++)
21.           {
22.              for (j = 0; j < a.GetLength(1); j++)
23.              {
24.                 Console.Write("{0,8}", a[i,j]);
25.              }
26.              Console.WriteLine();
27.           }
28.           Console.WriteLine();
29.           //计算总和
30.           for (i = 0; i < a.GetLength(0); i++)
31.           {
32.              for (j = 0; j < a.GetLength(1); j++)
33.              {
34.                 sum = sum + a[i, j];
35.              }
36.           }
37.           Console.WriteLine("二维数组所有元素之和为：" + sum);
38.           Console.WriteLine();
39.           //计算主对角线及辅对角线元素之和
40.           for (i = 0; i < a.GetLength(0); i++)
41.           {
42.              for (j = 0; j < a.GetLength(1); j++)
43.              {
44.                 if (i == j || i + j == a.GetLength(0) - 1)
45.                 {
46.                    sum1 = sum1 + a[i, j];
```

```
47.                    }
48.                }
49.            }
50.            Console.WriteLine("主对角线及辅对角线之和为: " + sum1);
51.            Console.WriteLine();
52.            //计算外围元素之和
53.            for (i = 1; i < a.GetLength(0)-1; i++)
54.            {
55.                for (j = 1; j < a.GetLength(1)-1; j++)
56.                {
57.                    {
58.                        sum2 = sum2 + a[i, j];
59.                    }
60.                }
61.            }
62.            sum2 = sum - sum2;
63.            Console.WriteLine("外围元素之和为: " + sum2);
64.        }
65.    }
66. }
```

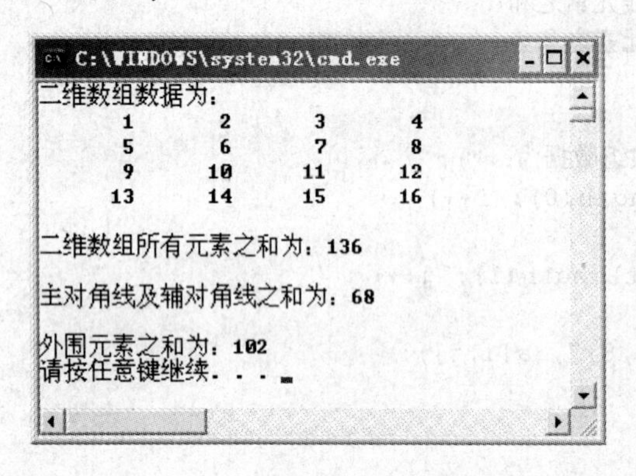

图 7-22 ［例 7-17］过程演示

输出结果如图 7-22 所示。

【例 7-18】 排序。输入 10 个数，将这 10 个数按从大到小的顺序排列并输出。

分析：在实际编程中，经常需要对一些元素进行排序。排序有很多种方法，这里介绍一种比较简单的方法——冒泡法排序。

冒泡法排序的思想是：假设有 n 个元素需要按从大到小的顺序排列。

（1）首先进行第一轮的排序，从数组的第 1 项开始，每一项（i）都与下一项（i+1）进行比较。如果下一项的值较大，那么就交换两数。直到最后第 n–1 项和第 n 项比较完毕。经过此轮比较，可将序列中最小的值排列在最后。具体过程如图 7-23 所示。

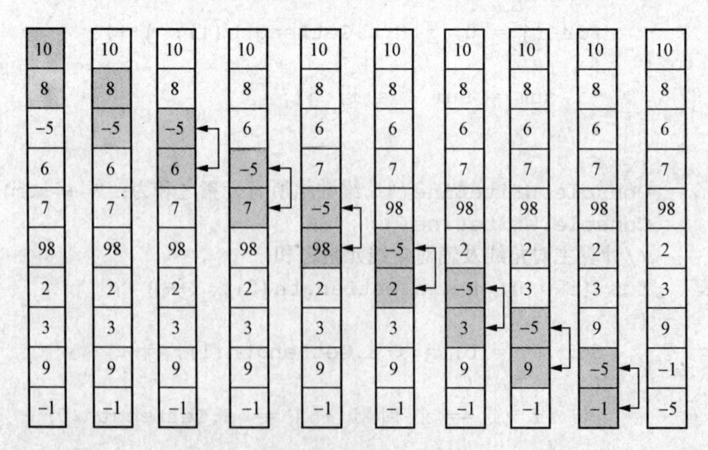

图 7-23　第一轮排序

（2）接着进行第二轮的排序，由于经过第一轮排序已经确定最小值，并且在数组的末尾，因此这一轮比较只需比较前面的 $n-1$ 项。仍然从数组的第 1 项开始，每一项（i）都与下一项（$i+1$）进行比较。如果下一项的值较大，那么就交换两数。直到最后第 $n-2$ 项和第 $n-1$ 项比较完毕。经过此轮比较，可将序列中的最小值排在末尾。

（3）依次类推，直到只有第 1 项和第 2 项进行比较，才最后完成递减排序。

本题的代码如下所示。

```
1.  using System;
2.  using System.Collections.Generic;
3.  using System.Linq;
4.  using System.Text;
5.
6.  namespace ConsoleApplication1
7.  {
8.      class Program
9.      {
10.         static void Main(string[] args)
11.         {
12.             int[] a = new int[10];
13.             int i, j,t;
14.             try
15.             {
16.                 //输入10个数，赋给数组元素
17.                 for (i = 0; i < a.Length; i++)
18.                 {
19.                     Console.Write("请输入第" + (i + 1) + "个数：");
20.                     a[i] = int.Parse(Console.ReadLine());
21.                 }
22.                 //输出未经排序的数字序列
23.                 Console.Write("排序前数字序列为：");
24.                 for (i = 0; i < a.Length; i++)
25.                 {
26.                     Console.Write("{0,4}", a[i]);
27.                 }
28.                 Console.WriteLine();
29.                 //排序
30.                 for (i = 1; i < a.Length; i++)
31.                 {
32.                     for (j = 0; j < a.Length - i; j++)
33.                     {
34.                         if (a[j] < a[j + 1])
35.                         {
36.                             t = a[j];
37.                             a[j] = a[j + 1];
38.                             a[j + 1] = t;
39.                         }
40.                     }
41.                 }
42.                 //输出排序后的数字序列
43.                 Console.Write("排序后数字序列为：");
44.                 for (i = 0; i < a.Length; i++)
```

```
45.                 {
46.                     Console.Write("{0,4}", a[i]);
47.                 }
48.                 Console.WriteLine();
49.             }
50.             catch (Exception e)
51.             {
52.                 Console.WriteLine(e.Message);
53.             }
54.         }
55.     }
56. }
```

具体输入过程与输出结果如图 7-24 所示。

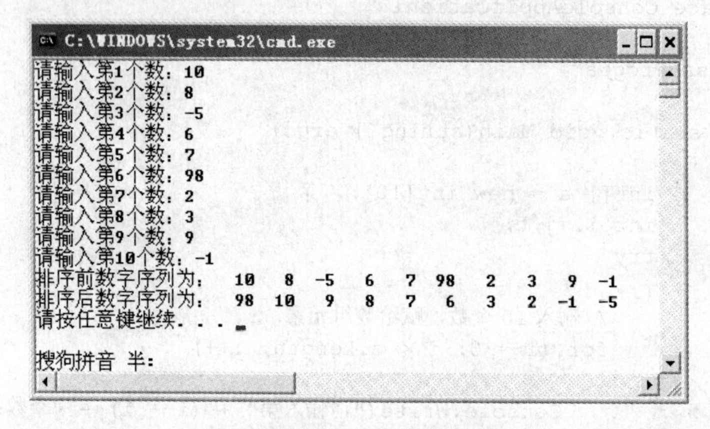

图 7-24 ［例 7-18］过程演示

【例 7-19】 求 $(a+b)^n$ 展开后各项的系数。

分析：

$(a+b)^0=1$ 系数为 1

$(a+b)^1=a+b$ 系数为 1,1

$(a+b)^2=a^2+2ab+b^2$ 系数为 1,2,1

$(a+b)^3=a^3+3a^2b+3ab^2+b^3$ 系数为 1,3,3,1

$(a+b)^4=a^4+4a^3b+6a^2b^2+4ab^3+b^4$ 系数为 1,4,6,4,1

…

由系数组成的三角形，称为杨辉三角形，又称贾宪三角形、帕斯卡三角形，是二项式系数在三角形中的一种几何排列。现在要求输出杨辉三角形的前 10 行。可使用二维数组来保存该三角形中的所有系数，而本题只需要用到二维数组中的部分元素。

杨辉三角形具有以下特点：

（1）第 1 列与主对角线元素均为 1。

（2）其余元素为上一行前一列与上一行当前列元素之和。

本题的代码如下所示。

```
1.  using System;
2.  using System.Collections.Generic;
```

```
3.  using System.Linq;
4.  using System.Text;
5.
6.  namespace ConsoleApplication1
7.  {
8.      class Program
9.      {
10.         static void Main(string[] args)
11.         {
12.             const int N = 10;
13.             int i, j;
14.             int[,] a=new int[N,N];
15.             //计算杨辉三角形
16.             for (i = 0; i < a.GetLength(0); i++)
17.             {
18.                 for (j = 0; j <= i; j++)
19.                 {
20.                     if (j == 0 || i == j)
21.                     {
22.                         a[i, j] = 1;
23.                     }
24.                     else
25.                     {
26.                         a[i, j] = a[i - 1, j - 1] + a[i - 1, j];
27.                     }
28.                 }
29.             }
30.             //输出杨辉三角形
31.             for (i = 0; i < a.GetLength(0); i++)
32.             {
33.                 for (j = 0; j <= i; j++)
34.                 {
35.                     Console.Write("{0,6}", a[i, j]);
36.                 }
37.                 Console.WriteLine();
38.             }
39.         }
40.     }
41. }
```

输出结果如图 7-25 所示。

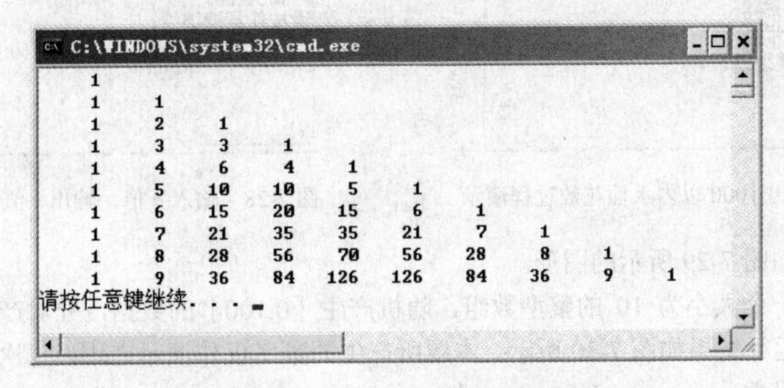

图 7-25 ［例 7-19］过程演示

本　章　小　结

本章主要介绍了循环结构，包括while语句、do-while语句、for语句、foreach语句、嵌套结构等，还介绍了break语句与continue语句。

若循环次数已知，则可使用for语句；若循环次数未知，可使用while和do-while语句；对于数组遍历，可使用foreach语句。

在实际编程过程中，一个题目可以有很多种解法，需要经过不断的尝试、积累与总结，找到最佳解决方案。

实　训　指　导

实训名称：循环结构程序设计

1. 实训目的

（1）掌握循环结构的概念。

（2）掌握循环结构的语句组成。

（3）掌握使用各种循环结构编程解决实际问题。

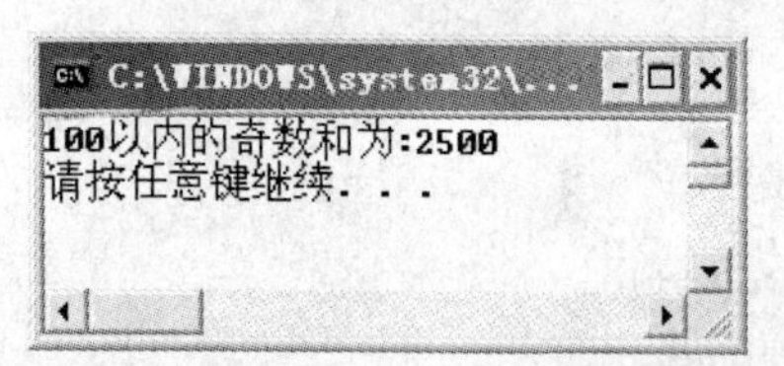

图7-26　1～100之间奇数和计算过程演示

2. 实训内容

（1）计算1～100的所有奇数之和。运行结果如图7-26所示。

（2）输出1000以内的所有的水仙花数。

所谓水仙花数，它是一个三位数，并且它的个位立方、十位立方及百位立方和等于其本身。例如，153就是一个水仙花数，$153=1^3+5^3+3^3$。运行结果如图7-27所示。

（3）计算并输出下列级数的前N项之和S_N,直到S_N大于q为止。q的值通过输入实现。$S_N=\frac{2}{1}+\frac{3}{2}+\frac{4}{3}+\cdots+\frac{N+1}{N}$，若$q$的值为50，则$S_N$=50.416 69。运行结果如图7-28所示。

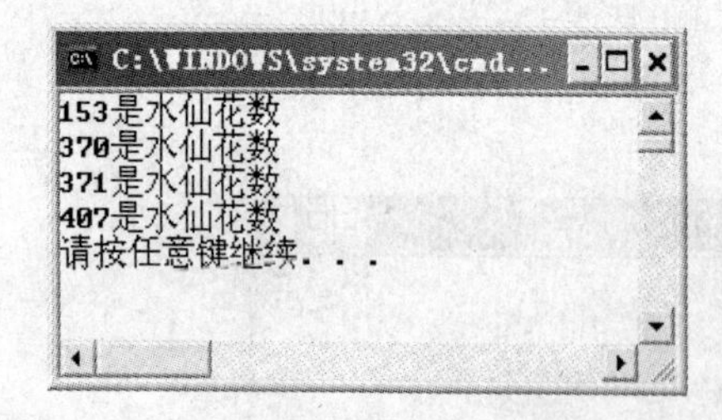

图7-27　输出1000以内水仙花数过程演示

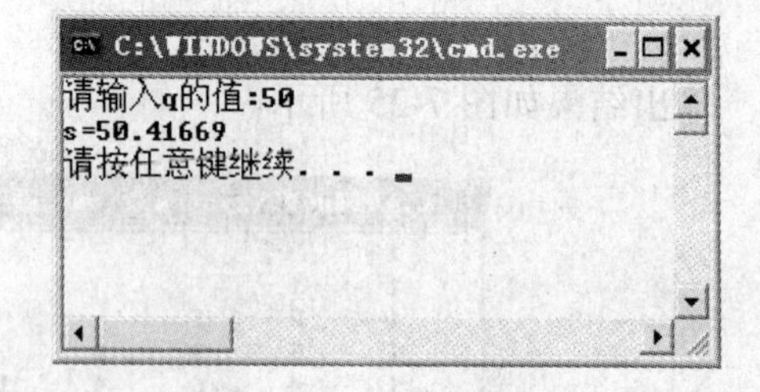

图7-28　输入q值，输出s值的过程演示

（4）输出如图7-29所示的图形。

（5）定义一个大小为10的整型数组，随机产生［0,100］的数据，并对产生的数据递减排序并输出。运行结果如图7-30所示。本题所产生的数字仅作演示之用，每次运行程序都将产生不同的随机数。

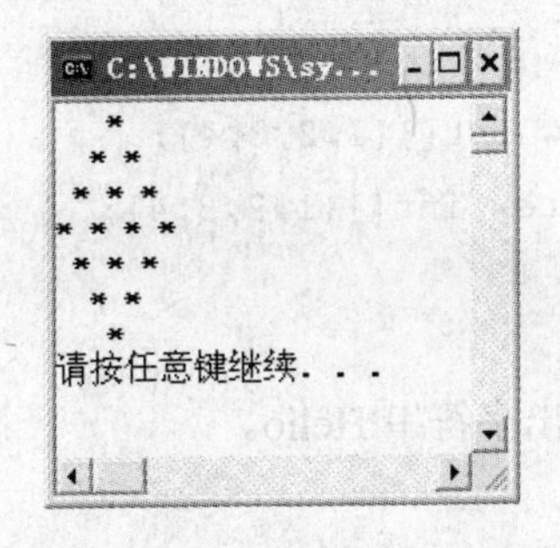

图 7-29　输出棱形过程演示

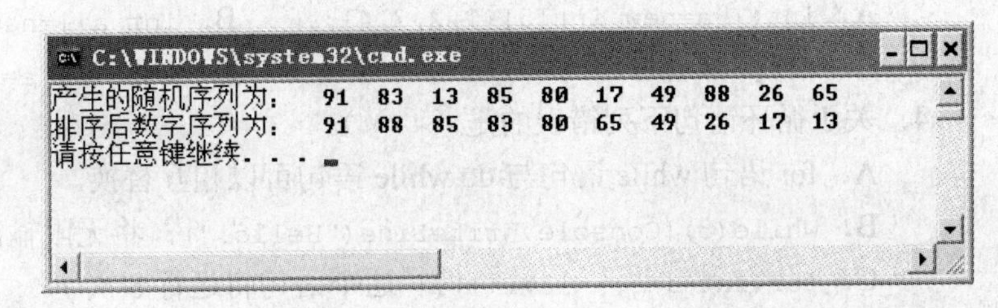

图 7-30　随机产生并输出符合特定条件的数组过程演示

（6）加密。输入长度为 10 的数字串，为该数字串加密。加密原则是对每一位数字进行操作。

1）若为奇数，则加 3，加 3 后若大于等于 10，则取个位数。

2）若为偶数，则减 5，减 5 后若小于 0，则取绝对值。

输出加密后的数字字符串。运行结果如图 7-31 所示。

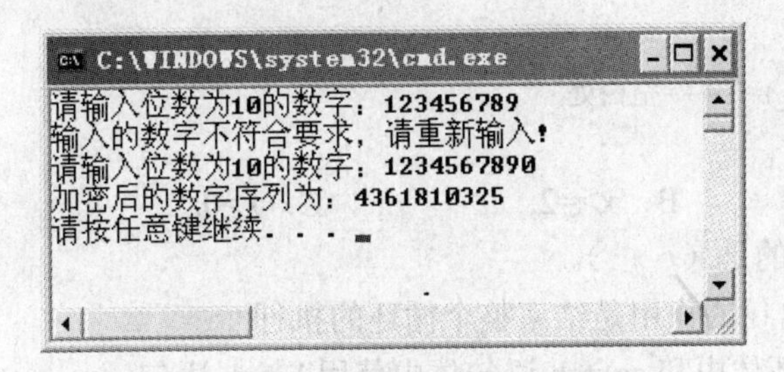

图 7-31　为输入字符串加密的过程演示

习　　题

一、选择题

1．关于如下程序结构的描述中，哪一项是正确的？（　　）。

```
for( ; ; )
{
        循环体;
}
```

A．一直执行循环体，即死循环　　B．执行循环体一次

C．不执行循环体　　D．程序不符合语法要求

2．下列语句执行后 y 的值为（　　）。

```
int x=0,y=0;
while(x<10)
{
     y+=(x+=2);
}
```

A．10　　B．20　　C．30　　D．55

3．以下数组初始化不正确的是（　　）。

A．`int[] a=new int[5]{1,2,3,4};`　　B．`int a[]=new int[]{1,2,3,4};`

C．`int[] a={1,2,3,4};`　　D．`int[]a; a=new int[]{1,2,3,4};`

4．关于循环语句下列错误的是（　　）。

A．for 语句 while 语句与 do while 语句可以相互替换。

B．`while(5){Console.WriteLine("Hello!");}`将无限输出字符串 Hello。

C．`for(int i=5;i<13;i++){}` 这个语句将运行 8 次

D．while 语句中的条件必须是布尔类型的结果

5．已知如下程序，下列选项放在空白处不能输出***的是（　　）。

```
void main()
{
    int x=6;
    do
    {
        Console.WriteLine("*");
        x--;
        --x;
    }while(_____)-----空白处
}
```

A．x>=1;　　B．x>=2;　　C．x>0;　　D．x>3;

6．以下描述正确的是（　　）。

A．continue 语句的作用是结束整个循环的执行

B．只能在循环体内和 switch 语句体内使用 break 语句

C．在循环体内使用 break 语句和 continue 语句的作用相同

D．从多层循环嵌套中退出时，只能使用 goto 语句

7．设有以下程序段

```
int i = 10;
while (i = = 0)
  i = i - 1;
```

以下叙述正确的是（　　）。

A．while 循环执行 10 次　　B．循环是无限循环

C．循环体语句一次都不执行　　D．循环体语句执行一次

8．若有以下程序段

```
int x = 1;
do { Console.WriteLine(x -= 2); }
while (x < 0);
```

以下叙述正确的是（　　）。

A．输出的是 1　　B．输出的是 1 和−2

C．输出的是 3 和 0　　D．是死循环

9．执行语句

```
int i;
for (i = 1; i++ < 4; ) ;
```

后变量 i 的值是（　　）。

A. 3　　B. 4　　C. 5　　D. 不定

10. 若有以下程序段

```
double k, t;
int n;
t = 1;
for (n = 1; n <= 10; n++)
{
    for (k = 1; k <= 5; k++)
        t = t + k;
}
Console.WriteLine(t);
```

执行后的输出结果为（　　）。

A. 150　　B. 152　　C. 149　　D. 151

二、简答题

1. 有 100 多个的零件，若 3 个 3 个数，剩 2 个；若 5 个 5 个数，剩 3 个；若 7 个 7 个数，剩 5 个。请你编一个程序计算出这堆零件至少是多少个？

2. 简述 while 及 do-while 循环的执行过程，指出两者的异同。

3. 简述 for 语句的三个表达式是否可省？省略后如果不想使程序成为死循环，则应如何操作？

第3篇 面 向 对 象

第8章 C#面向对象编程基础

8.1 面向对象的基本概念

8.1.1 对象

客观世界中任何一个事物都可以看成一个对象（object），对象可以是自然物体（如汽车、房屋、狗），也可以是社会生活中的一种逻辑结构（如班级、部门、组织），甚至一篇文章、一个图形、一项计划等都可以视做对象。对象是构成系统的基本单位，在实际社会生活中，人们都是在不同的对象中活动的。任何一个对象都应当具有两个要素，即属性（attribute）和行为（behavior）。一个对象往往是由一组属性和一组行为构成的。一辆汽车是一个对象，它的属性是生产厂家、品牌、型号、颜色、价格等，它的行为是它的功能，如发动、停止、加速等。一般来说，凡是具备属性和行为这两个要素的，都可以作为对象。对象是问题域中某些事物的一个抽象，反映事物在系统中需要保存的必要信息和发挥的作用，是包含一些特殊属性（数据）和服务（行为方法）的封装实体。具体来说，它应有唯一的名称，有一系列状态（表示为数据），有表示对象行为的一系列行为（方法）。简言之：对象 = 属性 + 行为（方法、操作）。

8.1.2 消息与方法

消息（Message）又称为事件（Event），表示向对象发出的服务请求。方法（Method）表示对象能完成的服务或执行的操作功能。

在一个系统中的多个对象之间通过一定的渠道相互联系，要使某一个对象实现某一种行为或操作，应当向它传送相应的消息。例如，想让汽车行驶，必须由人去踩油门，向汽车发出相应的信号。对象之间就是这样通过发送和接收消息互相联系的。

在面向对象的概念中，一个对象可以有多个方法，提供多种服务，完成多种操作功能。但这些方法只有在另外一个对象向它发出请求（发生事件）之后才会被执行。

8.2 类 与 对 象

普通逻辑意义上的类是现实世界中各种实体的抽象概念，而对象是现实生活中的一个个实体。例如，在现实世界中大量的汽车、摩托车、自行车等实体是对象，而交通工具则是这些对象的抽象，交通工具就是一个类。

在面向对象的概念中，类（Class）表示具有相同属性和行为的一组对象的集合，为该类的所有对象提供统一的抽象描述。

类是对相似对象的抽象，而对象是该类的一个特例，类与对象的关系是抽象与具体的关系。

8.2.1 定义类

C#语言中类的声明格式为

```
[类修饰符] class 类名[:基类类名]
{
    类的成员;
};
```

【例 8-1】 新建 Car 类。

本题的代码如下所示。

```
1.  using System;
2.  using System.Collections.Generic;
3.  using System.Linq;
4.  using System.Text;
5.
6.  namespace ConsoleApplication1
7.  {
8.      public class Car
9.      {
10.         public string brand;
11.         public string color;
12.         public string price;
13.
14.         public void brake()
15.         {
16.             Console.WriteLine("car brake");
17.         }
18.         public void accelerate()
19.         {
20.             Console.WriteLine("car accelerate");
21.         }
22.     }
23.     class Program
24.     {
25.         public static void Main()
26.         {
27.             Car oneCar = new Car();
28.             oneCar.brand = "QiRui";
29.             Console.WriteLine(oneCar.brand);
30.         }
31.     }
32. }
```

运行程序，可得如图 8-1 所示的输出结果。

图 8-1 ［例 8-1］过程演示

8.2.2　创建和使用对象

8.2.2.1　创建对象

在完成类的定义后，接下来就可以创建对象了。在面向对象的程序设计中，通常要通过对象才能访问类的成员。“创建对象”又称“对象实例化”，是向系统申请存储空间的过程。对象实例化时申请的存储空间主要是数据成员需要的内存空间。创建对象要使用关键字 new。常使用创建对象的格式有以下两种。

格式一：

```
<类名> <对象名>;                //先声明对象
对象名=new 类名();              //再创建对象
```

格式二：

```
<类名> <对象名>=new 类名();    //声明的同时创建对象
```

例如，对汽车类Car，要创建该类的对象oneCar。可采用以下两种方法。

方法一：

```
Car oneCar;                     //先声明对象
oneCar=new Car();               //再创建对象
```

方法二：

```
Car oneCar=new Car();           //声明的同时创建对象
```

8.2.2.2 使用对象

创建对象的目的就是要通过对象来访问类的成员。访问对象的成员需要使用运算符“.”。例如：

```
OneCar.brake();                 //访问成员方法brake
oneCar.accelerate();            //访问成员方法accelerate
oneCar.color="Black";           //为该对象的颜色赋值
oneCar.brand="QiRui";           //为该对象的品牌赋值
```

【例8-2】 建立一个Car类，由这个汽车类生成一辆汽车对象，通过汽车对象，访问这个对象的成员。

本题的代码如下所示。

```
1.  using System;
2.  using System.Collections.Generic;
3.  using System.Linq;
4.  using System.Text;
5.
6.  namespace ConsoleApplication1
7.  {
8.      public class Car
9.      {
10.         public string brand;
11.         public string color;
12.         public string price;
13.
14.         public void brake()
15.         {
16.             Console.WriteLine("car brake");
17.         }
18.         public void accelerate()
19.         {
20.             Console.WriteLine("car accelerate");
21.         }
22.     }
23.     class Program
24.     {
25.         public static void Main()
```

```
26.         {
27.             Car MyCar = new Car();
28.             MyCar.brand = "QiRui";
29.             MyCar.brake();
30.         }
31.     }
32. }
```

运行程序，可得如图 8-2 所示的输出结果。

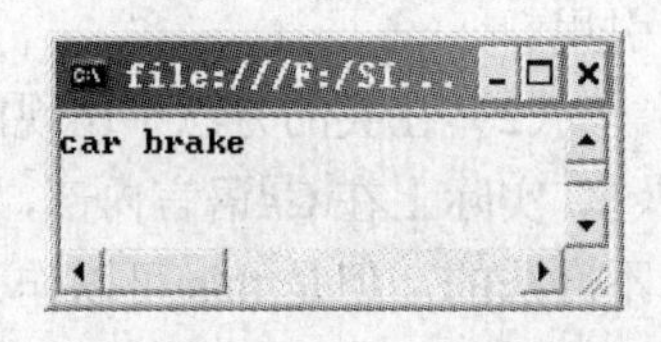

图 8-2 ［例 8-2］过程演示

8.2.3　类的访问控制

类的定义中修饰符的说明如下。

new：仅允许在嵌套类声明时使用，表明类中隐藏了由基类中继承而来的、与基类中同名的成员。

public：一般使用在嵌套类的声明中，表示不限制对内层类的访问。

protected：仅允许在嵌套类声明时使用，表示可以在外层类或外层类的子类中使用。

internal：只有在同一个程序集中才可以访问。

private：仅允许在嵌套类声明时使用，被 private 关键字修饰的内层类只能在外层类范围内使用。

abstract：抽象类，说明该类是一个不完整的类，只有声明而没有具体的实现。一般只能用来作其他类的基类，而不能单独使用。

sealed：密封类，说明该类不能作为其他类的基类，不能再派生新的类。

以上类修饰符可以两个或多个组合起来使用，但需要注意以下几点。

（1）在一个类声明中，同一类修饰符不能多次出现，否则会出错。

（2）new 类修饰符仅允许在嵌套类中表示类声明时使用，表明类中隐藏了由基类中继承而来的、与基类中同名的成员。

（3）如果省略类修饰符，则默认为私有修饰符 private。

（4）在设置 public、protected、internal 和 private 这些类修饰符时，要注意这些类修饰符不仅表示所定义类的访问特性，而且还表明类中成员声明时的访问特性，并且它们的可用性也会对派生类造成影响。

（5）抽象类修饰符 abstract 和密封类修饰符 sealed 都是受限类修饰符，抽象类修饰符只能作为其他类的基类，不能直接使用，密封类修饰符不能作为其他类的基类，可以由其他类继承而来但不能再派生其他类。一个类不能同时既使用抽象类修饰符又使用密封类修饰符，具体如表 8-1 所示。

表 8-1　类成员的访问修饰符

	类内部	同一个程序集的派生类	同一个程序集的其他类	不同程序的派生类	不同程序集的其他类
private	√				
protected	√	√		√	
internal	√	√	√		
protected internal	√	√	√	√	
public	√	√	√	√	√

8.2.4 this 关键字

关键字 this 仅限于在构造函数、类的方法和类的实例中使用，它的含义如下。

（1）在类的构造函数中出现的 this，作为一个值类型，表示对正在构造的对象本身的引用。

（2）在类的方法中出现的 this，作为一个值类型，表示对调用该方法的对象的引用。

实际上在 C#语言内部，this 被定义为一个常量。因此使用 this++，this—这样的语句都是不合法的，但是 this 可以作为返回值来使用。

【例 8-3】 使用 this 关键字。

本题的代码如下所示。

```
1.  using System;
2.  using System.Collections.Generic;
3.  using System.Linq;
4.  using System.Text;
5.
6.  namespace ConsoleApplication1
7.  {
8.      public class Car
9.      {
10.         public string brand;
11.         public string color;
12.         public string price;
13.
14.         public void printBrand()
15.         {
16.             Console.WriteLine("this car's brand is " + this.brand);
17.         }
18.     }
19.
20.     class Program
21.     {
22.         public static void Main()
23.         {
24.             Car MyCar = new Car();
25.             MyCar.brand = "QiRui";
26.             MyCar.printBrand();
27.         }
28.     }
29. }
```

运行程序，可得如图 8-3 所示的输出结果。

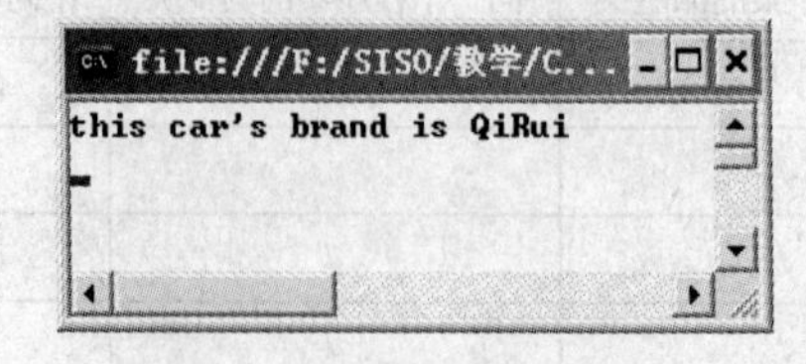

图 8-3 ［例 8-3］过程演示

8.3　数据成员、属性和事件

8.3.1　数据成员

类的成员包括类的常量、字段、属性、索引器、方法、事件、构造函数等，其中，常量、字段和属性都是与类的数据有关的成员。

1. 常量

常量（const）的值是固定不变的。类的常量成员是一种符号常量。符号常量是由用户根据需要自行创建的常量，在程序设计过程中可能需要反复使用到某个数据，如圆周率 3.141 592 6，如果在代码中反复书写，则不仅麻烦而且容易出现错误。此时，可考虑将其声明为一个符号常量。用户定义符号常量使用 const 关键字，在定义时，必须指定名称和值，其一般形式如下。

```
[访问修饰符] const 数据类型 常量名=常量的值;
```

例如：

```
public class Car
{
   public const int MaxLoad=5;     //最多乘客数 5 人
}
```

2. 字段

字段（field）表示类的成员变量，字段的值代表某个对象的数据状态。不同的对象，数据状态不同，意味着各字段的值也不同。声明字段的方法与定义普通变量的方法相同，其一般格式如下。

```
[访问修饰符] 数据类型 字段名;
```

其中，访问修饰符用来控制字段的访问级别，可省略。例如：

```
public class Car
{
   public string brand;
}
```

3. readonly 字段

字段的声明中如果加上了 readonly 修饰符表明该字段为只读字段。只读字段只能在字段的定义中和它所属类的构造函数中进行修改，在其他情况下是只读的。例如：

```
public class Car
{
   public readonly string brand="QiRui";

   public Car()
   {
      this.brand="QiRui";
   }
}
```

只读域具有如下特征。

(1) 只读域只能在初始化(声明初始化或构造器初始化)的过程中赋值，其他地方不能进行对只读域的赋值操作，否则编译器会报错。

(2) 只读域可以是实例域也可以是静态域。

(3) 只读域的类型可以是C#语言的任何类型。

4. static 字段

如果在一个类字段之前加上 static 修饰符，就可以将它声明为一个静态字段。静态字段属于类所有，所有的类实例都共享这个静态字段。与之相比，前面所声明的都是非静态字段(实例字段)，每个实例都拥有自己的实例字段。

静态字段往往存储一些属于全部实例的信息，例如对于 Car 类的实例，虽然每一个 Car 实例都有自己的品牌、重量等，但是如果需要存储所有 Car 实例的数量，就需要用到静态字段。

```
class Car
{
 public string brand;
 public string color;

 public static int count;  //静态字段，记录实例的数量
}
Car car1=new Car();
Car car2=new Car();
Car car3=new Car();
```

三个实例 car1,car2,car3，它们的静态字段 count 是同一个字段。

由此可见，不管有多少个 Car 对象，变量 count 都只有一个。实际上，如果要访问静态字段，根本就不能用对象的名字，而要用类名。

例如，访问实例字段的 color 所用的语句是

```
car1.color="red";
car2.color="black";
```

而访问 count 所用的语句是

```
Car.count=Car.count+1;
```

8.3.2 属性

对象是对现实世界中实体特征的抽象，它提供了一种对类或对象的特性的访问机制。属性所描述的是状态信息，在类的某个实例中，属性的值表示该对象相应的状态值。

属性是 C#语言中独具特色的新功能。通过属性来读/写类中的字段，这种机制具有一定的保护功能。在其他语言中，对字段的访问功能通常是通过实现特定的 getter 方法和 setter 方法来实现的，C#语言中属性采用如下方式进行声明。

```
[属性修饰符] 属性的类型 属性名称
{
  get{return 字段名};           //读字段值
  set{字段名=value};            //将值写入字段
}
```

根据 get 和 set 访问器是否存在，属性可分成如下类型。

（1）读/写（read-write）属性：同时包含 get 访问器和 set 访问器的属性。

（2）只读（read-only）属性：只具有 get 访问器的属性。将只读属性作为赋值目标会导致编译时错误。

（3）只写（write-only）属性：只具有 set 访问器的属性。除了作为赋值的目标外，在表达式中引用只写属性会出现编译时错误。

由于属性的 set 访问器中可以包含大量的语句，因此可以对赋予的值进行检查及进行一些其他必要操作，如果值不安全或者不符合要求，就可以进行提示。这样就可以避免因为给类的数据成员设置了错误的值而导致的错误。

下面的 Car 类就提供了 Brand 和 Color 两个属性。在属性的声明中，可以用 get 来定义属性的读操作，而 set 用来定义属性的写操作。

【例 8-4】 属性的使用。

本题的代码如下所示。

```
1.  using System;
2.  using System.Collections.Generic;
3.  using System.Linq;
4.  using System.Text;
5.
6.  namespace ConsoleApplication1
7.  {
8.      public class Car
9.      {
10.         string brand;
11.         string color;
12.         private DateTime releasedate;//出产日期
13.
14.         public string Color
15.         {
16.             get
17.             {
18.                 return this.color;
19.             }
20.             set
21.             {
22.                 this.color = value;
23.             }
24.         }
25.
26.         public string Brand
27.         {
28.             get
29.             {
30.                 return this.brand;
31.             }
32.             set
33.             {
```

```
34.                 this.brand = value;
35.             }
36.         }
37.
38.         public void printBrand()
39.         {
40.             Console.WriteLine("Brand is " + Brand);
41.         }
42.
43.         class program
44.         {
45.             public static void Main()
46.             {
47.                 Car car1 = new Car();
48.                 car1.Brand = "QiRui";
49.                 car1.Color = "Black";
50.                 Console.WriteLine("car1 的品牌是" + car1.Brand);
51.                 Console.WriteLine("car1 的颜色是" + car1.Color);
52.             }
53.         }
54.     }
55. }
```

图 8-4 [例 8-4] 过程演示

运行程序，可得如图 8-4 所示的输出结果。

属性的 set 操作定义中用到了 value 关键字，它表示对属性进行写操作时提供的参数。例如在 `carl. Color="Black"` 的时候，value 就是“Black”；而在 `carl.Brand="QiRui"`的时候 value 就是“QiRui”。

显然，这里会产生一个问题：属性和字段有什么区别？既然把一个字段声明为 public 就可以实现对它的读/写，那么为什么又要为了提供一个属性而大动干戈？首先，属性比直接的字段读/写提供了更多的控制。如果把一个字段声明为 public，那么就等于完全放开了对它的控制，任何人都可以对它进行读/写。而属性则不同，对于一个属性，我们可以提供 get 方法支持读，提供 set 方法支持写，但是也可以不提供。如果只提供了 get 方法，则这个属性就是只读的；如果只提供了 set 方法，则这个属性就是只写的。例如，对于 releasedate 这个字段，由于一辆车的出厂日期是在它出厂的那一天就确定了，不可以改动的，所以应该把字段设为 private，而提供一个只读的 ReleaseDate 属性。

```
class car
{
…
  public DateTime RealseDate
  {
     get
     {
        return this.releasedate;
     }
  }
```

```
...
}
```

这时，任何对于属性 ReleaseDate 进行写操作的企图都会被编译器禁止。

另外，属性拥有一些方法的特征，这让它可以达到直接读/写字段无法达到的效果。如果我们希望为 Car 类提供一个年龄（Age）属性，来告诉用户这辆车已经使用多久了，该怎么办？

没有经验的程序员可能会想到在 Car 类中加入一个 Age 字段。其中的 TimeSpan 是. NET 中用来表示时间段的结构。

```
public TimeSpan Age;
```

但是，随着时间的流逝，这个值会不停地变化，那就意味着为了提供精确的 Age 值，我们要不停地更新它。很快，光是更新汽车年龄的工作就会占据掉 CPU 所有的时间。其实汽车年龄的信息已经保存在 Car 类当中了，因为它存储了出厂日期这个信息。所以提供汽车年龄的最好的办法就是用当前的时间减去汽车的出厂日期。于是，可以为 Car 类提供 Age 属性而不是字段。

```
public TimeSpan Age
{
  get
  {
     return (DateTime.Today-this.releasedate); //计算汽车的年龄
  }
}
```

可以看到，在属性 Age 的读操作中包含了一个“动作”：计算汽车年龄。这就使得无论何时我们需要知道汽车的年龄，都可以得到准确的值。由于汽车的年龄也是不以人的意志为转移的，所以这也是一个只读属性。

8.3.3　事件

1. 委托

什么是委托（delegate）？委托又称“代表”、“指代”。委托是一种特殊的数据类型，派生于 System.Delegate 类。委托对象主要用于保存方法的引用。

假定有某方法保存在内存中，保存方法的内存区域称为代码区。程序执行到该方法就有一个指令指针指向该方法的起始位置，指令指针指向哪一条语句，系统当前就执行哪一条语句。

代码区指令指针指向 main 方法，程序从“程序执行起点”开始执行，当执行到 Method( ) 方法时，程序跳转至 method 方法的方法体内执行，执行方法体后转回至调用处，直到执行至“程序执行终点”。Method 方法有一个执行的起点，在内存的某地址处。Method 方法的方法名隐含该方法在内存代码区的存储位置（地址或称为引用）。调用 method 方法，指令指针就转移到了 method 方法的起点位置。

委托是.NET Framework 引入的一个新概念，它是为实现一种叫做“回调”的功能而设计的。委托是一种数据结构，它引用静态方法或引用类实例及该类的实例方法。定义一个委托的语法有点类似于定义一个方法，只不过在声明一个委托的时候，要使用 delegate 关键字，即

```
[访问修饰符] delegate <返回类型> <委托名>([形式列表参数]);
```

其中：

（1）返回类型：委托所指向方法的返回值的类型。委托的返回类型必须与委托所指向的方法的返回类型一致，才能成功使用该委托。

（2）形参列表：用于指出委托所指向方法的参数列表，这个列表必须与委托所指向方法的参数列表中的参数个数及其参数类型一致，包括形参的顺序、个数和类型。

例如：

```
Public delegate string MyDelegate(string arg);
```

委托的名字只是一个符号，重要的是它的参数和返回值。在生成一个委托实例时，必须用一个方法来实例化，这个方法的“签名”（参数和返回值）必须与委托的一致。

【例 8-5】 委托

本题代码如下所示。

```
1.  using System;
2.  using System.Collections.Generic;
3.  using System.Linq;
4.  using System.Text;
5.
6.  namespace ConsoleApplication1
7.  {
8.      public class Car
9.      {
10.         public string brand;
11.         public string color;
12.         public string price;
13.
14.         public void printBrand()
15.         {
16.             Console.WriteLine("this car's brand is " + this.brand);
17.         }
18.     }
19.
20.     class Program
21.     {
22.         public static void Main()
23.         {
24.             Car MyCar = new Car();
25.             MyCar.brand = "QiRui";
26.             MyCar.printBrand();
27.         }
28.     }
29. }
```

运行程序，可得如图 8-5 所示的输出结果。

图 8-5 ［例 8-5］过程演示

2. 事件

（1）认识事件。委托除了可以支持回调，最大的用处还是支持“事件”机制。

在 C#语言中，事件就是一个信号，它会通知应用程序，有某个重要的情况发生了。例如，洗衣机在完成了整个洗涤过程以后，会用蜂鸣声通知用户：我洗完了。在这里，“洗完了”是一个事件，而洗衣机在这个事件发生的时候，会通知用户。

在软件设计中，事件的概念就更为广泛了。例如，用户在窗体上单击鼠标等。这些事件本身其实是以委托的形式存放在类的定义当中，当它们发生的时候，对象回调这个委托。如果我们写好一个方法，然后传递给这个委托，那么它就会做出我们希望它做的事情。从这个意义上，这个委托就叫做一个“事件（Event）”，而我们编写的这个方法就叫做“事件处理程序（EventHandler）”。

（2）定义事件。声明事件域的格式如下。

```
[访问修饰符] event 委托类型 事件名;
```

其中，访问修饰符就是以前常提到的访问修饰符，如 new、public、protected、internal、private、static。事件所声明的类型（type）则必须是一个代表 delegate 类型。而此代表类型应预先声明。例如：

```
Public delegate string MyDelegate(string arg);
```

说明：

1）事件是类的成员方法，在类的内部定义，不能在方法内作为变量定义。

2）订阅事件。事件的订阅是通过为事件加上左操作符“+=”来实现的，例如：

```
Upper a=new Upper();
//将事件处理程序和事件相关联
a.Demo +=new CharEventHandler(upper);
```

只要事件被触发，所订阅的方法就会被调用。

3）取消订阅。事件的撤销则采用左操作符“- =”来实现的。

```
a.Demo -=new CharEventHandler(upper);
```

请参考示例代码体会事件的用法。

4）事件只能在定义事件的类中引发。

5）访问修饰符应与委托类型的访问权限一致或低于委托类型的访问权限。事件的本质也就是一个委托而已，所以，如果想在自己的类中加入事件，包括以下三个步骤：①定义一个委托类型；②在类中加入这个委托的一个实例（事件）；③在合适的地方加入对这个委托的调用（“触发”事件）。

（3）触发事件。事件定义完成后，接下来就需要指定一个方法作为触发器来触发事件的发生。在类外部引发事件时，不是直接通过事件名而是根据触发器来引发事件。触发器的定义格式如下。

```
触发器
{
    <事件名>(<参数表>);
}
```

说明：

1）事件是类的成员方法，事件的引发需要一个触发器，不能如委托一样在其他类的方法中执行，可以像委托一样在其他类的方法中封装方法。所以，要在同一个类中定义事件、设置触发器。

2）触发器可以是类中的任意一个方法。通常将方法设为公有，以便在其他类方法中引发事件。

3）事件的参数表必须与委托定义的格式相同。

【例 8-6】 事件。

本题的代码如下所示。

```
1.  using System;
2.  using System.Collections.Generic;
3.  using System.Linq;
4.  using System.Text;
5.
6.  namespace ConsoleApplication1
7.  {
8.      delegate void CharEventHandler(char c);
9.      class Upper
10.     {
11.         char currentchar;
12.         public event CharEventHandler Demo;
13.         public char currentChar
14.         {
15.             get
16.             {
17.                 return currentchar;
18.             }
19.             set
20.             {
21.                 if (Demo != null)
22.                 {
23.                     this.currentchar = value;
24.                     Demo(this.currentchar);
25.                 }
26.             }
27.         }
28.     }
29.
30.     class program
31.     {
32.         static void upper(char c)
33.         {
34.             Console.Write("{0}->", c);
35.             if (c > 'a' && c < 'z')
36.                 c = (char)((int)c - 32);
37.             Console.WriteLine(c);
38.         }
39.
40.         public static void Main()
41.         {
42.             Upper a = new Upper();
43.             //将事件处理程序和事件相关联
```

```
44.         a.Demo += new CharEventHandler(upper);
45.         a.currentChar = 'b';
46.     }
47.   }
48. }
```

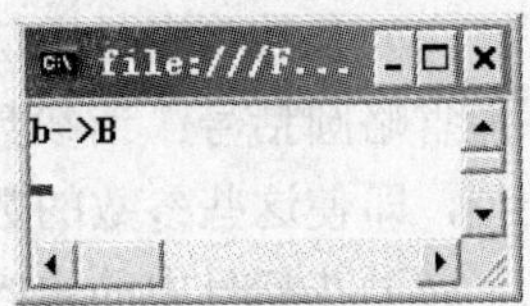

运行程序，可得如图 8-6 所示的输出结果。

图 8-6 ［例 8-6］过程演示

8.4 类 的 方 法

一辆车除了有品牌、颜色这些特征以外，还会有一些动作，如行驶。如果要表达一个对象的动作，就应该在类中设计相应的方法。

方法是类中很重要的一种成员，它代表了类的行为，是对数据的操作。对于方法，我们需要理解的是它属于一种函数级别的代码复用，我们经常对需要反复调用的代码进行提取，形成一个方法，以达到代码的复用。在继续深入介绍方法前，我们应该对方法的调用进行理解。

我们可以以写文章的过程来理解方法的调用。当我们写文章（把这看做是方法的调用者）遇到不会写的字时，需要停下来去查字典（查字典可以理解为一个方法）。这时，写文章的过程就处于等待状态，直到查字典的过程结束后才可以继续。这个过程和我们在程序代码中调用方法很相似，进行方法调用时，方法调用者就停下来等待调用的方法执行完毕后再继续执行。这里我们还可以看到，方法的调用后应该会有个结果返回给方法的调用者，例如这里的查字典的方法就应该返回不会写的这个字。当然有的时候，方法的调用也可以没有返回结果。例如，写文章到中午的时候，我们需要去吃饭（吃饭可以理解为一个方法），吃完饭后再继续写，这个时候吃饭就没有什么结果要返回给写文章的过程。对于方法的调用过程，我们还可以通过为程序设置断点以使程序步进的方式来清楚地认识。

8.4.1　方法的声明与调用

方法的使用分声明与调用两个环节。

1. *方法的声明*

声明方法的一般形式如下。

```
[访问修饰符] 返回值类型 方法名 ([参数列表])
{
    语句;
    …
    [return 返回值;]
}
```

（1）访问修饰符控制方法的访问级别，可用于方法的修饰符包括 public、protected、private 和 internal 等；访问修饰符是可选的，默认情况下为 private。

（2）方法的返回类型用于指定由该方法计算和返回的值的类型，可以是任何合法的数据类型，包括值类型和引用类型，如果一个方法不返回一个值，则返回值类型使用 void 关键字来表示。

（3）方法名必须符合 C#语言的命名规范，与变量名的命名规则相同。

（4）参数列表是方法可以接受的输入数据，当方法不需要参数时，可省略参数列表，但不能省略圆括号；当参数不止一个时，需要使用逗号分隔，同时每一个参数都必须声明数据类型，即使这些参数的数据类型相同也不例外。

（5）花括号中的内容为方法的主体，由若干条语句组成，每一条语句都必须使用分号结尾。当方法结束时如果需要返回操作结果，则使用 return 语句返回，并且返回的值的类型要与返回值类型相匹配。如果使用 void 标记方法为无返回值的方法，则可省略 return 语句。

【例 8-7】 方法的声明。

本题的代码如下所示。

```
1.  using System;
2.  using System.Collections.Generic;
3.  using System.Linq;
4.  using System.Text;
5.
6.  namespace ConsoleApplication1
7.  {
8.      class CompareNum
9.      {
10.         public int max(int x, int y)
11.         {
12.             if (x > y)
13.                 return x;
14.             else
15.                 return y;
16.         }
17.         public static void Main()
18.         {
19.             CompareNum cn = new CompareNum();
20.             int r = cn.max(3, 6);
21.             Console.WriteLine("3和6中较大的数为：" + r);
22.         }
23.     }
24. }
```

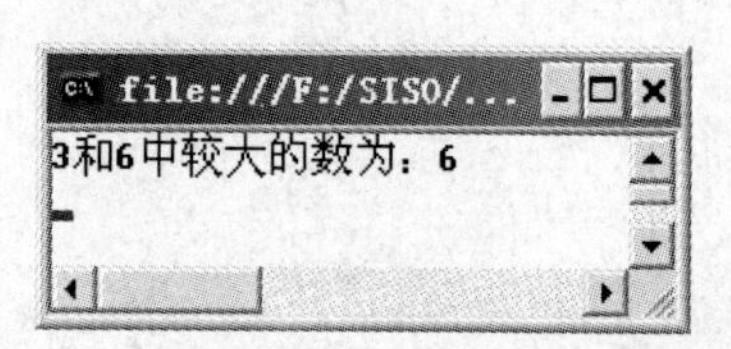

图 8-7 ［例 8-7］过程演示

运行程序，可得如图 8-7 所示的输出结果。

2. *方法的调用*

一个方法一旦在某个类中声明，就可由其他方法调用，调用者既可以是同一个类中的方法，也可以是其他类中的方法。如果调用者是同一个类的方法，则可以直接调用，如果调用者是其他类中的方法，则需要通过类的实例来引用，但静态方法例外，静态方法通过类名直接调用。

（1）在方法声明的类定义中调用该方法。其语法格式如下。

```
方法名(参数列表);
```

（2）在方法声明的类定义外部调用该方法，需要通过类声明的对象调用该方法，其格式如下。

```
对象名.方法名(参数列表);
```

8.4.2　方法的参数

方法的参数是方法用来与外界沟通的管道，任何方法都包含数量不一的参数。方法的参数包含在参数列表中，该列表中的参数称为形式参数，调用这个方法时提供的参数叫实参数。需要注意的是形式参数的个数和实参数的个数要一样，且每个形式参数的类型和调用程序中的实值参数类型要一一对应。

除参数个数外，按照传递的不同，参数还分为不同的类型，C#语言支持四种类型的参数，分别如下。

值类型：不含任何修饰符。

引用类型：使用 ref 修饰符声明。

输出参数：使用 out 修饰符声明。

参数数组：使用 params 修饰符声明。

1. 值类型参数

值类型参数的传递过程也称为值传递，是最常见的一种类型。采用这种方式进行传递时，编译器首先将实参的值做一份复制，并且将此复制传递给被调用方法的形参。可以看出这种传递方式传递的仅仅是变量值的一份复制，或是为形参赋予一个值，而对实参并没有做任何的改变，同时在方法内对形参值的改变影响的仅仅是形参，并不会对定义在方法外部的实参起任何作用。

【例 8-8】 值类型参数。

本题的代码如下所示。

```
1.  using System;
2.  using System.Collections.Generic;
3.  using System.Linq;
4.  using System.Text;
5.
6.  namespace ConsoleApplication1
7.  {
8.      class swapNo
9.      {
10.         static void swap(int x, int y)
11.         {
12.             int temp = x;
13.             x = y;
14.             y = temp;
15.         }
16.
17.         public static void Main()
18.         {
19.             int i = 10;
20.             int j = 20;
21.             Console.WriteLine("交换前 i={0},j={1}", i, j);
22.             swap(i, j);
23.             Console.WriteLine("交换后 i={0},j={1}", i, j);
24.             Console.ReadLine();
25.         }
26.     }
27. }
```

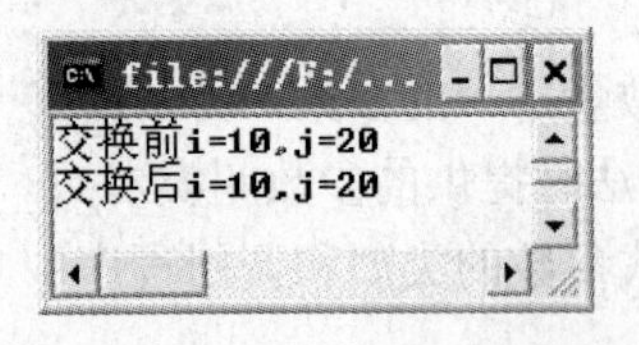

图 8-8 ［例 8-8］过程演示

运行程序，可得如图 8-8 所示的输出结果。

从输出的结果可以看出 swap 方法内部对实参的改变仅限于对一份实参复制的改变，并不影响实参 i,j 自身。

2. 引用类型参数

引用类型传递方式下，方法的参数以 ref 修饰符声明。传递的参数实际上是实参的引用（reference），这种情况下形参和实参虽是两份相同值，但这些值本身并不表示目标数据，而是指向目标数据的引用，访问时通过这两个相同的引用找到的值理所当然的是同一数据值。所以在方法中的操作都是直接对实参所对应的数据进行的，而不是在方法中进行了值的复制；能够利用这种方式在方法调用时可以实现参数的双向传递即在方法内对参数的修改将被反映到方法的外部。

为了传递引用类型参数，必须在方法声明和方法调用中都明确地在参数前指定 ref 关键字，并且实参变量在传递给方法前必须进行初始化。

【例 8-9】 引用类型参数。

本题的代码如下所示。

```
1.  using System;
2.  using System.Collections.Generic;
3.  using System.Linq;
4.  using System.Text;
5.
6.  namespace ConsoleApplication1
7.  {
8.      public class Data
9.      {
10.         public int i = 10;
11.     }
12.
13.     public class RefClass
14.     {
15.         public static void test1(Data d)          //值类型
16.         {
17.             //参数 d 只是一个引用副本，和原引用变量 d 同时指向同一个对象，因此都可以修
18.             //改该对象的状态。即可以将对参数的修改反映到参数的外部。
19.             d.i = 100;
20.         }
21.
22.         public static void test2(Data d)          //值类型
23.         {
24.             //创建新的 Data 对象，并将参数 d 指向它。此时参数 d 和原有引用 d 分别指向 2
25.             //个不同的 Data 对象，因此当超出 Test2 方法作用范围时，参数 d 和其引用的对象
26.             //将失去引用，等待 GC 回收。所以对 i 的修改只能在 Test2 方法内起作用。
27.             d = new Data();
28.             d.i = 200;
29.         }
30.
31.         public static void test3(ref Data d)      //引用类型
32.         {
```

```
33.            //由于使用 ref 关键字，因此此处的参数 d 和原变量 d 为
34.            //同一引用即指向同一块内容，而并没有创建副本，所以创建新的 Data 对象
35.            //是可行的。并且可以将修改后的值反映到方法的外部。
36.            d = new Data();
37.            d.i = 300;
38.        }
39.
40.        public static void Main()
41.        {
42.            Data d = new Data();
43.            Console.WriteLine(d.i);   //输出结果：10
44.
45.            test1(d);
46.            Console.WriteLine(d.i);   //输出结果：100
47.
48.            test2(d);
49.            Console.WriteLine(d.i);   //输出结果：100
50.
51.            test3(ref d);
52.            Console.WriteLine(d.i);   //输出结果：300
53.        }
54.    }
55. }
```

运行程序，可得如图 8-9 所示的输出结果。

图 8-9 ［例 8-9］过程演示

3. 输出类型参数

输出参数以 out 修饰符声明。和 ref 类似，它也是直接对实参进行操作。在方法声明和方法调用时都必须明确地指定 out 关键字。out 参数声明方式不需要变量传递给方法前进行初始化，因为它的含义只是用做输出目的。但是，在方法返回前，必须对 out 参数进行赋值。该类型参数通常用在需要多个返回值的方法中。

【例 8-10】 输出类型参数

本题的代码如下所示。

```
1.  using System;
2.  using System.Collections.Generic;
3.  using System.Linq;
4.  using System.Text;
5.
6.  namespace ConsoleApplication1
7.  {
8.      class OutClass
9.      {
10.         public static void useOut(out int i)
11.         {
12.             i = 100;
13.         }
14.         public static void Main()
15.         {
```

```
16.          int i;
17.          //此处为语法错误，不能引用没有经初始化的变量
18.          //Console.WriteLine("After the method calling:i={0}",i);
19.          useOut(out i);
20.          //查看调用方法之后的值
21.          Console.WriteLine("After the method callsing:i={0}", i);
22.          Console.Read();
23.       }
24.    }
25. }
```

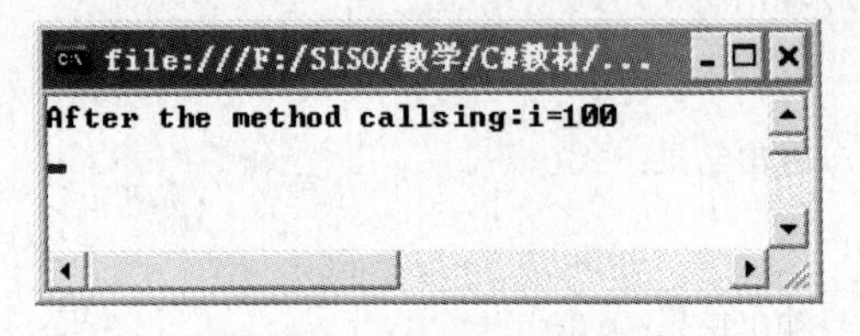

图 8-10 ［例 8-10］过程演示

运行程序，可得如图 8-10 所示的输出结果。

4. 数组类型参数

方法的参数中可以包含数组。但如果包含有数组，那么数组必须在参数表中位列最后且只允许一维数组。数组型参数不能再有 ref 或 out 修饰符。

当函数的形参个数不能确定时，就可以使用数组型参数。数组型参数就是在参数前面加 params 关键字。在使用数组型参数时，在函数的声明中，params 关键字之后不允许任何其他的参数，并且在函数声明中只允许一个 params 关键字。

带数组型参数的函数有两种方法将实参传递给形参。

（1）如果有一个实参数组与形参数组类型对应，则将实参数组元素值传递给形参数组元素。

（2）如果多个实参可以与形参数组类型对应，则将实参的各个赋值给形参的数组元素。

【例 8-11】 数组类型参数

本题的代码如下所示。

```
1.  using System;
2.  using System.Collections.Generic;
3.  using System.Linq;
4.  using System.Text;
5.
6.  namespace ConsoleApplication1
7.  {
8.     class program
9.     {
10.        static void para(params int[] arr)
11.        {
12.           Console.WriteLine("数组中包含{0}个元素: ", arr.Length);
13.           foreach (int num in arr)
14.           {
15.              Console.Write("\t{0}", num);
16            }
17.        }
18.
19.        public static void Main()
20.        {
```

```
21.             para(1, 2, 3, 4);
22.             Console.WriteLine();
23.             para(new int[] { 12, 13, 14 });
24.         }
25.     }
26. }
```

运行程序，可得如图 8-11 所示的输出结果。

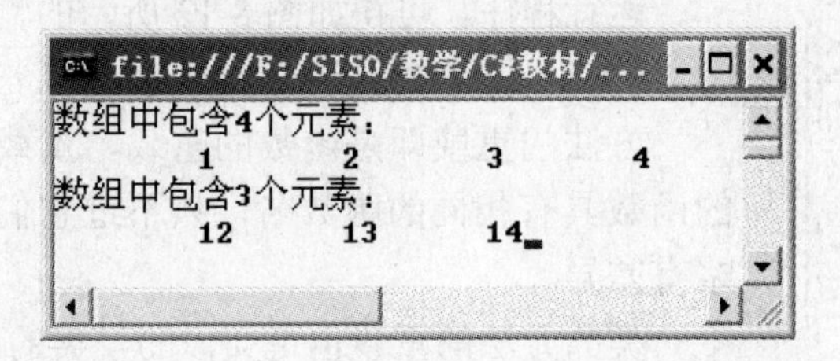

图 8-11 ［例 8-11］过程演示

【例 8-12】 数组类型参数

本题的代码如下所示。

```
1.  using System;
2.  using System.Collections.Generic;
3.  using System.Linq;
4.  using System.Text;
5.
6.  namespace ConsoleApplication1
7.  {
8.      class program
9.      {
10.         static void useParams(params int[] list)
11.         {
12.             for (int i = 0; i < list.Length; i++)
13.             {
14.                 Console.Write(list[i]);
15.                 Console.Write(",");
16.             }
17.             Console.WriteLine();
18.         }
19.         static void useParams(params object[] list)
20.         {
21.             for (int i = 0; i < list.Length; i++)
22.             {
23.                 Console.Write(list[i]);
24.                 Console.Write(",");
25.             }
26.             Console.WriteLine();
27.         }
28.
29.         public static void Main()
30.         {
31.             useParams(1, 2, 3);
```

```
32.             useParams(1, 'a', "test");
33.             int[] myarray = new int[3] { 10, 11, 12 };
34.             useParams(myarray);
35.         }
36.     }
37.
38. }
```

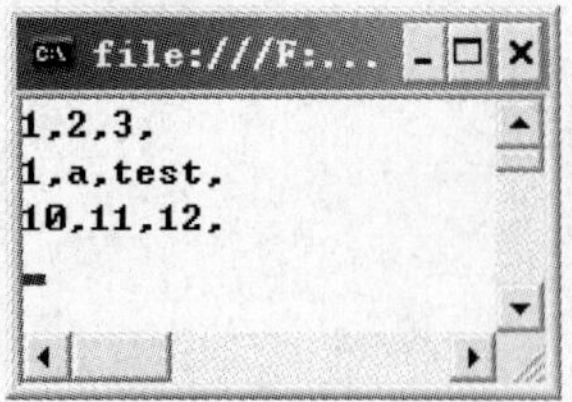

图 8-12 ［例 8-12］过程演示

运行程序，可得如图 8-12 所示的输出结果。

8.4.3 方法的重载

方法的重载即是函数的重载。重载允许一组具有相似功能的函数具有相同的函数名，只不过它们的参数类型或参数个数略有差异。

类的方法的重载也是类似的，类的两个或两个以上的方法，具有相同的方法名，只要它们使用的参数个数或是参数类型不同，编译器能够根据实参的不同确定在哪种情况下调用哪个方法，这就构成了方法的重载。这样做的优点在于可以使程序简洁清晰。方法重载是面向对象程序设计中多态性的一个体现。

【例 8-13】 方法的重载

本题的代码如下所示。

```
1.  using System;
2.  using System.Collections.Generic;
3.  using System.Linq;
4.  using System.Text;
5.
6.  namespace ConsoleApplication1
7.  {
8.
9.     class overrideClass
10.     {
11.        public static int max(int x, int y)
12.        {
13.            if (x > y)
14.                return x;
15.            else
16.                return y;
17.        }
18.
19.        public static int max(int x, int y, int z)
20.        {
21.            if (x > y)
22.            {
23.                if (x > z)
24.                    return x;
25.                else
26.                    return z;
27.            }
28.            else
29.            {
```

```
30.                 if (y > z)
31.                     return y;
32.                 else
33.                     return z;
34.             }
35.         }
36.         public static float max(float x, float y)
37.         {
38.             if (x > y)
39.                 return x;
40.             else
41.                 return y;
42.         }
43.         public static void Main()
44.         {
45.             Console.WriteLine("2，3，4 三个正数的最大值为：{0}", max(2, 3, 4));
46.             Console.WriteLine("2，3 两个整数的最大值为：{0}", max(2, 3));
47.             Console.WriteLine("2.5，3.5 两个浮点数的最大值为：{0}", max(2.5f, 3.5f));
48.         }
49.     }
50. }
51.
```

运行程序，可得如图 8-13 所示的输出结果。

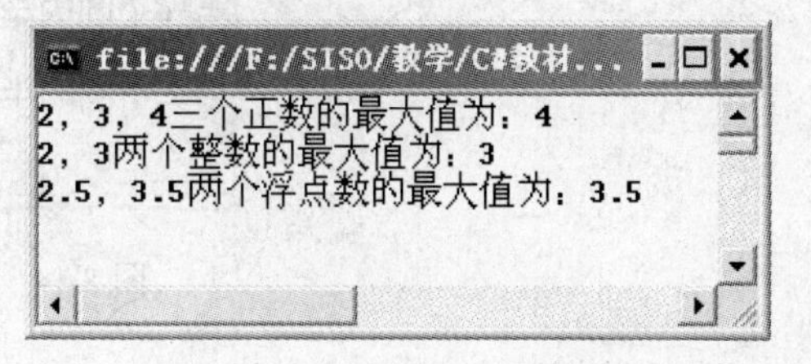

图 8-13 ［例 8-13］过程演示

构造函数也属于类的成员方法，和普通的成员方法一样也可以重载。重载构造函数的目的在于提供多种初始化对象的方式，增强编程的灵活性。构造函数重载的形式与普通方法的重载格式相同。

【例 8-14】 构造方法的重载。

本题的代码如下所示。

```
1.  using System;
2.  using System.Collections.Generic;
3.  using System.Linq;
4.  using System.Text;
5.
6.  namespace ConsoleApplication1
7.  {
8.      class Circle
9.      {
10.         private int radius;
11.         public Circle()
12.         {
13.             radius = 0;
14.         }
15.         public Circle(int r)
16.         {
17.             radius = r;
18.         }
19.         public void print()
```

```
20.         {
21.             Console.WriteLine(radius);
22.         }
23.     }
24.     class program
25.     {
26.         public static void Main()
27.         {
28.             Circle mycircle = new Circle();
29.             Console.WriteLine("第一个圆的半径值为：");
30.             mycircle.print();
31.             Circle mycircle2 = new Circle(4);
32.             Console.WriteLine("第二个圆的半径值为：");
33.             mycircle2.print();
34.         }
35.     }
36. }
37.
```

运行程序，可得如图 8-14 所示的输出结果。

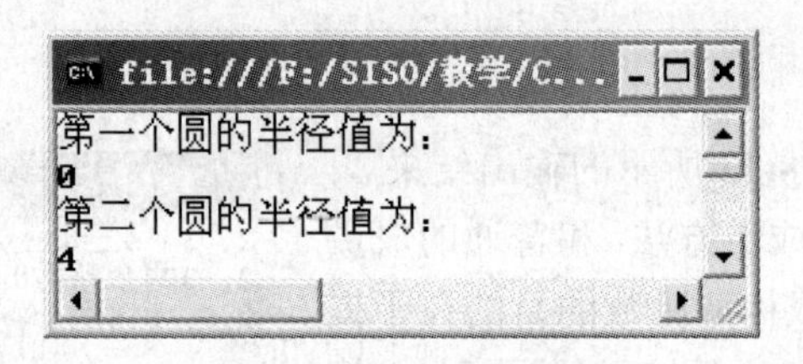

图 8-14　［例 8-14］过程演示

8.5　构造函数与析构函数

构造函数和析构函数是一类特殊的方法，主要用来在创建对象时初始化对象及销毁对象前的清理工作。由类实例化一个对象时构造函数被编译器自动调用，当一个对象在离开它的生命周期之前析构函数被编译器自动调用。

C#语言的类有两种构造器：实例构造器和静态构造器。实例构造器负责初始化类中的实例变量，它只有在用户用 new 关键字为对象分配内存时才被调用。而且作为引用类型的类，其实例化后的对象必然是分配在托管堆（Managed Heap）上。这里的托管的意思是指该内存受.NET 的 CLR 运行时管理。用户只声明对象是不会产生构造器调用的。

8.5.1　构造函数的声明和调用

构造函数主要用于为对象分配存储空间，并对数据成员进行初始化。构造函数具有如下特点。

（1）构造函数的名字必须与类同名。

（2）构造函数没有返回类型,它可以带参数,也可以不带参数。

（3）构造函数的主要作用是完成对类的初始化工作。

（4）在创建一个类的新对象(使用 new 关键字)时，编译系统回自动调用给类的构造函数初始化新对象。

在类中，定义构造函数的一般格式如下。

```
Class 类名
{
    Public 类名([参数表])
    {
        …
    }
}
```

实例构造器分为默认构造器和非默认构造器。默认构造器是在一个类没有声明任何构造器的情况下，编译器强制为该类添加的一个无参数的构造器，该构造器仅仅调用父类的无参数构造器。默认构造器实际上是 C#语言编译器为保证每一个类都有至少一个构造器而采取的附加规则。

【例 8-15】 构造函数

本题的代码如下所示。

```
1.  using System;
2.  using System.Collections.Generic;
3.  using System.Linq;
4.  using System.Text;
5.
6.  namespace ConsoleApplication1
7.  {
8.      public class Car
9.      {
10.         public string brand;
11.         public string color;
12.         public string price;
13.
14.         public void printBrand()
15.         {
16.             Console.WriteLine("this car's brand is " + this.brand);
17.         }
18.     }
19.
20.     class Program
21.     {
22.         public static void Main()
23.         {
24.             Car MyCar = new Car();
25.             MyCar.brand = "QiRui";
26.             MyCar.printBrand();
27.         }
28.     }
29. }
```

运行程序，可得如图 8-15 所示的输出结果。

图 8-15 ［例 8-15］过程演示

读者可以去掉MyClass1的无参构造器public MyClass1()看看编译结果。会出现编译错误，如图8-16所示。

1 'ConsoleApplication1.MyClass1' does not contain a constructor that takes 0 arguments

图8-16 编译错误提示

注意这里的三个要点：

1）子类没有声明任何构造器。

2）编译器为子类加的默认构造器一定为无参数的构造器。

3）父类一定要存在一个无参数的构造器。

构造器在继承时需要特别的注意，为了保证父类成员变量的正确初始化，子类的任何构造器默认的都必须调用父类的某一构造器，具体调用哪个构造器要看构造器的初始化参数列表。如果没有初始化参数列表，那么子类的该构造器就调用父类的无参数构造器；如果有初始化参数列表，那么子类的该构造器就调用父类对应的参数构造器。看下面例子的输出情况。

【例8-16】 构造函数。

本题的代码如下所示。

```
1.  using System;
2.  using System.Collections.Generic;
3.  using System.Linq;
4.  using System.Text;
5.
6.  namespace ConsoleApplication1
7.  {
8.      public class MyClass1
9.      {
10.         public MyClass1()
11.         {
12.             Console.WriteLine("MyClass1 Parameterless Contructor!");
13.         }
14.         public MyClass1(string param1)
15.         {
16.             Console.WriteLine("MyClass1 Constructor Parameters : " +
    param1);
17.         }
18.     }
19.     public class MyClass2 : MyClass1
20.     {
21.         public MyClass2(string param1)
22.             : base(param1)
23.         {
24.             Console.WriteLine("MyClass2 Constructor Parameters : " +
    param1);
25.         }
26.     }
27.     public class Test
28.     {
```

```
29.         public static void Main()
30.         {
31.             MyClass2 myobject1 = new MyClass2("Hello");
32.         }
33.     }
34. }
```

运行程序，可得如图 8-17 所示的输出结果。

file:///F:/SISO/教学/C#教材/第一...

MyClass1 Constructor Parameters : Hello
MyClass2 Constructor Parameters : Hello

图 8-17 ［例 8-16］过程演示

C#语言支持变量的声明初始化。类内的成员变量声明初始化被编译器转换成赋值语句强加在类的每一个构造器的内部。那么初始化语句与调用父类构造器的语句的顺序是什么呢？看下面例子的输出情况。

【例 8-17】 构造函数。

本题的代码如下所示。

```
1.  using System;
2.  using System.Collections.Generic;
3.  using System.Linq;
4.  using System.Text;
5.
6.  namespace ConsoleApplication1
7.  {
8.     public class MyClass1
9.     {
10.        public MyClass1()
11.        {
12.           Print();
13.        }
14.        public virtual void Print() { }
15.    }
16.    public class MyClass2 : MyClass1
17.    {
18.        int x = 1;
19.        int y;
20.        public MyClass2()
21.        {
22.           y = -1;
23.           Print();
24.        }
25.        public override void Print()
26.        {
27.           Console.WriteLine("x = {0}, y = {1}", x, y);
28.        }
29.    }
30.    public class Test
31.    {
32.        static void Main()
33.        {
34.           MyClass2 MyObject1 = new MyClass2();
```

```
35.         }
36.     }
37. }
```

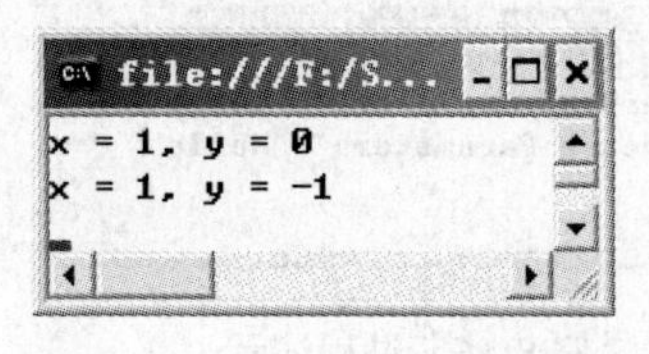

图 8-18 [例 8-17] 过程演示

运行程序，可得如图 8-18 所示的输出结果。

容易看到初始化语句在父类构造器调用之前，最后执行的才是本构造器内的语句。也就是说变量初始化的优先权是最高的。

我们看到类的构造器的声明中有 public 修饰符，那么当然也可以有 protected、private、internal 修饰符。根据修饰符规则，我们如果将一个类的构造器修饰为 private，那么在继承该类的时候，将不能对这个 private 的构造器进行调用。我们是否就不能对它进行继承了？正是这样。实际上这样的类在我们的类内的成员变量都是静态（static）时，而又不想让类的用户对它进行实例化，这时必须屏蔽编译器为我们暗中添加的构造器（编译器添加的构造器都为 public），就很有必要作一个 private 的实例构造器了。protected/internal 也有类似的用法。

类的构造器没有返回值,这一点是不言自明的。

8.5.2 对象的生命周期和析构函数

由于.NET 平台的自动垃圾收集机制，C#语言中类的析构器不再如传统 C++那么必要，析构器不再承担对象成员的内存释放（自动垃圾收集机制保证内存的回收）。实际上 C#语言中已根本没有 delete 操作。析构器只负责回收处理那些非系统的资源，比较典型的如：打开的文件，获取的窗口句柄，数据库连接，网络连接等需要用户自己动手释放的非内存资源。看看下面例子的输出情况。

【例 8-18】 析构函数

本题的代码如下所示。

```
1.  using System;
2.  using System.Collections.Generic;
3.  using System.Linq;
4.  using System.Text;
5.
6.  namespace ConsoleApplication1
7.  {
8.      class MyClass1
9.      {
10.         ~MyClass1()
11.         {
12.             Console.WriteLine("MyClass1's destructor");
13.         }
14.     }
15.     class MyClass2 : MyClass1
16.     {
17.         ~MyClass2()
18.         {
19.             Console.WriteLine("MyClass2's destructor");
20.         }
21.     }
22.     public class Test
```

```
23.     {
24.         public static void Main()
25.         {
26.             MyClass2 MyObject = new MyClass2();
27.             MyObject = null;
28.             GC.Collect();
29.             GC.WaitForPendingFinalizers();
30.         }
31.     }
32. }
```

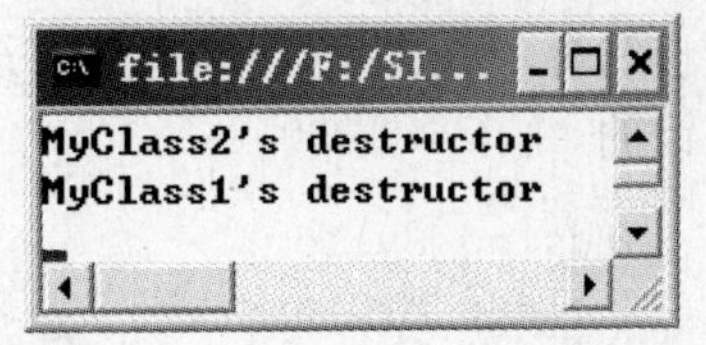

图 8-19 ［例 8-18］过程演示

运行程序，可得如图 8-19 所示的输出结果。

程序中 28、29 两行代码是保证类的析构器得到调用。GC.Collect()是强迫通用语言运行时进行启动垃圾收集线程进行回收工作。而 GC.WaitForPendingFinalizers()是挂起目前的线程等待整个终止化（Finalizaion）操作的完成。终止化（Finalizaion）操作保证类的析构器被执行，这在下面会详细说明。

析构器不会被继承，也就是说类内必须明确地声明析构器，该类才存在析构器。用户实现析构器时，编译器自动添加调用父类的析构器，这在下面的 Finalize 方法中会详细说明。析构器由于垃圾收集机制会被在合适的时候自动调用，用户不能自己调用析构器。只有实例析构器，而没有静态析构器。

那么析构器是怎么被自动调用的？这在 .Net 垃圾回收机制由一种称作终止化（Finalizaion）的操作来支持。.Net 系统默认的终止化操作不做任何操作，如果用户需要释放非受管资源，用户只要在析构器内实现这样的操作即可（这也是 C#语言推荐的做法）。看下面这段代码。

```
using System;
class MyClass1
{
    ~MyClass1()
    {
        Console.WritleLine("MyClass1 Destructor");
    }
}
```

而实际上，从生成的中间代码来看我们可以发现，这些代码被转化成了下面的代码：

```
using System;
class MyClass1
{
    protected override void Finalize()
    {
        try
        {
            Console.WritleLine("My Class1 Destructor");
        }
        finally
        {
```

```
            base.Finalize();
        }
    }
}
```

实际上C#语言编译器不允许用户自己重载或调用Finalize方法——编译器彻底屏蔽了父类的Finalize方法（由于C#语言的单根继承性质，System.Object类是所有类的祖先类，自然每个类都有Finalize方法），好像这样的方法根本不存在似的。下面的代码实际上是错的。

```
using System;
class MyClass
{
    override protected void Finalize() {}    // 错误
    public void MyMethod()
    {
        this.Finalize();                     // 错误
    }
}
```

但下面的代码却是正确的：

```
using System;
class MyClass
{
    public void Finalize()
    {
        Console.WriteLine("My Class Destructor");
    }


}
public class Test
{
    public static void Main()
    {
        MyClass MyObject=new MyClass();
        MyObject.Finalize();
    }
}
```

实际上这里的Finalize方法已经彻底脱离了“终止化操作”的语义，而成为C#语言的一个一般方法了。值得注意的是这也屏蔽了父类System.Object的Finalize方法，所以要格外小心。

终止化操作在.Net运行时有很多限制，往往不被推荐实现。当对一个对象实现了终止器（Finalizer）后，运行时便会将这个对象的引用加入一个称作终止化对象引用集的队列，作为要求终止化的标志。当垃圾收集开始时，若一个对象不再被引用但它被加入了终止化对象引用集的队列，那么运行时并不立即对此对象进行垃圾收集工作，而是将此对象标志为要求终止化操作对象。待垃圾收集完成后，终止化线程便会被运行时唤醒执行终止化操作。显然这之后要从终止化对象引用集的链表中将之删去。而只有到下一次的垃圾收集时，这个对象才开始真正的垃圾收集，该对象的内存资源才被真正回收。容易看出来，终止化操作使垃圾收集进行了两次，这会给系统带来不小的额外开销。终止化是通过启用线程机制来实现的，这有一个线程安全的问题。.Net 运行时不能保证终止化执行的顺序。也就是说如果对象 A 有一个指向对象 B 的引用，两个对象都有终止化操作，但对象 A 在终止化操作时并不一定有有效的对象 A 引用。.Net 运行时不允许用户在程序运行中直接调用 Finalize( )方法。如果用户迫切需要这样的操作，可以实现 IDisposable 接口来提供公共的 Dispose( )方法。需要说明的是提供了 Dispose( )方法后，依然需要提供 Finalize 方法的操作，即实现假托的析构函数。因为 Dispose( )方法并不能保证被调用。所以.Net 运行时不推荐对对象进行终止化操作即提供析构函数，只是在有非受管资源如数据库的连接、文件的打开等需要严格释放时，才需要这样做。

大多数时候，垃圾收集应该交由.Net 运行时来控制，但有些时候，可能需要人为地控制一下垃圾回收操作。例如，在操作了一次大规模的对象集合后，我们确信不再在这些对象上进行任何操作了，可以强制垃圾回收立即执行。这通过调用 System.GC.Collect( ) 方法即可实现，但频繁的收集会显著地降低系统的性能。还有一种情况，已经将一个对象放到了终止化对象引用集的链上，但如果我们在程序中某些地方已经做了终止化的操作，即明确调用了 Dispose( )方法，在那之后便可以通过调用 System.GC.SupressFinalize( )来将对象的引用从终止化对象引用集链上摘掉，以忽略终止化操作。终止化操作的系统负担是很重的。

本 章 小 结

本章主要介绍了 C#面向对象编程基础。面向对象程序设计是相对结构化程序设计而言的。介绍了面向对象编程的基本概念，类与对象，数据成员、属性和事件，类的方法，类的方法的参数，构造函数和析构函数。读者可以通过本章的学习掌握 C#语言的相关思想与机制，为以后的学习打下基础。

实 训 指 导

实训名称：面向对象编程

1. 实训目的

（1）熟练掌握 C#语言中面向对象编程的方法。

（2）掌握定义类，定义属性，定义方法。

（3）理解构造函数和析构函数。

2. 实训内容

（1）汽车有牌子、颜色、生产日期，汽车可以加速，可以刹车。要求：定义汽车类 Car，包含上述属性和方法。

（2）定义一个雇员类 Employee，该类有工号、姓名、性别、年龄，通过构造函数给属性赋初值。通过显示雇员信息函数 DisplayInfo，显示该雇员的相关信息。DisplayInfo 函数有一个参数，用来控制显示哪个信息或者显示全部信息。

习 题

一、选择题

1．下列关于构造函数的描述正确的是（ ）。

A．构造函数可以声明返回类型　　B．构造函数不可以用 private 修饰

C．构造函数必须与类名相同　　D．构造函数不能带参数

2．分析下列程序：

```
public class MyClass
{
  private string sdata="";
  public string sData{set {sdata=value;}}
}
```

在 Main()函数中，创建了 MyClass 类的对象 obj 后，下列语句合法的是（ ）。

A．`obj.sData="It is funny!";`　　B．`Console.WriteLine(obj.sData);`

C．`obj.sdata=100;`　　D．`obj.set(obj.sData);`

3．在类的定义中，类的（ ）描述了该类的对象的行为特征。

A．类名　　B．方法

C．所属的名字空间　　D．私有域

4．调用重载方法时，系统根据（ ）来选择具体的方法。

A．方法名

B．参数的个数、类型以及方法返回值类型

C．参数名及参数个数

D．方法的返回值类型

二、简答题

1．简述类和对象的区别。

2．有哪些访问修饰符？它们所代表的含义是什么？

3．静态方法是怎么被调用的？

第9章 C#面向对象编程进阶

9.1 静态成员与静态类

9.1.1 静态成员

静态成员即使没有创建类的实例，也可以调用该类中的静态方法、字段、属性或事件。如果创建了该类的任何实例，不能使用实例来访问静态成员。只存在静态字段和事件的一个副本，静态方法和属性只能访问静态字段和静态事件。静态成员通常用于表示不会随对象状态而变化的数据或计算，例如，数学库可能包含用于计算正弦和余弦的静态方法。

在成员的返回类型之前使用 static 关键字来声明静态类成员。

【例 9-1】 静态成员

本题的代码如下所示。

```
1.  using System;
2.  using System.Collections.Generic;
3.  using System.Linq;
4.  using System.Text;
5.
6.  namespace ConsoleApplication1
7.  {
8.     public class Automobile
9.     {
10.        public static int NumberOfWheels = 4;
11.        public static int SizeOfGasTank
12.        {
13.           get
14.           {
15.              return 15;
16.           }
17.        }
18.        public static void Drive() { }
19.        //public static event EventType RunOutOfGas;
20.        //other non-static fields and properties...
21.
22.        public static void Main()
23.        {
24.           Console.WriteLine("number of wheels:"+NumberOfWheels);
25.           Console.WriteLine("size of gas tank:"+SizeOfGasTank);
26.        }
27.     }
28. }
```

运行程序，可得如图 9-1 所示的输出结果。

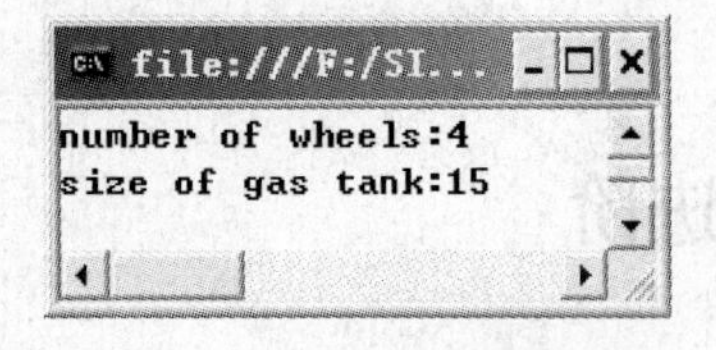

图 9-1 [例 9-1] 过程演示

静态成员在第一次被访问之前并且在任何静态构造函数（如调用的话）之前初始化。若要访问静态类成员，应使用类名而不是变量名来指定该成员的位置。例如：

```
Automobile.Drive();
int i = Automobile.NumberOfWheels;
```

9.1.2 静态构造函数

静态构造器初始化类中的静态变量。静态构造器不像实例构造器那样在继承中被隐含调用，也不可以被用户直接调用。掌握静态构造器的要点是掌握它的执行时间。静态构造器的执行并不确定（编译器没有明确定义）。但有以下四个准则需要掌握。

（1）在一个程序的执行过程中，静态构造器最多只执行一次。

（2）静态构造器在类的静态成员初始化之后执行。编译器会将静态成员初始化语句转换成赋值语句放在静态构造器执行的最开始。

（3）静态构造器在任何类的静态成员被引用之前执行。

（4）静态构造器在任何类的实例变量被分配之前执行。

【例 9-2】 静态构造函数

本题的代码如下所示。

```
1.  using System;
2.  using System.Collections.Generic;
3.  using System.Linq;
4.  using System.Text;
5.
6.  namespace ConsoleApplication1
7.  {
8.      class MyClass1
9.      {
10.         static MyClass1()
11.         {
12.             Console.WriteLine("MyClass1 Static Contructor");
13.         }
14.         public static void Method1()
15.         {
16.             Console.WriteLine("MyClass1.Method1");
17.         }
18.     }
19.     class MyClass2
20.     {
21.         static MyClass2()
22.         {
23.             Console.WriteLine("MyClass2 Static Contructor");
24.         }
25.         public static void Method1()
26.         {
27.             Console.WriteLine("MyClass2.Method1");
28.         }
29.     }
```

```
30.     class Test
31.     {
32.         static void Main()
33.         {
34.             MyClass1.Method1();
35.             MyClass2.Method1();
36.         }
37.     }
38. }
```

运行程序，可得如图 9-2 所示的输出结果。

当然也可能输出以下结果。

```
MyClass1 Static Contructor
MyClass2 Static Contructor
MyClass1.Method1
MyClass2.Method1
```

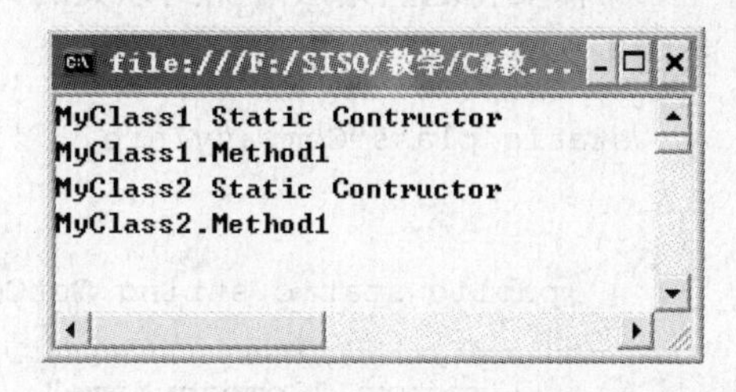

图 9-2 ［例 9-2］过程演示

值得指出的是，实例构造器内可以引用实例变量，也可引用静态变量。而静态构造器内能引用静态变量。这在类与对象的语义下是很容易理解的。

实际上如果能够深刻地把握类的构造器的唯一目的就是保证类内的成员变量能够得到正确的初始化，我们对各种 C#语言中形形色色的构造器便有深入的理解。

9.1.3 静态类

C#语言静态类和静态类成员用于创建无需创建类的实例就能够访问的数据和函数。静态类成员可用于分离独立于任何对象标识的数据和行为：即无论对象发生什么更改，这些数据和函数都不会随之变化。当类中没有依赖对象标识的数据或行为时，就可以使用静态类。

类可以声明为 static 的，以指示它仅包含静态成员。不能使用 new 关键字创建静态类的实例。静态类在加载包含该类的程序或命名空间时由 .NET Framework 公共语言运行库（CLR）自动加载。

使用静态类来包含不与特定对象关联的方法。例如，创建一组不操作实例数据并且不与代码中的特定对象关联的方法是很常见的要求，应使用静态类来包含那些方法。

静态类的主要功能如下。

（1）它们仅包含静态成员。

（2）它们不能被实例化。

（3）它们是密封的。

（4）它们不能包含实例构造函数。

因此创建静态类与创建仅包含静态成员和私有构造函数的类大致一样。私有构造函数阻止类被实例化。

使用静态类的优点在于，编译器能够执行检查以确保不致偶然地添加实例成员。编译器将保证不会创建此类的实利。

静态类是密封的，因此不可被继承。静态类不能包含构造函数，但仍可声明静态构造函数以分配初始值或设置某个静态状态。

何时使用静态类？

假设有一个类 CompanyInfo，它包含用于获取有关公司名称和地址信息的下列方法。

```
class CompanyInfo
{
   public string GetCompanyName() { return "CompanyName"; }
   public string GetCompanyAddress() { return "CompanyAddress"; }
   //...
}
```

不需要将这些方法附加到该类的具体实例。因此，可将它声明为静态类，而不是创建此类的不必要实例，如下所示。

```
static class CompanyInfo

{
   public static string GetCompanyName()
   {
      return "CompanyName";
   }
   public static string GetCompanyAddress()
   {
      return "CompanyAddress";
   }
   //…
}
```

静态类作为不与特定对象关联的方法的组织单元。此外，静态类能够使实现更简单、迅速，因为不必创建对象就能调用其方法。以一种有意义的方式组织类内部的方法（如 System 命名空间中的 Math 类的方法）是很有用的。

9.2 抽 象 类

9.2.1 什么是抽象类

有时我们可能会碰到这样的情况，在基类中声明的方法无法事先确定要实现的具体功能。例如，计算平面图形面积没有具体实现的方法，只有针对具体的平面图形，如圆形、矩形，我们才能算出实际的面积值。如果我们把平面图形看成是圆形和矩形的基类，那么在基类中就不能实现计算平面图形的面积。我们可以把平面图形定义成抽象类，并将该类的计算面积功能定义成抽象方法就能解决这个问题。

在类声明中使用 abstract 修饰符的类称为抽象类。抽象类具有以下特点。

（1）抽象类只能做父类。

（2）抽象类不能实例化。

（3）抽象类可以包含抽象方法和抽象属性。

（4）抽象类中可以存在非抽象的方法。

（5）不能用 sealed 修饰符修改抽象类，sealed 修饰符意味着抽象类不能被继承。

（6）从抽象类派生的非抽象类必须包括继承的所有抽象方法和抽象属性的实现。

（7）抽象类可以被抽象类所继承，结果仍是抽象类。

抽象类的定义格式如下。

```
Abstract class 类名
{
    //抽象类成员的定义
    …
}
```

9.2.2　抽象方法

在方法声明中使用 abstract 修饰符以指示方法不包含实现的，即为抽象方法。抽象方法具有以下特性。

（1）声明一个抽象方法使用 abstract 关键字。

（2）抽象方法是隐式的虚方法。

（3）只允许在抽象类中使用抽象方法声明。

（4）一个类中可以包含一个或多个抽象方法。

（5）因为抽象方法声明不提供实际的实现，所以没有方法体；方法声明只是以一个分号结束，并且在签名后没有大括号{}。

（6）抽象方法实现由一个重写方法提供，此重写方法是非抽象类的成员。

（7）实现抽象类用“:”，实现抽象方法用 override 关键字。

（8）在抽象方法声明中使用 static 或 virtual 修饰符是错误的。

（9）抽象方法被实现后，不能更改修饰符。

【例 9-3】 抽象方法。

本题的代码如下所示。

```
1.  using System;
2.  using System.Collections.Generic;
3.  using System.Linq;
4.  using System.Text;
5.
6.  namespace ConsoleApplication1
7.  {
8.      abstract class Shape                              //定义抽象类
9.      {
10.         public abstract double calculateArea(); //抽象方法
11.     }
12.
13.     class Circle : Shape
14.     {
15.         private double radius;
16.         private double PI = 3.14;
17.         public Circle(double radius)
18.         {
19.             this.radius = radius;
20.         }
21.
22.         //重写抽象方法 calculateArea()
23.         public override double calculateArea()
24.         {
25.             return PI * this.radius * this.radius;
```

```
26.         }
27.     }
28.     class Rectangle : Shape
29.     {
30.         private double width;
31.         private double heigth;
32.         public Rectangle(double width, double heigth)
33.         {
34.             this.width = width;
35.             this.heigth = heigth;
36.         }
37.         public override double calculateArea()
38.         {
39.             return this.width * this.heigth;
40.         }
41.     }
42.     class Program
43.     {
44.         static void Main(string[] args)
45.         {
46.             double area;
47.             Circle objCircle = new Circle(5.0);
48.             area = objCircle.calculateArea();
49.             Console.WriteLine("circle area:{0}", area);
50.             Rectangle objRectangle = new Rectangle(4.0, 5.0);
51.             area = objRectangle.calculateArea();
52.             Console.WriteLine("rectangle area:{0}", area);
53.         }
54.     }
55. }
```

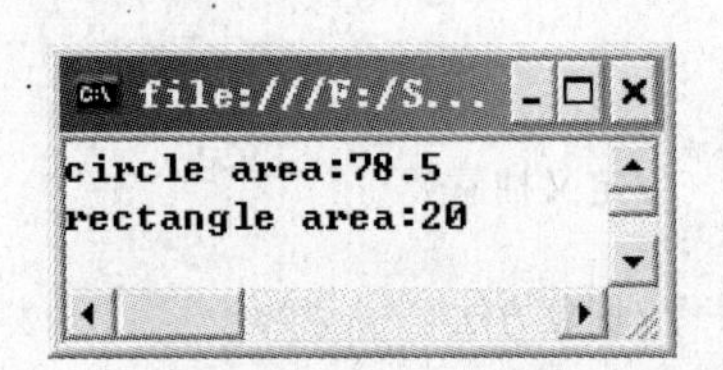

图 9-3 ［例 9-3］过程演示

运行程序，可得如图 9-3 所示的输出结果。

9.2.3　抽象属性

除了在声明和调用语法上不同外，抽象属性的行为与抽象方法类似。另外，抽象属性具有如下特性。

（1）在静态属性上使用 abstract 修饰符是错误的。

（2）在派生类中，通过包括使用 override 修饰符的属性声明，可以重写抽象的继承属性。

（3）抽象属性声明不提供属性访问器的实现，它只声明该类支持属性，而将访问器实现留给其派生类。

【例 9-4】　抽象属性。

本题的代码如下所示。

```
1.  using System;
2.  using System.Collections.Generic;
3.  using System.Linq;
4.  using System.Text;
5.  namespace ConsoleApplication1
6.  {
```

```
7.      abstract class A                                    //抽象类声明
8.      {
9.          protected int x = 2;
10.         protected int y = 3;
11.         public abstract void fun();                     //抽象方法声明
12.         public abstract int px { get; set; }            //抽象属性声明
13.         public abstract int py { get; }                 //抽象属性声明
14.     }
15.     class B : A
16.     {
17.         public override void fun()                      //抽象方法实现
18.         {
19.             x++;
20.             y++;
21.         }
22.         public override int px                          //抽象属性实现
23.         {
24.             set
25.             { x = value; }
26.             get
27.             { return x + 10; }
28.         }
29.         public override int py                          //抽象属性实现
30.         {
31.             get
32.             { return y + 10; }
33.         }
34.     }
35.     class Program
36.     {
37.         static void Main(string[] args)
38.         {
39.             B b = new B();
40.             b.px = 5;
41.             b.fun();
42.             Console.WriteLine("x={0}, y={1}",
    b.px, b.py);
43.         }
44.     }
45. }
```

运行程序，可得如图 9-4 所示的输出结果。

x=16, y=14

图 9-4 ［例 9-4］过程演示

9.3 接　　口

9.3.1 什么是接口

接口是类之间交互内容的一个抽象，把类之间需要交互的内容抽象出来定义成接口，可以更好的控制类之间的逻辑交互。接口具有下列特性。

（1）接口类似于抽象基类。继承接口的任何非抽象类型都必须实现接口的所有成员。

（2）不能直接实例化接口。

（3）接口可以包含事件、索引器、方法和属性。

（4）接口不包含方法的实现。

（5）类和结构可从多个接口继承。

（6）接口自身可从多个接口继承。

接口只包含成员定义，不包含成员的实现，成员的实现需要在继承的类或者结构中实现。接口的成员包括方法、属性、索引器和事件，但接口不包含字段。

9.3.2 接口的定义

一个接口声明属于一个类型说明，其一般语法格式如下。

```
[接口修饰符] interface 接口名[:父接口列表]
{
    //接口成员定义体
}
```

其中，接口修饰符可以是new、public、protected、internal和private。new修饰符是在嵌套接口中唯一被允许存在的修饰符，表示用相同的名称隐藏一个继承的成员。

接口可以从零个或多个接口中继承。当一个接口从多个接口中继承时，用“:”后跟被继承的接口名称，这多个接口之间用“,”号分隔。被继承的接口应该是可以被访问的，即不能从internal或internal类型的接口继承。

对一个接口的继承也就继承了接口的所有成员。例如：

```
public interface Ia              //接口 Ia 声明
{
   void mymethod1();
}
public interface Ib              //接口 Ib 声明
{
   int mymethod2(int x);
}
public interface Ic : Ia, Ib     //接口 Ic 从 Ia 和 Ib 继承
{
}
```

9.3.3 接口的成员

接口可以声明零个或多个成员。一个接口的成员不仅包括自身声明的成员，还包括从父接口继承的成员。所有接口成员默认都是公有的，接口成员声明中包含任何修饰符都是错误的。

1. 接口方法成员

语法格式：

```
返回类型 方法名([参数表]);
```

2. 接口属性成员

语法格式：

```
返回类型 属性名{get; 或 set;};
```

例如，以下声明一个接口Ia，其中接口属性x为只读的，y为可读可写的，z为只写的。

```
public interface Ia
{
  int x { get;}
  int y { set;get;}
  int z { set;}
}
```

3. 接口索引器成员

语法格式：

```
数据类型 this[索引参数表]{get; 或 set;};
```

例如：

```
public interface Ia
{
    string this[int index]
    {
        get;
        set;
    }
}
```

4. 接口事件成员

语法格式：

```
event 代表名 事件名;
```

例如：

```
public delegate void mydelegate(); //声明委托类型
public interface Ia
{
    event mydelegate myevent;
}
```

9.3.4　接口的实现

接口的实现分为隐式实现和显式实现。如果类或者结构要实现的是单个接口，可以使用隐式实现，如果类或者结构继承了多个接口，那么接口中相同名称成员就要显式实现。显式实现是通过使用接口的完全限定名来实现接口成员的。

接口实现的语法格式如下。

```
class 类名：接口名列表
{
    //类实体
}
```

说明：

（1）当一个类实现一个接口时，这个类就必须实现整个接口，而不能选择实现接口的某一部分。

（2）一个接口可以由多个类来实现，而在一个类中也可以实现一个或多个接口。

（3）一个类可以继承一个基类，并同时实现一个或多个接口。

（4）接口中的方法访问权限隐式为 public 方式，所以，类在实现接口的方法时一般用 public 修饰符。

1. 隐式实现接口成员

如果类实现了某个接口，它必然隐式地继承了该接口成员，只不过增加了该接口成员的具体实现。

若要隐式实现接口成员，类中的对应成员必须是公共的、非静态的，并且与接口成员具有相同的名称和签名。

【例 9-5】 接口的实现。

本题的代码如下所示。

```
1.  using System;
2.  using System.Collections.Generic;
3.  using System.Linq;
4.  using System.Text;
5.
6.  namespace ConsoleApplication1
7.  {
8.      interface Ia                                  //声明接口 Ia
9.      {
10.         float getarea();                          //接口成员声明
11.     }
12.     public class Rectangle : Ia                   //类 A 继承接口 Ia
13.     {
14.         float x, y;
15.         public Rectangle(float x1, float y1) //构造函数
16.         {
17.             x = x1; y = y1;
18.         }
19.         public float getarea() //隐式接口成员实现,必须使用 public
20.         {
21.             return x * y;
22.         }
23.     }
24.     class Program
25.     {
26.         static void Main(string[] args)
27.         {
28.             Rectangle box1 = new Rectangle(2.5f, 3.0f); //定义一个类实例
29.             Console.WriteLine("长方形面积: {0}", box1.getarea());
30.         }
31.     }
32. }
```

运行程序，可得如图 9-5 所示的输出结果。

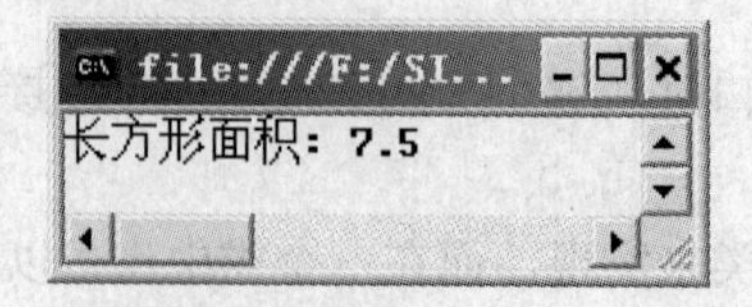

图 9-5 ［例 9-5］过程演示

2. 显式实现接口成员

类实现接口时，如给出了接口成员的完整名称即带有接口名前缀，则称这样实现的成员为显式接口成员，其实现被称为显式接口实现。

显式接口成员实现不能使用任何修饰符。

【例 9-6】 显式实现接口成员。

本题的代码如下所示。

```
1. using System;
2. using System.Collections.Generic;
3. using System.Linq;
4. using System.Text;
5.
6. namespace ConsoleApplication1
7. {
8.     interface Ia                                  //声明接口 Ia
9.     {
10.        float getarea();                          //接口成员声明
11.    }
12.    public class Rectangle : Ia                   //类 Rectangle 继承接口 Ia
13.    {
14.        float x, y;
15.        public Rectangle(float x1, float y1)//构造函数
16.        {
17.            x = x1; y = y1;
18.        }
19.        float Ia.getarea()  //显式接口成员实现,带有接口名前缀,不能使用 public
20.        {
21.            return x * y;
22.        }
23.    }
24.    class Program
25.    {
26.        static void Main(string[] args)
27.        {
28.            Rectangle box1 = new Rectangle(2.5f, 3.0f);//定义一个类实例
29.            Ia ia = (Ia)box1; //定义一个接口实例
30.            Console.WriteLine("长方形面积: {0}", ia.getarea());
31.        }
32.    }
33.
34. }
```

运行程序，可得如图 9-6 所示的输出结果。

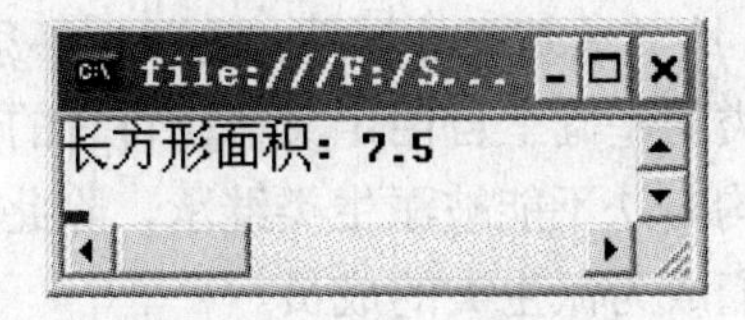

图 9-6 [例 9-6] 过程演示

9.4 继 承

9.4.1 什么是继承

一个新类从已有的类那里获得其已有特性，这种现象称为类的继承。被继承的类称为基类（或父类）。通过继承，一个新建派生类（或子类）从已有的父类那里获得父类的特性。从另一角度说，从已有的类（父类）产生一个新的子类，称为类的派生。类的继承是用已有的类来建立专用类的编程技术。派生类继承了基类的所有特性与功能，并可以对成员作必要的增加或调整。一个基类可以派生出多个派生类，每一个派生类又可以作为基类再派生出新的派生类，因此基类和派生类是相对而言的。一个派生类有且只能有一个基类，即C#语言不支持多重继承机制。

同时基类与派生类也是一个成对的概念，一个孤立的类即不可能是基类也不可能是派生类。

C#语言中的继承具有以下特点。

（1）C#语言中只允许单继承，即一个派生类只能有一个基类。

（2）C#语言中继承是可传递的，如果C从B派生，B从A派生，那么C不仅继承B的成员，还继承A的成员。

（3）C#语言中派生类可添加新成员，但不能删除基类的成员。

（4）C#语言中派生类不能继承基类的构造函数和析构函数，但能继承基类的属性。

（5）C#语言中派生类可隐藏基类的同名成员，如果在派生类可以隐藏了基类的同名成员，基类该成员在派生类中就不能被直接访问，只能通过“base.基类方法名”来访问。

（6）C#语言中派生类对象也是基类的对象，但基类对象却不一定是基派生类的对象。也就是说，基类的引用变量可以引用基派生类对象，而派生类的引用变量不可以引用基类对象。

9.4.2 基类和派生类

派生类的声明格式如下。

```
[类修饰符] class 派生类：基类
{
   //派生类代码
}
```

C#语言中派生类可以从它的基类中继承字段、属性、方法、事件、索引器等。实际上除了构造函数和析构函数，派生类隐式地继承了基类的所有成员。C#语言的继承机制除了要遵守上述语法规范外，还有如下规则：

（1）派生类应当被看做是基类所具有的特性与功能的继承与扩展，而不是简单的派生类“大于”基类。

（2）派生类不能“选择性”地继承基类的属性与方法，必须继承基类的所有特性与方法。

（3）派生类可以在继承基类的基础上自由定义自己特有的成员。

（4）基类的构造方法与析构方法不能被派生类继承，除此之外的其他成员都能被继承，基类成员的访问方式不影响他们成为派生类的成员。

（5）派生类中继承的基类成员和基类中的成员只是相同，并非同一个成员。

【例 9-7】 基类和派生类。

本题的代码如下所示。

```
1.  using System;
2.  using System.Collections.Generic;
3.  using System.Linq;
4.  using System.Text;
5.
6.  namespace ConsoleApplication1
7.  {
8.      class person
9.      {
10.         protected int age = 25;
11.         protected string name = "张三";
12.         public virtual void Display()
13.         {
14.             Console.WriteLine("姓名: {0}", name);
15.             Console.WriteLine("年龄: {0}", age);
16.         }
17.     }
18.     class employeer : person
19.     {
20.         public string id = "12345";
21.         public void DisplayInfo()
22.         {
23.             this.Display();
24.             Console.WriteLine("ID: {0}", id);
25.         }
26.     }
27.
28.     class Program
29.     {
30.         static void Main(string[] args)
31.         {
32.             employeer employeer1 = new employeer();
33.             employeer1.DisplayInfo();
34.
35.         }
36.     }
37.
38. }
```

运行程序，可得如图 9-7 所示的输出结果。

图 9-7 ［例 9-7］过程演示

9.4.3 派生类的构造函数和析构函数

1. 调用默认构造函数的次序

如果类是从一个基类派生出来的，那么在调用这个派生类的默认构造函数之前会调用基类的默认构造函数。调用的次序将从最远的基类开始。

```
class A                //基类
{
   public A() { Console.WriteLine("调用类 A 的构造函数");}
```

```
}
class B : A           //从A派生类B
{
   public B() { Console.WriteLine("调用类B的构造函数"); }
}
class C : B           //从B派生类C
{
   public C() { Console.WriteLine("调用类C的构造函数"); }
}
```

在主函数中执行以下语句：

```
C b=new C();          //定义对象并实例化
```

运行结果如下。

```
调用类A的构造函数
调用类B的构造函数
调用类C的构造函数
```

2. 调用默认析构函数的次序

当销毁对象时，它会按照相反的顺序来调用析构函数。首先调用派生类的析构函数，然后是最近基类的析构函数，最后才调用那个最远的析构函数。

```
class A               //基类
{
   ~A() { Console.WriteLine("调用类A的析构函数");}
}
class B : A           //从A派生类B
{
   ~B() { Console.WriteLine("调用类B的析构函数"); }
}
class C:B             //从B派生类C
{
   ~C() { Console.WriteLine("调用类C的析构函数"); }
}
```

在主函数中执行语句 `C b=new C();` 其运行结果如下。

```
调用类C的析构函数
调用类B的析构函数
调用类A的析构函数
```

3. 调用重载构造函数的次序

继承机制并不能使派生类具有基类的构造方法与析构方法，要想通过访问基类的构造方法为派生类中的基类子对象进行初始化则需要通过base关键字。

调用基类的重载构造函数需使用base关键字。base关键字主要是为派生类调用基类成员提供一个简写的方法，可以在子类中使用base关键字访问的基类成员。调用基类中重载构造函数的方法是将派生类的重载构造函数作如下设计。

```
public 派生类名(参数列表1):base(参数列表2)
{
   …
}
```

其中，“参数列表 2”和“参数列表 1”存在对应关系。

同样，在通过“参数列表 1”创建派生类的实例对象时，先以“参数列表 2”调用基类的构造函数，再调用派生类的构造函数。

【例 9-8】 重载构造函数的调用次序。

本题的代码如下所示。

```
1.  using System;
2.  using System.Collections.Generic;
3.  using System.Linq;
4.  using System.Text;
5.
6.  namespace ConsoleApplication1
7.  {
8.      class person
9.      {
10.         public string name;
11.         protected uint age;
12.
13.         public person(string name, uint age)
14.         {
15.             this.name = name;
16.             this.age = age;
17.             Console.WriteLine(name);
18.         }
19.     }
20.     class employeer : person
21.     {
22.         private string id = "12345";
23.         public employeer(string name, uint age, string id)
24.             : base(name, age)
25.         {
26.             this.id = id;
27.             Console.WriteLine(id);
28.         }
29.     }
30.     class Program
31.     {
32.         static void Main(string[] args)
33.         {
34.             employeer objEmployeer = new employeer("tom", 25, "12345");
35.         }
36.     }
37. }
```

运行程序，可得如图 9-8 所示的输出结果。

在 new employeer 对象时，会调用类 employeer 的构造函数，因为 employeer 的构造函数有 base(name,age)，所以先调用基类的构造函数，然后再调用派生类 employeer 的构造函数。

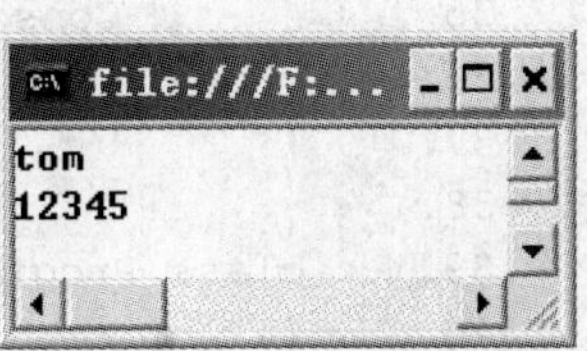

图 9-8 ［例 9-8］过程演示

9.4.4 base 访问基类成员

base 关键字不但能实现派生类在创建对象时通过它调用其直接基类的默认构造函数，而且 base 关键字还能代表基类名。其使用方法如下。

```
base.基类成员名        //在派生类中访问基类成员
```

【例 9-9】 base 访问基类成员。

本题的代码如下所示。

```
1.  using System;
2.  using System.Collections.Generic;
3.  using System.Linq;
4.  using System.Text;
5.
6.  namespace ConsoleApplication1
7.  {
8.      class person
9.      {
10.         public string name;
11.         protected uint age;
12.
13.         public person(string name, uint age)
14.         {
15.             this.name = name;
16.             this.age = age;
17.         }
18.         public void display()
19.         {
20.             Console.WriteLine("name:{0}", name);
21.             Console.WriteLine("age:{0}", age);
22.         }
23.     }
24.     class employeer : person
25.     {
26.         private string id = "12345";
27.         public employeer(string name, uint age, string id)
28.             : base(name, age)
29.         {
30.             this.id = id;
31.         }
32.         public void dispInfo()
33.         {
34.             base.display();
35.             Console.WriteLine("id:{0}", id);
36.         }
37.     }
38.
39.     class Program
40.     {
41.         static void Main(string[] args)
42.         {
```

```
43.            employeer objEmployeer = new employeer("tom", 25, "12345");
44.            objEmployeer.dispInfo();
45.        }
46.    }
47. }
```

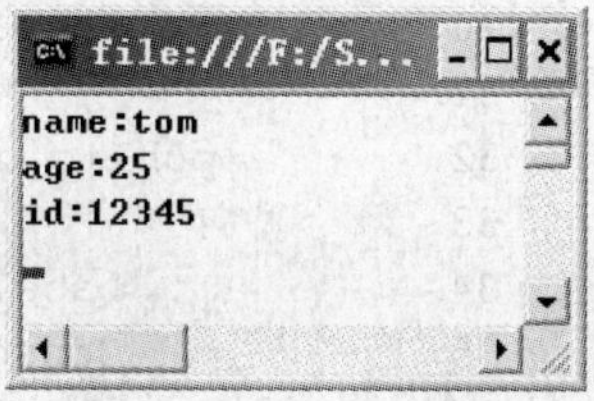

运行程序，可得如图 9-9 所示的输出结果。

从上述程序可看出，在派生类 employeer 的 dispInfo( )中使用 base 关键字调用基类的 display( )成员。

图 9-9 ［例 9-9］过程演示

9.4.5 方法继承与 virtual、override 及 new 关键字

由［例 9-9］可以看出，基类中的 display 和派生类的 dispInfo 方法要执行的都是一致的操作—输出类的成员。如果再由 employeer 派生出管层类 manager，此时该类的输出方法应该怎么命名？再往下派生，就造成命名的混乱，理想的方式是在这些由继承产生的“类家族”中，所有的输出信息的方法都定义为同一个方法名 display，但不同的类实例调用这些同名的方法时实现不同的功能。为了实现这种效果，C#语言引入了 virtual 关键字。

使用 virtual 关键字修饰的方法称为虚方法，在一个类中如果某个方法需要被派生类继承，并且需要在派生类中修改方法的内容时可将该方法定义为虚方法。在派生类中如果需要重写该方法，可在派生类中定义同名的方法，其前加上 override 关键字修饰。

【例 9-10】 方法继承。

本题的代码如下所示。

```
1.  using System;
2.  using System.Collections.Generic;
3.  using System.Linq;
4.  using System.Text;
5.
6.  namespace ConsoleApplication1
7.  {
8.     class person
9.     {
10.        public string name;
11.        protected uint age;
12.
13.        public person(string name, uint age)
14.        {
15.            this.name = name;
16.            this.age = age;
17.        }
18.        public virtual void display()
19.        {
20.            Console.WriteLine("name:{0}", name);
21.            Console.WriteLine("age:{0}", age);
22.        }
23.    }
24.    class employeer : person
25.    {
26.        private string id = "12345";
27.        public employeer(string name, uint age, string id)
```

```
28.             : base(name, age)
29.         {
30.             this.id = id;
31.         }
32.         public override void display()
33.         {
34.             base.display();
35.             Console.WriteLine("id:{0}", id);
36.         }
37.     }
38.
39.     class manager : employeer
40.     {
41.         private string gender = "man";
42.         public manager(string name, uint age, string id, string gender)
43.             : base(name, age, id)
44.         {
45.             this.gender = gender;
46.         }
47.
48.         public override void display()
49.         {
50.             base.display();
51.             Console.WriteLine("gender:{0}", gender);
52.         }
53.     }
54.
55.     class Program
56.     {
57.         static void Main(string[] args)
58.         {
59.             manager objManager = new manager("tom", 25, "12345", "man");
60.             employeer objEmployeer = objManager;
61.             objManager.display();
62.             objEmployeer.display();
63.         }
64.     }
65. }
```

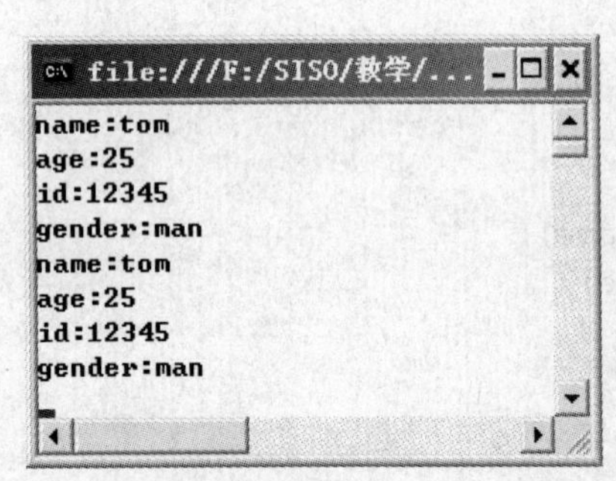

图 9-10 ［例 9-10］过程演示

运行程序，可得如图 9-10 所示的输出结果。

［例 9-10］中虽然从基类中继承了 display 方法，但由于该方法被定义为虚方法，故可在派生类中重写该方法。

在此需要指出的是在派生类中对虚方法 display 使用 override 修饰后，基类的 display 在派生类中将被屏蔽，不会存在两个 display 方法从而构成重载关系。

在此例中如果没有 virtual 和 override 关键字分别对基类和派生类中的同名方法进行修饰，同样也能输出正确的结果。但编译器给出一个警告，为了能在派生类中定义与基类同名的方法，同时新方法又能具有不同的功能，C#语言引入了 new 关键字。

new 关键字用来修饰一个方法，即在派生类中重写该方法，该类的基类也具有一个同名的方法，但二者仅名称一样而已，并无什么关联。在派生类中使用该方法名调用的是派生类中自定义的方法，基类的方法只能通过 base.方法名来调用。

【例 9-11】 方法继承。

本题的代码如下所示。

```
1.  using System;
2.  using System.Collections.Generic;
3.  using System.Linq;
4.  using System.Text;
5.
6.  namespace ConsoleApplication1
7.  {
8.      class person
9.      {
10.         public string name;
11.         protected uint age;
12.
13.         public person(string name, uint age)
14.         {
15.             this.name = name;
16.             this.age = age;
17.         }
18.         public void display()
19.         {
20.             Console.WriteLine("name:{0}", name);
21.             Console.WriteLine("age:{0}", age);
22.         }
23.     }
24.     class employeer : person
25.     {
26.         private string id = "12345";
27.         public employeer(string name, uint age, string id)
28.             : base(name, age)
29.         {
30.             this.id = id;
31.         }
32.         public new void display()
33.         {
34.             base.display();
35.             Console.WriteLine("id:{0}", id);
36.         }
37.     }
38.
39.     class manager : employeer
40.     {
41.         private string gender = "man";
```

```
42.        public manager(string name, uint age, string id, string gender)
43.            : base(name, age, id)
44.        {
45.            this.gender = gender;
46.        }
47.
48.        public new void display()
49.        {
50.            base.display();
51.            Console.WriteLine("gender:{0}", gender);
52.        }
53.    }
54.
55.    class Program
56.    {
57.        static void Main(string[] args)
58.        {
59.            manager objManager = new manager("tom", 25, "12345", "man");
60.            employeer objEmployeer = objManager;
61.            objManager.display();
62.            objEmployeer.display();
63.        }
64.    }
65.
66. }
```

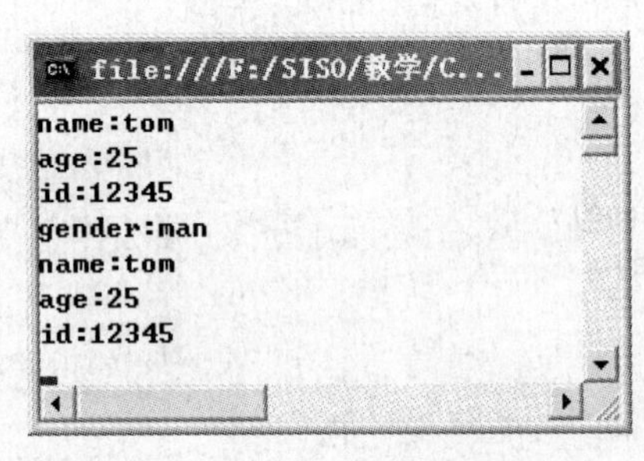

图 9-11 ［例 9-11］过程演示

运行程序，可得如图 9-11 所示的输出结果。

由此可见，使用 new 修饰符也能实现相同的方法名，在基类和派生类中分别实现不同功能的目的，那定义 virtual 关键的意义何在？

下面用一个例子来说明使用 virtual 方法与使用 new 关键字的区别，该例子在基类 parent 中定义两个方法 F 和 G，其中 G 为虚方法。由 parent 派生出一个派生类 child，在派生类 child 中用 new 修饰 F 方法，并用 override 修饰 G 方法。

【例 9-12】 new 关键字。

本题的代码如下所示。

```
1.  using System;
2.  using System.Collections.Generic;
3.  using System.Linq;
4.  using System.Text;
5.
6.  namespace ConsoleApplication1
7.  {
8.      class parent
9.      {
10.         public void F()
11.         {
```

```
12.            Console.WriteLine("基类的 F 方法被调用");
13.        }
14.        public virtual void G()
15.        {
16.            Console.WriteLine("基类的 G 方法被调用");
17.        }
18.    }
19.    class child : parent
20.    {
21.        public new void F()
22.        {
23.            Console.WriteLine("派生类的 F 方法被调用");
24.        }
25.        public override void G()
26.        {
27.            Console.WriteLine("派生类的 G 方法被调用");
28.        }
29.    }
30.    class Program
31.    {
32.        public static void Main()
33.        {
34.            child c = new child();
35.            parent p = c;
36.            p.F();
37.            c.F();
38.            p.G();
39.            c.G();
40.        }
41.    }
42. }
```

```
基类的F方法被调用
派生类的F方法被调用
派生类的G方法被调用
派生类的G方法被调用
```

图 9-12 ［例 9-12］过程演示

运行程序，可得如图 9-12 所示的输出结果。

可以看到类 child 的 F()方法的声明采取了重写（new）的办法来屏蔽类 parent 中的非虚方法 F()的声明。而 G()方法就采用了覆盖（override）的方法来提供方法的多态机制。需要注意的是重写方法和覆盖方法的不同，从本质上讲重写方法是编译时绑定，而覆盖方法是运行时绑定。需要注意的是虚方法不可以是静态方法，也就是说不可以用 static 和 virtual 同时修饰一个方法，这由它的运行时类型辨析机制所决定。Override 和 virtual 配合使用，当然不能和 static 同时使用。

需要指出的是有继承产生的同名方法之间不会构成重载关系，因为构成重载关系的两个方法必须在同一个层次上，而继承产生的同名方法是在不同的层次上。

9.4.6　sealed 关键字

sealed 的中文意思是密封，顾名思义，就是由它修饰的类或方法将不能被继承或重写。在类声明中使用 sealed 可防止其他类继承此类，在方法声明中使用 sealed 修饰符可防止子类重写此方法。

密封类在声明中使用 sealed 修饰符，这样就可以防止该类被其他类继承。如果试图将一个密封类作为其他类的基类，C#语言将提示错误。密封类不能同时又是抽象类，因为抽象总是希望被继承的。

【例 9-13】 sealed 关键字。

本题的代码如下所示。

```
1.  using System;
2.  using System.Collections.Generic;
3.  using System.Linq;
4.  using System.Text;
5.
6.  namespace ConsoleApplication1
7.  {
8.      sealed class parent
9.      {
10.         public void F()
11.         {
12.             Console.WriteLine("基类的 F 方法被调用");
13.         }
14.         public virtual void G()
15.         {
16.             Console.WriteLine("基类的 G 方法被调用");
17.         }
18.     }
19.     class child : parent
20.     {
21.         public new void F()
22.         {
23.             Console.WriteLine("派生类的 F 方法被调用");
24.         }
25.         public override void G()
26.         {
27.             Console.WriteLine("派生类的 G 方法被调用");
28.         }
29.     }
30.     class Program
31.     {
32.         public static void Main()
33.         {
34.             child c = new child();
35.         }
36.     }
37. }
```

编译程序，可得如图 9-13 所示的输出结果。

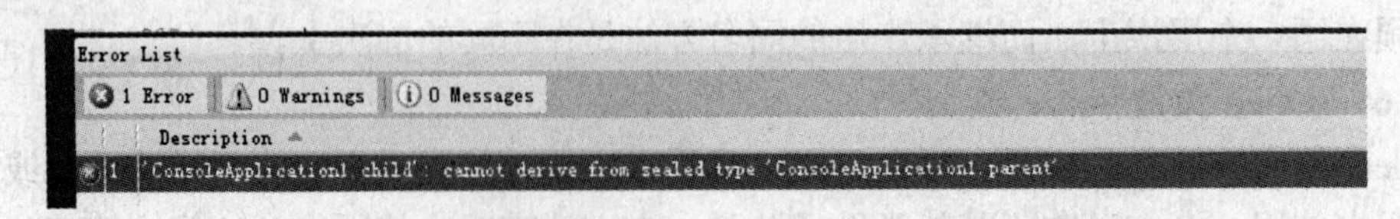

图 9-13 ［例 9-13］输出结果

C#语言会指出这个错误，告诉用户 parent 是一个密封类，不能从密封类 parent 派生任何类。

C#语言还提出了密封方法（sealed method）的概念，以防止在方法所在类的派生类中对该方法的重载。对方法可以使用 sealed 修饰符，这时我们称该方法是一个密封方法。

不是类的每个成员方法都可以作为密封方法。要作为密封方法必须对基类的虚方法进行重载，提供具体的实现方法。所以，在方法的声明中，sealed 修饰符总是和 override 修饰符同时使用。

【例 9-14】 密封方法。

本题的代码如下所示。

```
1.  class parent
2.  {
3.      public virtual void F()
4.      {
5.          Console.WriteLine("基类的 F 方法被调用");
6.      }
7.      public virtual void G()
8.      {
9.          Console.WriteLine("基类的 G 方法被调用");
10.     }
11. }
12. class child : parent
13. {
14.     public sealed override void F()
15.     {
16.         Console.WriteLine("派生类的 F 方法被调用");
17.     }
18.     public override void G()
19.     {
20.         Console.WriteLine("派生类的 G 方法被调用");
21.     }
22. }
23. class grandson : child
24. {
25.     //public override void F()
26.     //{
27.     //    Console.WriteLine("派生类的派生类 F 方法被调用");
28.     //}
29.
30.     public override void G()
31.     {
32.         Console.WriteLine("派生类的派生类 G 方法被调用");
33.     }
34. }
35. class Program
36. {
37.     public static void Main()
38.     {
39.         child c = new child();
40.
41.     }
42. }
```

运行程序，可得如图9-14所示的输出结果。

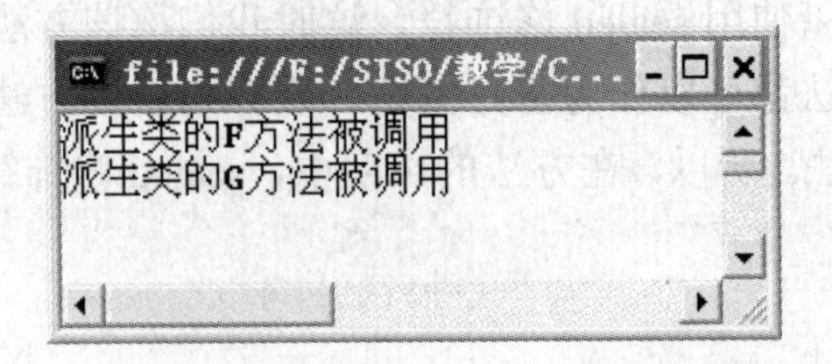

图9-14 ［例9-14］过程演示

类child对基类parent中的两个虚方法均进行了重载，其中F()方法使用了sealed修饰符，称为一个密封方法。G()方法不是密封方法，所以在child的派生类grandson中，可以重载方法G，但不能重载方法F。

9.5 多　　态

9.5.1 什么是多态性

多态性（polymorphism）是面向对象程序设计的一个重要特征。利用多态性可以设计和实现一个易于扩展的系统。

在面向对象方法中一般是这样表述多态性的：向不同的对象发送同一个消息，不同对象在接收到同一消息时会产生不同的行为（即方法）。也就是说，每个对象可以用自己的方式去响应消息。

在面向对象程序设计中，从广义上看，可以将多态性分为两种：静态多态性和动态多态性。

方法重载就属于静态多态，这种多态在程序编译时，系统就能确定类的对应方法被调用。所以，静态多态又称编译时的多态性或先期联编多态性。

动态多态性是在程序运行过程中才动态地确定操作所针对的对象。动态多态性又称为运行时的多态性或滞后联编多态性。动态多态性从实现多态的方法上看，可分为两种类型：基于继承的多态性和基于接口的多态性。基于继承的多态性是在基类中定义方法并在派生类中重写它们，具体实现时采用的是“虚方法”方式。

9.5.2 使用虚方法实现多态

C#语言可以在派生类中实现对基类某个方法的重新定义，并且要求方法名和参数都相同，这种特性称为虚方法重载，又称为重写方法。

实现虚方法重载要求在定义类时在基类中对要重载的方法添加virtual关键字。然后，在派生类中对同名的方法使用override关键字。

虚方法的声明格式如下。

```
public virtual 方法名([参数列表]) {…}
```

派生类中重载虚方法的格式如下。

```
public override 方法名([参数列表]) {…}
```

【例9-15】 虚方法实现多态。

本题的代码如下所示。

```
1.  using System;
2.  using System.Collections.Generic;
3.  using System.Linq;
4.  using System.Text;
5.
6.  namespace ConsoleApplication1
7.  {
8.      class shape
9.      {
10.         public virtual void F()      //基类虚方法
11.         {
12.             Console.WriteLine("基类 shape 的 F 方法被调用");
13.         }
14.         public virtual void G()      //基类虚方法
15.         {
16.             Console.WriteLine("基类 shape 的 G 方法被调用");
17.         }
18.     }
19.     class circle : shape
20.     {
21.         public override void F()     //派生类重写基类方法 F
22.         {
23.             Console.WriteLine("派生类 circle 的 F 方法被调用");
24.         }
25.         public override void G()     //派生类重写基类方法 G
26.         {
27.             Console.WriteLine("派生类 circle 的 G 方法被调用");
28.         }
29.     }
30.     class rectangle : shape
31.     {
32.         public override void F()     //派生类重写基类方法 F
33.         {
34.             Console.WriteLine("派生类 rectangle 的 F 方法被调用");
35.         }
36.
37.         public override void G()     //派生类重写基类方法 G
38.         {
39.             Console.WriteLine("派生类 rectangle 的 G 方法被调用");
40.         }
41.     }
42.     class Program
43.     {
44.         public static void Main()
45.         {
46.             shape objShape;
47.             circle objCircle = new circle();
48.             rectangle objRectangle = new rectangle();
49.             objShape = objCircle;
```

```
50.             objShape.F();
51.             objShape.G();
52.             objShape = objRectangle;
53.             objShape.F();
54.             objShape.G();
55.         }
56.     }
57. }
```

运行程序，可得如图 9-15 所示的输出结果。

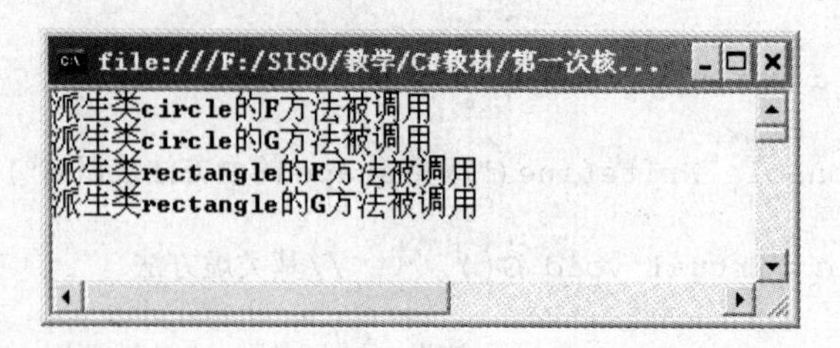

图 9-15 ［例 9-15］过程演示

9.5.3 使用抽象类实现多态

有关抽象类，请参考 9.2 节内容。下面以一个实例来讲解使用抽象类实现多态。

【例 9-16】 抽象类实现多态。

本题的代码如下所示。

```
1.  using System;
2.  using System.Collections.Generic;
3.  using System.Linq;
4.  using System.Text;
5.
6.  namespace ConsoleApplication1
7.  {
8.     abstract class Shape                                //定义抽象类
9.     {
10.       public abstract double calculateArea(); //抽象方法
11.    }
12.
13.    class Circle : Shape                                //重载抽象类
14.    {
15.       private double radius;
16.       private double PI = 3.14;
17.       public Circle(double radius)
18.       {
19.          this.radius = radius;
20.       }
21.
22.       //重写抽象方法 calculateArea()
23.       public override double calculateArea()
24.       {
25.          return PI * this.radius * this.radius;
26.       }
```

```
27.     }
28.     class Rectangle : Shape
29.     {
30.         private double width;
31.         private double heigth;
32.         public Rectangle(double width, double heigth)
33.         {
34.             this.width = width;
35.             this.heigth = heigth;
36.         }
37.         //重写抽象方法 calculateArea()
38.         public override double calculateArea()
39.         {
40.             return this.width * this.heigth;
41.         }
42.     }
43.
44.     class Program
45.     {
46.         static void Main(string[] args)
47.         {
48.             Shape objShape;                            //基类对象变量
49.             double area;
50.             Circle objCircle = new Circle(5.0);//Circle 对象
51.             objShape = objCircle;                      //基类变量指向 Circle 对象
52.             area = objShape.calculateArea(); //基类变量调用 Circle 对象的方法
53.             Console.WriteLine("circle area:{0}", area);
54.             Rectangle objRectangle = new Rectangle(4.0, 5.0);
55.             objShape = objRectangle;                   //基类变量指向 Rectangle 对象
56.             area = objShape.calculateArea(); //基类变量调用Rectangle 对象的方法
57.             Console.WriteLine("rectangle area:{0}", area);
58.         }
59.     }
60. }
```

运行程序，可得如图 9-16 所示的输出结果。

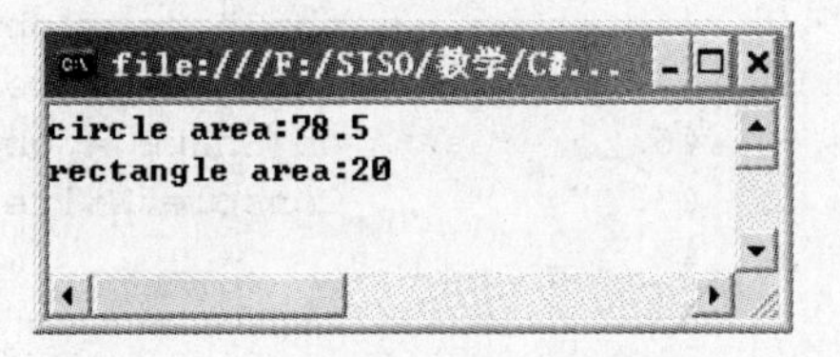

图 9-16 ［例 9-16］过程演示

9.5.4 使用接口实现多态

有关接口，请参考 9.3 节内容。下面以一个实例来讲解使用接口实现多态。

【例 9-17】 接口实现多态。

本题的代码如下所示。

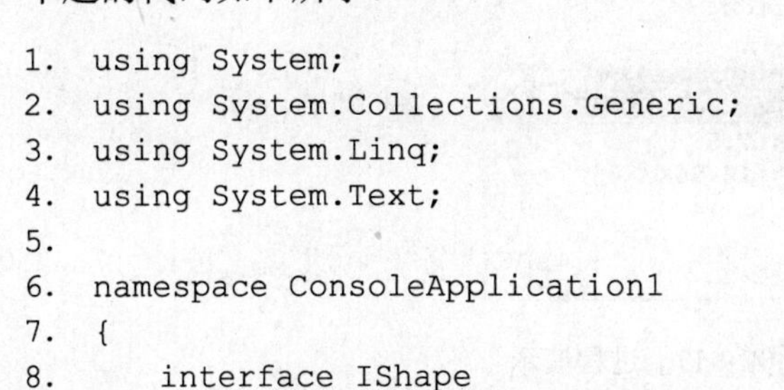

```
1.  using System;
2.  using System.Collections.Generic;
3.  using System.Linq;
4.  using System.Text;
5.
6.  namespace ConsoleApplication1
7.  {
8.      interface IShape                                //声明接口 IShape
```

```
9.      {
10.         float getArea();                         //接口成员声明
11.     }
12.     public class Rectangle : IShape              //类Rectangle继承接口IShape
13.     {
14.         float x, y;
15.         public Rectangle(float x1, float y1) //构造函数
16.         {
17.             x = x1; y = y1;
18.         }
19.         public float getArea()                   //实现接口
20.         {
21.             return x * y;
22.         }
23.     }
24.     public class Circle : IShape                 //类Circle继承接口IShape
25.     {
26.         float radius;
27.         float PI = 3.14f;
28.         public Circle(float radius)              //构造函数
29.         {
30.             this.radius = radius;
31.         }
32.         public float getArea()                   //实现接口
33.         {
34.             return PI * radius * radius;
35.         }
36.     }
37.     class Program
38.     {
39.         static void Main(string[] args)
40.         {
41.             IShape objShape;                     //定义一个接口
42.             Rectangle objRectangle = new Rectangle(2.5f, 3.0f);
                                                     //定义一个类实例
43.             Circle objCircle = new Circle(2.0f);//定义一个类实例
44.             objShape = objRectangle;             //接口指向类实例
45.             Console.WriteLine("长方形面积: {0}", objShape.getArea());
46.             objShape = objCircle;                //接口指向类实例
47.             Console.WriteLine("长方形面积: {0}", objShape.getArea());
48.         }
49.     }
50. }
```

运行程序，可得如图 9-17 所示的输出结果。

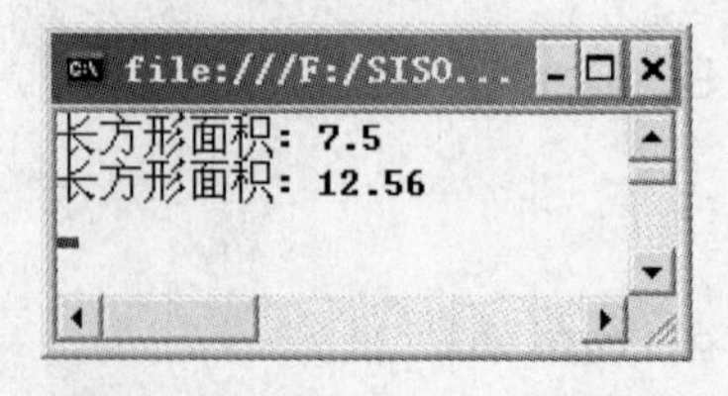

图 9-17 ［例 9-17］过程演示

9.6　命名空间与分部类

9.6.1　命名空间

在.NET 中，类是通过命名空间（namespace）来组织的。命名空间提供了可以将类分成逻辑组的方法，将系统中的大量类库有序地组织起来，使得类更容易使用和管理。

可以将命名空间想象成文件夹，类的文件夹就是命名空间，不同的命名空间内，可以定义许多类。在每个命名空间下，所有的类都是“独立”且“唯一”的。

在 C#语言中，使用命名空间有两种方式，一种是明确指出命名空间的位置，另一种是通过 using 关键字引用命名空间。直接定位在应用程序中，任何一个命名空间都可以在代码中直接使用。例如：

```
System.Console.WriteLine("ABC");
```

这个语句是调用了 System 命名空间中 Console 类的 WriteLine 方法。

（1）使用 using 关键字。在应用程序中要使用一个命名空间，还可以采取引用命名空间的方法，在引用后，应用程序中就可使用该命名空间内的任一个类了。引用命名空间的方法是利用 using 关键字，其使用格式如下。

```
using [别名=] 命名空间
```

或

```
using [别名=] 命名空间.成员
```

例如：

```
using System;
```

（2）自定义命名空间。在 C#语言中，除了使用系统的命名空间外，还可以在应用程序中自己声明命名空间。其使用语法格式如下。

```
namespace  命名空间名称
{
   命名空间定义体
}
```

其中，“命名空间名称”指出命名空间的唯一名称，必须是有效的 C#语言标识符。例如，在应用程序中自定义 Ns1 命名空间。

```
namespace Ns1
{
  class A {…}
  class B {…}
}
```

9.6.2　分部类

可以将类或结构、接口或方法的定义拆分到两个或多个源文件中。每个源文件包含类型或方法定义的一部分，编译应用程序时将把所有部分组合起来。

在以下几种情况下需要拆分类定义。

（1）处理大型项目时，使一个类分布于多个独立文件中可以让多位程序员同时对该类进行处理。

（2）使用自动生成的源时，无需重新创建源文件便可将代码添加到类中。Visual Studio 在创建 Windows 窗体、Web 服务包装代码等时都使用此方法。无需修改 Visual Studio 创建的文件，就可创建使用这些类的代码。

若要拆分类定义，请使用 partial 关键字修饰符，如下所示。

```
public partial class Employee
{
    public void DoWork()
    {
        ...
    }
}
public partial class Employee
{
    public void GoToLunch()
    {
        ...
    }
}
```

partial 关键字指示可在命名空间中定义该类、结构或接口的其他部分。所有部分都必须使用 partial 关键字。在编译时，各个部分都必须可用来形成最终的类型。各个部分必须具有相同的可访问性，如 public、private 等。

如果将任意部分声明为抽象的，则整个类型都被视为抽象的。如果将任意部分声明为密封的，则整个类型都被视为密封的。如果任意部分声明基类型，则整个类型都将继承该类。

指定基类的所有部分必须一致，但忽略基类的部分仍继承该基类型。各个部分可以指定不同的基接口，最终类型将实现所有分部声明所列出的全部接口。在某一分部定义中声明的任何类、结构或接口成员可供所有其他部分使用。最终类型是所有部分在编译时的组合。注意，partial 修饰符不可用于委托或枚举声明中。

下面的示例演示嵌套类型可以是分部的，即使它们所嵌套于的类型本身并不是分部的也如此。

```
class Container
{
    partial class Nested
    {
        void Test() { }
    }
    partial class Nested
    {
        void Test2() { }
    }
}
```

编译时将对分部类型定义的特性进行合并。例如，请考虑下列声明：

```
[SerializableAttribute]
partial class Moon {}
[ObsoleteAttribute]
partial class Moon {}
```

它们等效于以下声明：

```
[SerializableAttribute]
[ObsoleteAttribute]
class Moon {}
```

将从所有分部类型定义中对以下内容进行合并：

XML 注释

接口

泛型类型参数特性

类特性

成员

例如，请考虑下列声明：

```
partial class Earth : Planet, IRotate {}
partial class Earth : IRevolve {}
```

它们等效于以下声明：

```
class Earth : Planet, IRotate, IRevolve {}
```

处理分部类定义时需遵循下面的几个规则：

要作为同一类型的各个部分的所有分部类型定义都必须使用 partial 进行修饰。例如，下面的类声明将生成错误：

```
public partial class A {}
//public class tcA {}        // Error, must also be marked partial
```

partial 修饰符只能出现在紧靠关键字 class、struct 或 interface 前面的位置。分部类型定义中允许使用嵌套的分部类型，如下面的示例中所示。

```
partial class ClassWithNestedClass
{
   partial class NestedClass {}
}
partial class ClassWithNestedClass
{
   partial class NestedClass {}
}
```

要成为同一类型的各个部分的所有分部类型定义都必须在同一程序集和同一模块（.exe 或.dll 文件）中进行定义。分部定义不能跨越多个模块。

类名和泛型类型参数在所有的分部类型定义中都必须匹配。泛型类型可以是分部的。每个分部声明都必须以相同的顺序使用相同的参数名。

下面的用于分部类型定义中的关键字是可选的，但是如果某关键字出现在一个分部类型定义中，则该关键字不能与在同一类型的其他分部定义中指定的关键字冲突：

public

private

protected

internal

abstract

sealed

基类

new 修饰符（嵌套部分）

泛型约束

【例 9-18】 分部类。

本题的代码如下所示。

```
1.  using System;
2.  using System.Collections.Generic;
3.  using System.Linq;
4.  using System.Text;
5.
6.  namespace ConsoleApplication1
7.  {
8.      public partial class CoOrds
9.      {
10.         private int x;
11.         private int y;
12.
13.         public CoOrds(int x, int y)
14.         {
15.             this.x = x;
16.             this.y = y;
17.         }
18.     }
19.
20.     public partial class CoOrds
21.     {
22.         public void PrintCoOrds()
23.         {
24.             Console.WriteLine("CoOrds: {0},{1}", x, y);
25.         }
26.
27.     }
28.
29.     class TestCoOrds
30.     {
31.         static void Main()
32.         {
33.             CoOrds myCoOrds = new CoOrds(10, 15);
34.             myCoOrds.PrintCoOrds();
35.         }
36.     }
37. }
```

运行程序，可得如图 9-18 所示的输出结果。

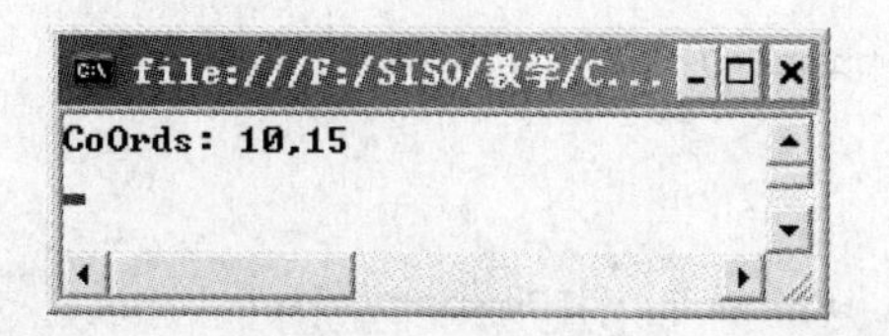

图 9-18 ［例 9-18］过程演示

9.7 泛 型 编 程

9.7.1 什么是泛型

所谓泛型，是指通过参数化类型来实现在同一份代码上操作多种数据类型，泛型编程是一种编程范式，它利用“参数化类型”将类型抽象化，从而实现更为灵活的复用。

C#语言泛型能力是由 CLR 在运行时支持，区别于 C++语言的编译时模板机制和 Java 的编译时的“搽拭法”。这使得泛型能力可以在各个支持 CLR 的语言之间进行无缝的互操作。

经常遇到两个模块的功能非常相似，只是处理的数据类型不同，如一个是处理 int 数据，另一个是处理 string 数据，或者其他自定义的数据类型。针对这种情况，可以分别写多个类似的方法来处理每个数据类型，只是方法的参数类型不同。在 C#语言中也可以定义存储的数据类型为 Object 类型，这样就可以通过装箱和拆箱操作来变相实现上述需求。同时 C#语言还提供了更适合的泛型机制，专门用来解决这个问题。

【例 9-19】 泛型。

本题代码如下所示。

```
1.  using System;
2.  using System.Collections.Generic;
3.  using System.Linq;
4.  using System.Text;
5.
6.  namespace ConsoleApplication1
7.  {
8.      class MaxInt                    //定义 int 型的 max 方法
9.      {
10.         public int max(int i, int j)
11.         {
12.             if (i > j)
13.                 return i;
14.             else
15.                 return j;
16.         }
17.     }
18.     class MaxFloat
19.     {
20.         public float max(float i, float j)   //定义 float 型的 max 方法
21.         {
22.             if (i > j)
```

```
23.                return i;
24.            else
25.                return j;
26.        }
27.    }
28.
29.    class Max<T> where T : IComparable                //定义泛型max方法
30.    {
31.        public T max(T i, T j)
32.        {
33.            if (i.CompareTo(j) >= 0)
34.                return i;
35.            else
36.                return j;
37.        }
38.    }
39.
40.    class Program
41.    {
42.        public static void Main(string[] agrs)
43.        {
44.            Max<int> m = new Max<int>();               //泛型实例化
45.            int r = m.max(1, 2);                       //int型的max方法
46.            Console.WriteLine(r);
47.            Max<float> m1 = new Max<float>();          //泛型实例化
48.            float f = m1.max(1.2f, 2.3f);              //float型的max方法
49.            Console.WriteLine(f);
50.        }
51.    }
52. }
```

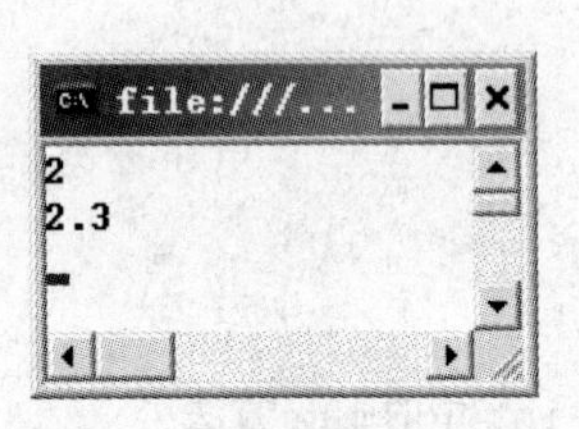

图9-19 ［例9-19］过程演示

运行程序，可得如图9-19所示的输出结果。

［例9-19］中定义的MaxInt和MaxFloat针对int型和float型进行了max定义。功能完全一样，对于不同的数据类型，写了不同的实现。用Max<T>进行了定义，只要一份代码可以实现不同数据类型的相同功能。

9.7.2 泛型的定义和使用

通常先定义泛型，然后通过类型实例化来使用泛型。

定义泛型的语法格式如下。

```
[访问修饰符][返回类型] 泛型名称<类型参数列表>
```

其中，“泛型名称”要符合标识符的定义。尖括号表示类型参数列表，可以包含一个或多个类型参数，如<T,U,…>。

C#语言中常用的泛型有泛型类和泛型方法。

【例9-20】 泛型类。

本题的代码如下所示。

```
1.  using System;
2.  using System.Collections.Generic;
```

```
3.  using System.Linq;
4.  using System.Text;
5.
6.  namespace ConsoleApplication1
7.  {
8.      public class stack<T>
9.      {
10.         private int count;
11.         private int pointer = 0;
12.         T[] data;
13.         public stack()
14.             : this(100)
15.         {}
16.         public stack(int size)
17.         {
18.             this.count = size;
19.             this.data = new T[this.count];
20.         }
21.         public void push(T item)
22.         {
23.             if (pointer >= count)
24.             {
25.                 Console.WriteLine("stack full");
26.                 return;
27.             }
28.
29.             this.data[pointer] = item;
30.             this.pointer++;
31.         }
32.         public T pop()
33.         {
34.             this.pointer--;
35.             if (this.pointer >= 0)
36.                 return this.data[this.pointer];
37.             else
38.             {
39.                 this.pointer = 0;
40.                 Console.WriteLine("stack empty");
41.                 return default(T);
42.             }
43.         }
44.     }
45.
46.     class Program
47.     {
48.         public static void Main()
49.         {
50.             stack<int> a = new stack<int>(100);
51.             a.push(10);
52.             //a.push("a");    //这一行编译不通过，因为类 a 只接收 int 类型的数据
53.             int x = a.pop();
```

```
54.             Console.WriteLine(x);
55.             stack<string> b = new stack<string>(100);
56.             //b.push(10");    //这一行编译不通过，因为类b只接收sring类型的数据
57.             b.push("a");
58.             string y = b.pop();
59.             Console.WriteLine(y);
60.         }
61.     }
62. }
```

运行程序，可得如图9-20所示的输出结果。

图9-20 ［例9-20］过程演示

【例9-21】 泛型方法。

本题的代码如下所示。

```
1.  using System;
2.  using System.Collections.Generic;
3.  using System.Linq;
4.  using System.Text;
5.
6.  namespace ConsoleApplication1
7.  {
8.      class Program
9.      {
10.         static void swap<T>(ref T swap1, ref T swap2)   //定义泛型方法
11.         {
12.             T temp;
13.             temp = swap1;
14.             swap1 = swap2;
15.             swap2 = temp;
16.         }
17.
18.         public static void Main()
19.         {
20.             int a = 2;
21.             int b = 4;
22.             Console.WriteLine("交换前a=" + a + ",b=" + b);
23.             swap<int>(ref a, ref b);                      //调用泛型方法
24.             Console.WriteLine("交换后a=" + a + ",b=" + b);
25.
26.             string sa = "I";
27.             string sb = "You";
```

```
28.         Console.WriteLine("交换前" + sa + " and " + sb);
29.         swap<string>(ref sa, ref sb);    //调用泛型方法
30.         Console.WriteLine("交换后" + sa + " and " + sb);
31.     }
32.   }
33. }
```

运行程序，可得如图 9-21 所示的输出结果。

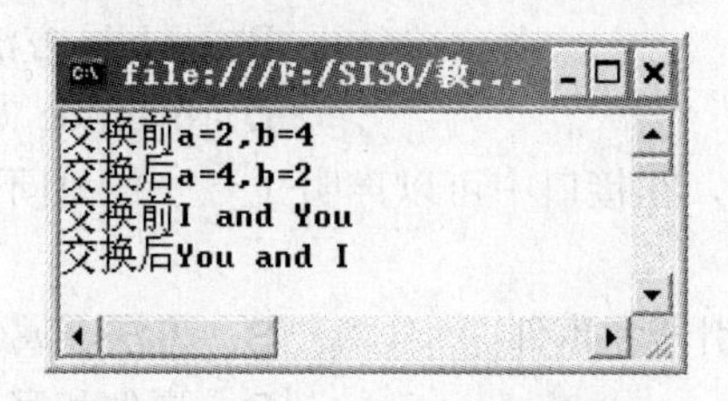

图 9-21 ［例 9-21］过程演示

本　章　小　结

本章主要介绍了 C#面向对象编程的进阶内容。介绍了静态成员和静态类，抽象类，接口、继承，多态，命名空间与分部类，泛型编程。继承机制的语法很简单，但要深入理解则需要一定的功夫，特别是基类与派生类的关系、基类与派生类的交互及由覆盖虚函数而形成的多态性。尽管 C#语言泛型的根基是 C++语言模板，但 C#语言通过提供编译时安全和支持将泛型提高到了一个新水平。

实　训　指　导

实训名称：面向对象编程进阶

1. 实训目的

（1）熟练掌握 C#语言中抽象类、接口、继承的使用。

（2）掌握虚方法，多态机制。

（3）理解继承的机制。

2. 实训内容

（1）学生成绩管理系统除了具有管理学生基本信息的功能外，还具有管理相关课程的功能。例如，学校通常将课程分为必修课和选修课两类，对于必修和选修课，既有共同特征（即课程编号、课程名以及学时），又有各自特征（如选修课存在选修人数的多少，必修课存在前导和后继课程的衔接）。现要求在成绩管理系统中，实现必修和选修课信息的接收及显示功能。其中，必修课包括课程编号、名称、学时、前导课程和后续课程信息，选修课包括编号、名称、学时和选修人数信息。

（2）现有一哺乳动物接口（IMammal），猫（Cat）和狗（Dog）都是哺乳动物的一种，现要求使用接口实现对任一哺乳动物的最喜欢的食物的显示。

习　题

一、选择题

1．在定义基类时，如果希望基类的某个方法能够在派生类中进一步改进，以处理不同的派生类的需要，则应将该方法声明成（　　）。

A．protected 方法　　B．public 方法

C．visual 方法　　D．override 方法

2．接口是一种引用类型，在接口中可以声明（　　），但不可以声明公有的域或私有的成员变量。

A．方法、属性、索引器和事件　　B．方法、属性信息、属性

C．索引器和字段　　D．事件和字段

3．下面是几条定义类的语句，只能被继承的类是（　　）。

A．public class student　　B．class student

C．abstract class student　　D．private class student

4．下面四个接口声明中，正确的是（　　）。

A．`interface X:Y{public void F();}`

B．`public interface X{void F();}`

C．`interface X{string s;}`

D．`interface X:X{void F();}`

5．以下叙述正确的是（　　）。

A．接口中可以有虚方法　　B．一个类可以实现多个接口

C．接口不能被实例化　　D．接口中可以包含已实现的方法

二、简答题

1．为什么要使用虚基类？如何定义虚基类？

2．什么是抽象类？它用什么关键字修饰？什么是抽象方法？抽象类和抽象方法的关系是什么？

3．什么是接口？接口和抽象类有什么区别？

第 4 篇　使用 C#开发数据库应用程序

第 10 章　C#语言可视化编程

10.1　第一个 Windows 应用程序

Windows 应用程序是运行在 Windows 操作系统中的单机程序或 C/S 结构的客户端程序。Windows 应用程序和控制台应用程序的基本结构类似，程序的执行总是从 Main( )方法开始，主函数 Main( )必须在一个类中。Windows 应用程序使用图形界面，一般有一个窗口，采用事件驱动方式工作。

【例 10-1】 本例使用 Visual Studio 2010 开发工具，创建一个简单的 Windows 应用程序 MyForm,步骤如下所示。

（1）执行“开始”→“程序”→ Microsoft Visual Studio 2010 →Microsoft Visual Studio 2010 命令，打开 Visual Studio 2010 开发环境。

（2）在起始页的创建操作中，选择“新建项目”命令，或者执行主菜单的“文件”→“新建”→“项目”命令，弹出“新建项目”对话框，如图 10-1 所示。

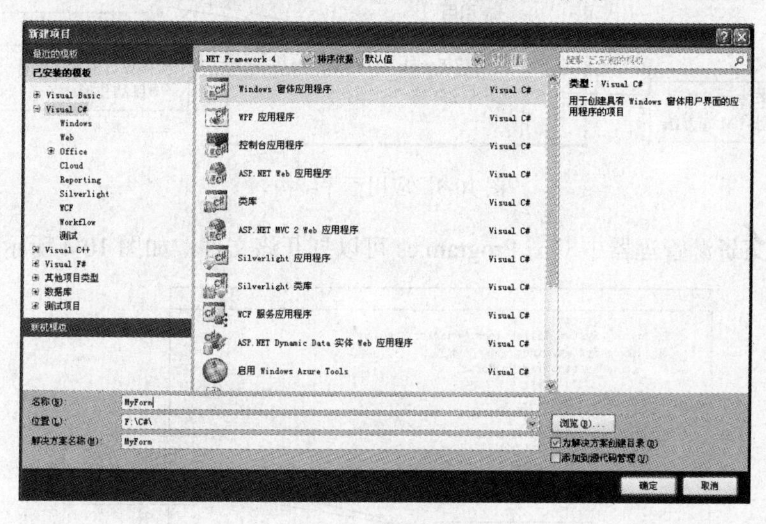

图 10-1　新建项目

（3）在“新建项目”对话框中，选择项目类型中的 Visual C# →Windows 选项，在右边的模板列表中，选择“Windows 窗体应用程序”选项。在“名称”字段中，填写项目名称为 MyForm。在“位置”字段中，单击“浏览”按钮，选择项目保存的位置。在“解决方案名称”字段中，填写解决方案的名称为 MyForm。

（4）单击“确定”按钮，创建一个 Windows 窗体应用程序，如图 10-2 所示。

创建完 Windows 窗体应用程序后，系统会自动生成一些文件和代码。在解决方案资源管理器中，可以看到项目的结构，如图 10-3 所示。

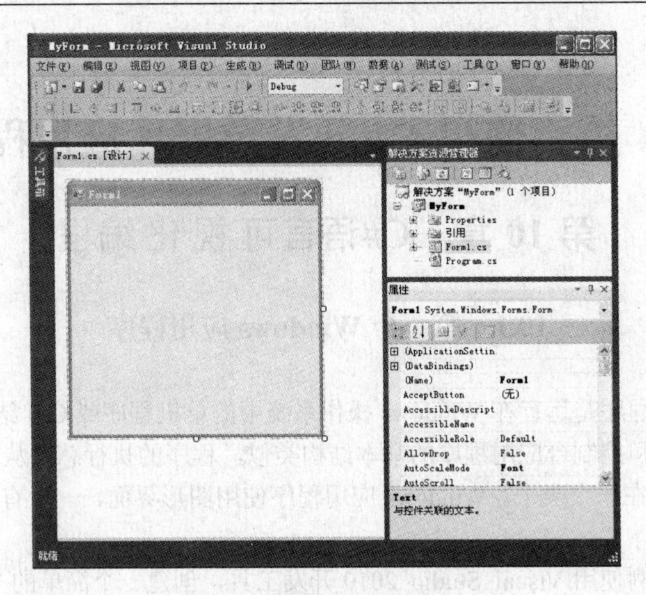

图 10-2　Windows 窗体应用程序

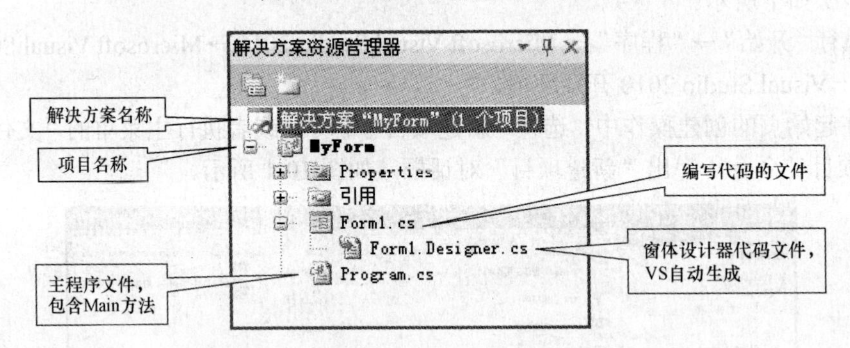

图 10-3　应用程序结构

在解决方案资源管理器中双击 Program.cs 可以打开该文件，如图 10-4 所示。

```
1  using System;
2  using System.Collections.Generic;
3  using System.Linq;
4  using System.Windows.Forms;
5
6  namespace MyForm
7  {
8      static class Program
9      {
10         /// <summary>
11         /// 应用程序的主入口点。
12         /// </summary>
13         [STAThread]
14         static void Main()
15         {
16             Application.EnableVisualStyles();
17             Application.SetCompatibleTextRenderingDefault(false);
18             Application.Run(new Form1());
19         }
20     }
21 }
```

Main() 方法，程序的入口

应用程序运行的第一个窗体

图 10-4　Program.cs 文件中的程序代码

解决方案资源管理器下面的属性窗口显示了该窗体默认的属性值，如图 10-5 所示。用户可以对属性值进行修改，实现窗体的功能。

（5）可以使用以下方法运行程序。

1）执行菜单“调试”→“调试”命令或者执行菜单“调试”→“开始执行（不调试）”命令。

2）单击工具栏上“启动调试”按钮。

3）按快捷键 F5。

运行效果如图 10-6 所示。

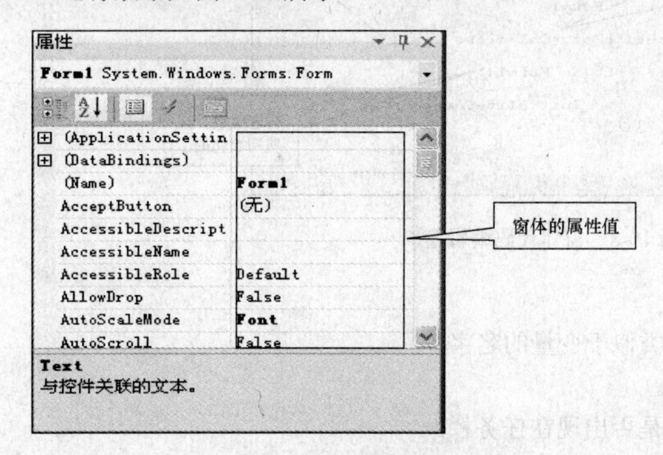

图 10-5　窗体“属性”窗口

图 10-6　MyForm 运行结果

10.2　窗体、控件、事件处理函数概述

1. 窗体

Windows 操作系统中处处是窗体，窗体的特点是简单、强大、方便和灵活。在 Visual Studio 2010 开发环境中创建的窗体有两种编辑窗口：窗体设计器窗口和窗体代码编辑窗口，如图 10-7 和图 10-8 所示。

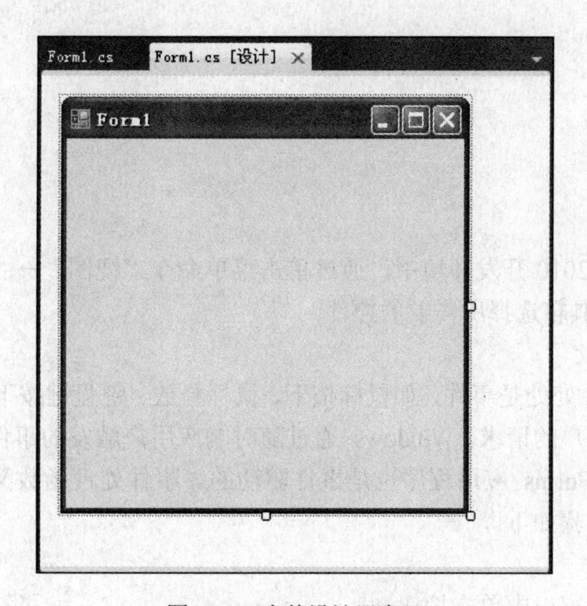

图 10-7　窗体设计器窗口

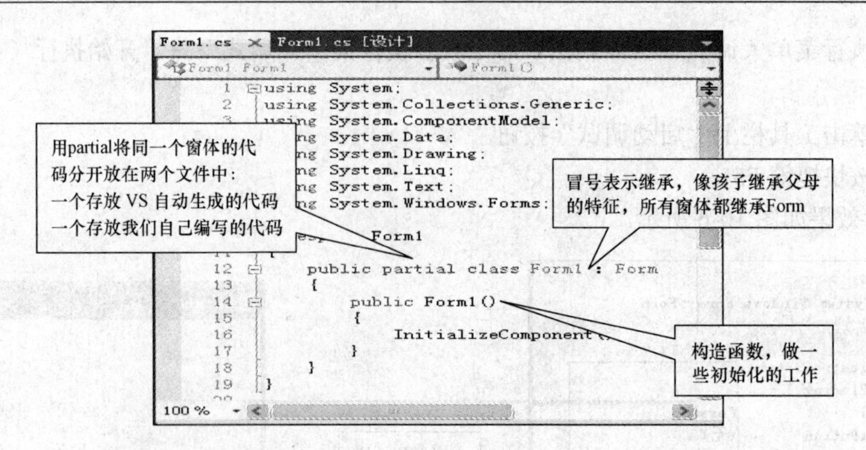

图10-8 窗体代码编辑窗口

窗体的常用属性如下。

（1）Name：窗体对象的名字，类似于变量的名字。

（2）BackColor：窗体的背景色。

（3）ShowInTaskBar：设置窗体是否出现在任务栏。

（4）StartPosition：窗体第一次出现时的位置。

（5）Text：窗体标题栏显示的文字。

（6）TopMost：设置窗体是否为最顶端的窗体。

（7）WindowState：窗体出现时最初的状态（正常、最大化、最小化）。

2. 控件

大部分控件，如Label、Button、TextBox等，都是Control类的派生类。Control类定义了这些派生类控件通用的一组属性和方法，Control类的一些常用属性如下。

（1）Name。

（2）BackColor。

（3）Enabled。

（4）Location。

（5）Modifiers。

（6）Size。

（7）Visible。

在Visual Studio 2010开发环境中，通过单击菜单命令“视图”→“工具箱”或按快捷键Ctrl+Alt+X，打开工具箱选择所需要的控件。

3. 事件处理函数

Windows系统中处处是事件，如鼠标按下、鼠标释放、键盘键按下等，Windows系统通过事件处理来响应用户的请求。Windows通过随时响应用户触发的事件做出相应的响应——事件驱动机制，WinForms应用程序也是事件驱动的。事件处理函数又称事件处理程序，编写事件处理程序的步骤如下。

（1）选中控件。

（2）在“属性”窗口中单击按钮⚡。

（3）找到事件。

（4）双击生成事件处理方法。

（5）编写处理代码。

窗体的常用事件如下。

（1）Load：窗体加载事件。

（2）MouseClick：鼠标单击事件。

（3）MouseDoubleClick：鼠标双击事件。

（4）MouseMove：鼠标移动事件。

（5）KeyDown：键盘按下事件。

（6）KeyUp：键盘释放事件。

10.3　常用控件的使用

本章以“考试管理系统”作为贯穿案例，介绍常用控件的操作和使用。

【例 10-2】 本例创建一个“考试管理系统”登录窗体,步骤如下所示。

（1）新建一项目，命名为 ExamManage。

（2）在解决方案资源管理器中将窗体名称重命名为 LoginForm。

（3）设置窗体的属性，属性值如表 10-1 所示。

表 10-1　　LoginForm 窗体属性设置

属性名	属性值	属性名	属性值
Name	LoginForm	MaximizeBox	False
BackgroundImage	LoginImage.jpg	StartPosition	CenterScreen
Icon	Icon.ico	Text	登录

（4）运行该窗体程序，运行结果如图 10-9 所示。

图 10-9　LoginForm 运行结果

10.3.1　Label 控件

Label 控件即标签控件，通常用于显示静态文本，如为其他控件显示描述性信息或根据应用程序的状态显示相应的提示信息，在程序中一般很少直接对其进行编程。Label 控件的常用属性如下。

（1）AutoSize：指定标签中的说明文字是否可以动态变化，设置为 true 时将忽略 Size 属性的值。

（2）BackColor：设置背景颜色。

（3）BorderStyle：设置标签边框。

（4）Size：设置标签大小。

（5）Text：设置标签中显示的说明文字。

【例 10-3】 本例在“考试管理系统”登录窗体上添加“用户名”、“密码”和“用户类型”标签，步骤如下所示。

（1）打开“考试管理系统”登录窗体，从工具箱拖动三个 Label 控件到窗体。

（2）设置三个 Label 控件的属性，属性值如表 10-2 所示。

表 10-2　　Label 控件属性设置

控 件 名	属 性 名	属 性 值
label1	Name	lblName
	BackColor	Web→Transparent
	Text	用户名
label2	Name	lblPwd
	BackColor	Web→Transparent
	Text	密码
label3	Name	lblType
	BackColor	Web→Transparent
	Text	用户类型

（3）运行该窗体程序，运行结果如图 10-10 所示。

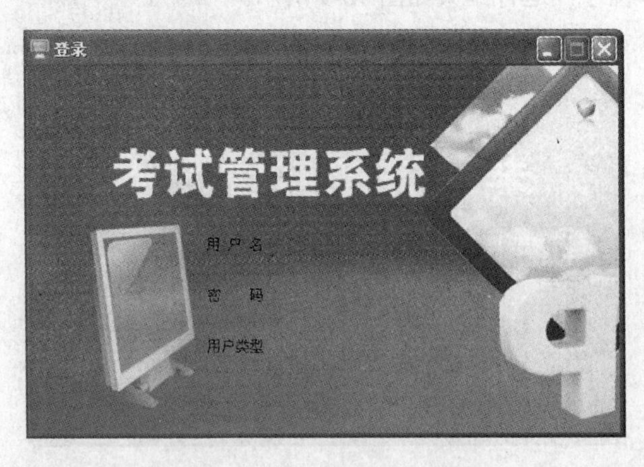

图 10-10　LoginForm 添加标签后运行结果

10.3.2　TextBox 控件

TextBox 控件即文本框控件，常用于接收文本输入。默认情况下，TextBox 控件只接收单行文本，此时只能水平改变控件大小而不能垂直改变。通过设置属性 Multiline 为 true，可以使用多行文本框。TextBox 控件的常用属性如下。

（1）BorderStyle：设置文本框的外观。

（2）MaxLength：设置文本框能输入的最大字符数。

（3）Multiline：设置文本框中的文本是否能跨越多行。

（4）PasswordChar：设置文本框的屏蔽字符，对用于输入密码或其他敏感信息的文本框，通过这一属性来设置代替的掩饰字符。

（5）ReadOnly：当设置为 true 时，只能浏览不能修改文本框中显示的内容。

（6）Text：获取用户输入到文本框中的文本。

10.3.3　ComboBox 控件

ComboBox 控件即组合框，默认情况下，组合框分两个部分显示：顶部是一个允许输入文本的文本框，下面是显示列表项的列表框，是文本框和列表框的组合。ComboBox 控件的常用属性如下。

（1）DropDownStyle：设置要显示的组合框样式。

（2）Items：设置组合框中的具体项目。

ComboBox 控件的主要事件是 SelectedIndexChanged，当 ComboBox 中的项目改变时触发该事件。

【例 10-4】 本例在“考试管理系统”登录窗体上添加“用户名”和“密码”文本框，“用户类型”组合框，步骤如下所示。

（1）打开“考试管理系统”登录窗体，从工具箱拖动两个 TextBox 控件、一个 ComboBox 控件到窗体。

（2）分别设置 TextBox 控件和 ComboBox 控件的属性，属性值如表 10-3 和表 10-4 所示。

表 10-3　**TextBox 控件属性设置**

控 件 名	属 性 名	属 性 值
textBox1	Name	txtName
textBox2	Name	txtPwd
	PasswordChar	*

表 10-4　**ComboBox 控件属性设置**

控 件 名	属 性 名	属 性 值
comboBox1	Name	cboType
	DropDownStyle	DropDownList
	Items	管理员 教师 学生

（3）运行该窗体程序，运行结果如图 10-11 所示。

10.3.4　Button 控件

Button 控件即按钮控件，是 Windows 应用程序中最常用的控件之一，通常用来执行命令，可以使用鼠标左键、Enter 键或空格键触发该按钮的 Click 事件。Button 控件的常用属性如下。

图 10-11　LoginForm 添加文本框、组合框后运行结果

（1）BackColor：设置控件的背景色。

（2）FlatStyle：设置当用户将鼠标移动到控件上并单击时控件的外观。

（3）Font：设置控件中文本的字体。

（4）ForeColor：设置控件上的文字颜色。

（5）Image：设置控件上显示的图像。

（6）Size：设置控件的大小。

（7）Text：设置显示在控件中的文字。

（8）TextAlign：设置控件上文字的对齐方式。

Button 控件的主要事件是 Click，当单击控件时触发该事件。

【例 10-5】 本例在“考试管理系统”登录窗体上添加“登录”和“取消”按钮,步骤如下所示。

（1）打开“考试管理系统”登录窗体，从工具箱拖动两个 Button 控件到窗体。

（2）设置两个 Button 控件的属性，属性值如表 10-5 所示。

表 10-5　　**Button 控件属性设置**

控件名	属性名	属性值
button1	Name	btnLogin
	BackColor	Web→SteelBlue
	Font	宋体, 10.5pt, style=Bold
	Size	86, 30
	Text	登　录
button2	Name	btnCancle
	BackColor	Web→SteelBlue
	Font	宋体, 10.5pt, style=Bold
	Size	86, 30
	Text	取　消

（3）运行该窗体程序，运行结果如图 10-12 所示。

图 10-12　LoginForm 添加按钮后运行结果

10.3.5　MenuStrip 控件

MenuStrip 控件即菜单条控件，是窗体菜单结构的容器，能创建自定义菜单，提供窗体的菜单系统，通过添加 ToolStripMenuItem、ToolStripComboBox、ToolStripSeparator、ToolStripTextBox 对象，实现菜单功能。控件的常用属性是 Text，即控件上显示的文字。

控件的常用事件是 Click，当单击控件时触发该事件。

【例 10-6】 本例在“考试管理系统”项目中增加一个“管理员”窗体，在窗体上添加菜单,步骤如下所示。

（1）打开“考试管理系统”项目，右击项目名称 ExamManage，选择“添加”→“Windows 窗体”项，名称文本框中输入 AdminForm，单击“添加”按钮，在项目中添加了“管理员”窗体。

（2）设置“管理员”窗体的属性，属性值如表 10-6 所示。

表 10-6　“管理员”窗体属性设置

属 性 名	属 性 值
Name	AdminForm
Icon	Icon.ico
Size	605,385
StartPosition	CenterScreen
Text	管理员

（3）从工具箱拖动 MenuStrip 控件到“管理员”窗体，添加菜单项，设置控件的属性，属性值如表 10-7 所示。

表 10-7　MenuStrip 控件属性设置

控 件 名	属 性 名	属 性 值
menuStrip	Name	msAdmin
	Text	管理员菜单
toolStripMenuItem1	Name	tsmiUser
	Text	用户管理

续表

控 件 名	属 性 名	属 性 值
toolStripMenuItem2	Name	tsmiNewUser
	Text	新增用户
toolStripMenuItem3	Name	tsmiNewTeacher
	Text	新增教师用户
toolStripMenuItem4	Name	tsmiNewStudent
	Text	新增学生用户
toolStripSeparator1	Name	tsSeparator
toolStripMenuItem5	Name	tsmiExit
	Text	退出
toolStripMenuItem6	Name	tsmiQuestion
	Text	题库管理
toolStripMenuItem7	Name	tsmiExam
	Text	考试管理
toolStripMenuItem8	Name	tsmiAbout
	Text	关于我们

（4）运行该窗体前，需修改 Program.cs 文件里的语句，将“`Application.Run(new LoginForm());`”改为“`Application.Run(new AdminForm());`”，运行结果如图 10-13 所示。

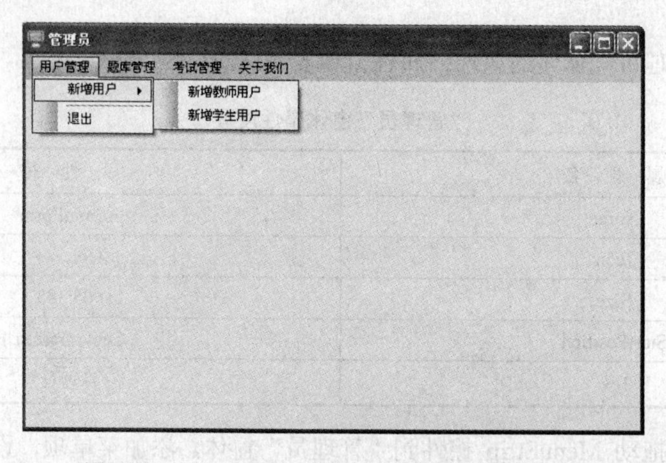

图 10-13 AdminForm 添加 MenuStrip 后运行结果

10.3.6 ToolStrip 控件

ToolStrip 控件即工具栏控件，可以将一些常用的控件单元作为子项放在工具栏中，通过各个子项与应用程序发生联系。当添加 ToolStrip 控件后，添加子项时可以选择子项的类型，如 Button、Label、SplitButton、DropDownButton、Separator、ComboBox、TextBox、ProgressBar，ToolStrip 控件的主要属性是 Text，即控件上显示的文字，控件单元的常用属性如下。

（1）DisplayStyle：设置图像和文本的显示方式。

（2）Image：设置按钮或标签上显示的图像。

（3）ImageScalingSize：设置工具栏中的项显示的图像的大小。

（4）Items：设置在工具栏中项的集合。

（5）Text：设置按钮或标签上显示的文字。

ToolStrip 控件的主要事件是 Click，当单击按钮或标签时触发该事件。

【例 10-7】 本例在“考试管理系统”管理员窗体上添加 ToolStrip 控件，步骤如下所示。

（1）打开“考试管理系统”管理员窗体，从工具箱拖动 ToolStrip 控件到窗体，添加工具栏项目，设置控件的属性，属性值如表 10-8 所示。

表 10-8　ToolStrip 控件属性设置

控 件 名	属 性 名	属 性 值
ToolStrip	Name	tsAdmin
	Text	管理员工具
toolStripDropDownButton1	Name	tsddbNewUser
	DisplayStyle	ImageAndText
	Image	UserAdd.jpg
	Text	新增用户
toolStripMenuItem	Name	tsmiNewTeacher1
	Text	新增教师用户
toolStripMenuItem	Name	tsmiNewStudent1
	Text	新增学生用户
toolStripButton1	Name	tsbtnQuestion
	DisplayStyle	ImageAndText
	Image	QuestionManage.jpg
	Text	题库管理
toolStripButton1	Name	tsbtnExam
	DisplayStyle	ImageAndText
	Image	ExamManage.jpg
	Text	考试管理

（2）运行该窗体程序，运行结果如图 10-14 所示。

10.3.7　RadioButton 控件

RadioButton 控件即单选按钮控件，通常成组出现，用于提供两个或多个互斥选项，即在一组单选按钮中只能选择一个。RadioButton 控件的常用属性如下。

（1）Checked：设置单选按钮是否被选中，选中时值为 true，未选中时值为 false。

（2）Text：设置单选按钮控件内显示的文本。

RadioButton 控件的主要事件如下。

（1）Click 事件：当单击单选按钮时，将把单选按钮的 Checked 属性值设置为 true，同时发生 Click 事件。

（2）CheckedChanged 事件：当 Checked 属性值更改时，将触发 CheckedChanged 事件。

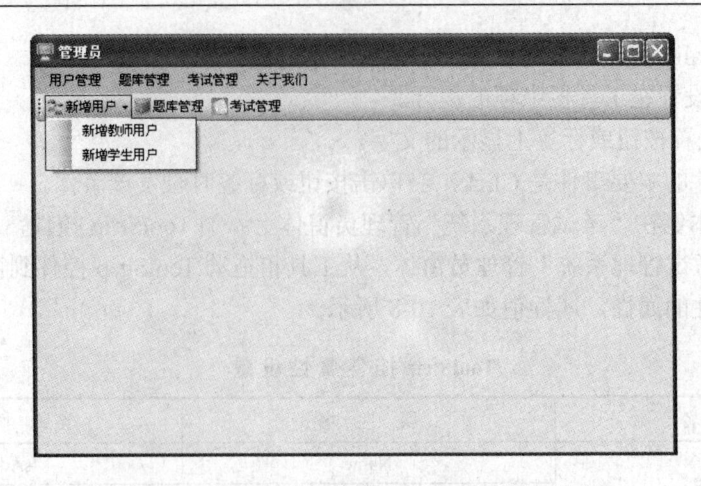

图 10-14　AdminForm 添加 ToolStrip 后运行结果

10.3.8　Panel 控件

Panel 控件即面板控件，将一组控件分组到未标记、可滚动的框架中，用于对控件集合进行分组。Panel 控件的常用属性如下。

（1）AutoScroll：设置面板滚动条是否可用，默认是禁用 False。

（2）BorderStyle：设置面板边框风格，有 None（默认）、FixedSingle 和 Fixed3D 三种。

10.3.9　ListBox 控件

ListBox 控件即列表框控件，显示一个项目列表供用户选择，在列表框中，用户一次可以选择一项，也可以选择多项。ListBox 控件的常用属性如下。

（1）Items：设置列表框中的列表项，是一个集合，可以添加、移除列表项，获得列表项的数目。

（2）SelectionMode：设置列表框是单选、多选还是不可选择。

10.3.10　GroupBox 控件

GroupBox 控件即分组框控件，用于为其他控件提供可识别的分组，典型的用法之一是给 RadioButton 控件分组。向 GroupBox 控件中添加控件的方法有两种：一是直接在分组框中绘制控件；二是把某一个已存在的控件复制到剪贴板上，然后选中分组框，再执行粘贴操作，位于分组框中的所有控件随着分组框的移动而一起移动，随着分组框的删除而全部删除。GroupBox 控件的常用属性如下。

（1）Enabled：设置是否启用该控件。

（2）Text：设置分组框中的控件向用户提供提示信息。

（3）Visible：设置该控件是否可见。

【例 10-8】 本例在“考试管理系统”项目中增加一个“新增教师用户”窗体，在窗体上添加单选按钮、列表框和分组框，步骤如下所示。

（1）打开“考试管理系统”项目，右击项目名称 ExamManage，选择“添加”→“Windows 窗体”项，名称文本框中输入 AddTeacherForm，单击“添加”按钮，在项目中添加了“新增教师用户”窗体。

（2）设置“新增教师用户”窗体的属性，属性值如表 10-9 所示。

表 10-9　“新增教师用户”窗体属性设置

属 性 名	属 性 值	属 性 名	属 性 值
Name	AddTeacherForm	Size	318，530
Icon	Icon.ico	StartPosition	CenterScreen
MaximizeBox	False	Text	新增教师用户

（3）从工具箱拖动两个 GroupBox 控件到“新增教师用户”窗体，设置控件的属性，属性值如表 10-10 所示。

表 10-10　GroupBox 控件属性设置

控 件 名	属 性 名	属 性 值
groupBox1	Name	grpBasicInfo
	Text	用户基本信息
groupBox2	Name	grpDetailInfo
	Text	用户详细信息

（4）从工具箱拖动 Label、Button、TextBox、ComboBox、Panel、RadioButton、ListBox 控件到“新增教师用户”窗体，设置控件的属性，其中 Panel、RadioButton、ListBox 属性值如表 10-11 所示。

表 10-11　Panel、RadioButton、ListBox 控件属性设置

控 件 名	属 性 名	属 性 值
panel	Name	pnlSex
radioButton1	Name	rdoMale
	Text	男
radioButton2	Name	rdoFemale
	Text	女
listBox	Name	lstCourse
	Items	网站设计 软件工程 Windows Server 2003 计算机硬件组装与维护 使用 C#开发数据库应用程序 Java 面向对象程序设计

（5）运行该窗体前，需修改 Program.cs 文件里的语句，将“`Application.Run(new AdminForm());`”改为“`Application.Run(new AddTeacherForm());`”，运行结果如图 10-15 所示。

10.3.11　CheckBox 控件

CheckBox 控件即复选框控件，与 RadioButton 相似，区别在于复选框允许零个或多个选择。CheckBox 控件的常用属性如下。

（1）Checked：设置复选框是否被选中，支持三种状态（增加一种不确定状态）。

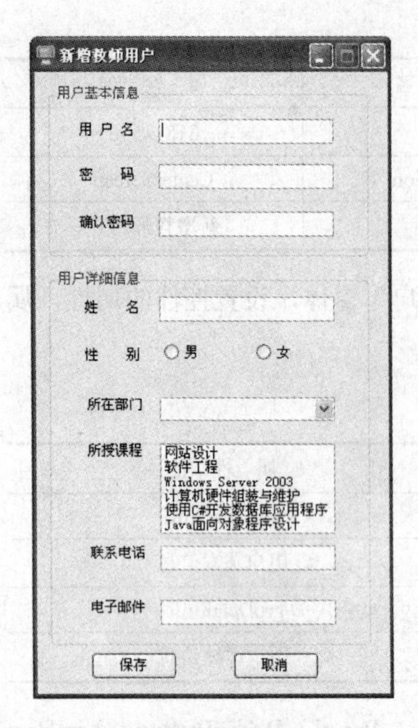

图 10-15　AddTeacherForm 运行结果

（2）CheckState：设置或返回复选框的状态。

（3）Text：设置单选按钮控件内显示的文本。

（4）ThreeState：设置是否会允许选中三种状态，默认为 false，设为 true 将激活第三种状态。

RadioButton 控件的主要事件如下。

（1）Click 事件：当单击复选框时，将把复选框的 Checked 属性值设置为 true，同时发生 Click 事件。

（2）CheckedChanged 事件：当 Checked 属性值更改时，将触发 CheckedChanged 事件。

10.3.12　TabControl 控件

TabControl 控件即选项卡控件，通常在上部有一些标签供选择，每个标签对应一个选项卡页面 TabPage，选中一个标签就会显示相应的页面而隐藏其他页面，可以实现把大量控件放在多个页面中。TabControl 控件的常用属性如下。

（1）MultiLine：设置是否可以显示多行选项卡。

（2）TabPages：包含的选项卡页的集合。

TabControl 控件的主要事件是 SelectedIndexChanged，当改变当前选择的标签时触发该事件，可以在这个事件的处理中根据程序状态来激活或禁止相应页面的某些控件。

【例 10-9】 本例在“考试管理系统”项目中增加一个“新增学生用户”窗体，在窗体上添加复选框和选项卡,步骤如下所示。

（1）打开“考试管理系统”项目，右击项目名称 ExamManage，选择“添加”→“Windows 窗体”项，名称文本框中输入 AddStudentForm，单击“添加”按钮，在项目中添加了“新增学生用户”窗体。

（2）设置“新增学生用户”窗体的属性，属性值如表 10-12 所示。

表 10-12　　“新增学生用户”窗体属性设置

属 性 名	属 性 值	属 性 名	属 性 值
Name	AddStudentForm	Size	324，485
Icon	Icon.ico	StartPosition	CenterScreen
MaximizeBox	False	Text	新增学生用户

（3）从工具箱拖动 TabControl、Label、TextBox、Panel、RadioButton、ComboBox、CheckBox、Button 控件到“新增学生用户”窗体，设置控件的属性，其中 TabControl 和 CheckBox 属性值如表 10-13 所示。

表 10-13　　TabControl 和 CheckBox 控件属性设置

控 件 名	属 性 名	属 性 值
tabControl	Name	tabNewStudent
tabPage1	Name	tpBasicInfo

续表

控 件 名	属 性 名	属 性 值
tabPage1	Text	用户基本信息
tabPage2	Name	tpDetailInfo
	Text	用户详细信息
checkBox1	Name	chkComputer1
	Text	计算机一级
checkBox2	Name	chkComputer2
	Text	计算机二级
checkBox3	Name	chkComputer3
	Text	计算机三级
checkBox4	Name	chkComputer4
	Text	计算机四级

（4）运行该窗体前，需修改 Program.cs 文件里的语句，将“`Application.Run(new AddTeacherForm());`”改为“`Application.Run(new AddStudentForm());`”，运行结果如图 10-16 所示。

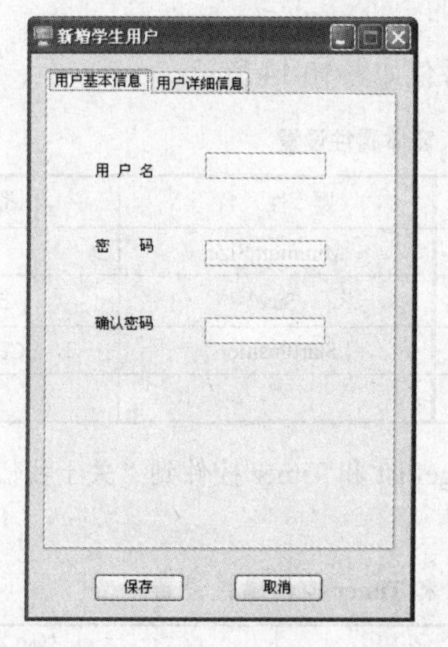

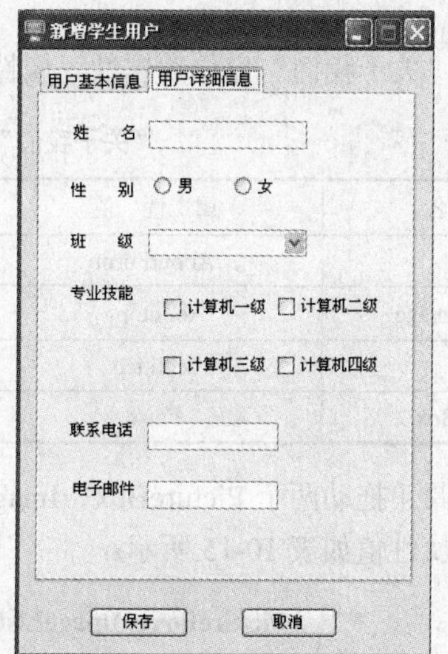

图 10-16　AddStudentForm 运行结果

10.3.13　PictureBox 控件

PictureBox 控件即图片框控件，显示位图、GIF、JPEG 等格式的图片或者图标。PictureBox 控件的常用属性如下。

（1）BackColor：设置图片框背景颜色。

（2）Image：设置图片框显示的图像。

（3）Size：设置图片框大小。

（4）SizeMode：指定如何处理图片的位置和控件的大小。

控件的主要事件是 Click，当单击图片框时触发该事件。

10.3.14 ImageList 控件

ImageList 控件即图像列表控件，存放的图像就像存放在数组中一样。每个图像都有一个索引值，从0开始，使用 Images[索引值]可以定位到一个图像。ImageList 控件的常用属性如下。

（1）Images：存储在图像列表中的所有图像。

（2）ImageSize：图像列表中图像的大小。

（3）TransparentColor：被视为透明的颜色。

10.3.15 Timer 控件

Timer 控件即定时器控件，让程序每隔一定时间重复做一件事情。Timer 控件的常用属性如下。

（1）Enabled：是否定时引发事件。

（2）Interval：事件发生的频率，以 ms 为单位。

Timer 控件的主要事件是 Tick，定时发生某事件。

【例 10-10】 本例在“考试管理系统”项目中增加一个“关于我们”窗体，在窗体上添加图片框、图像列表和计时器，步骤如下所示。

（1）打开“考试管理系统”项目，右击项目名称 ExamManage，选择“添加”→“Windows 窗体”项，名称文本框中输入 AboutForm，单击“添加”按钮，在项目中添加了“关于我们”窗体。

（2）设置“关于我们”窗体的属性，属性值如表 10-14 所示。

表 10-14 “关于我们”窗体属性设置

属 性 名	属 性 值	属 性 名	属 性 值
Name	AboutForm	MinimumSize	False
BackgroundImage	About.jpg	Size	504，334
Icon	Icon.ico	StartPosition	CenterScreen
MaximizeBox	False		

（3）从工具箱拖动两个 PictureBox、ImageList 和 Timer 控件到“关于我们”窗体，设置控件的属性，属性值如表 10-15 所示：

表 10-15 PictureBox、ImageList 和 Timer 控件属性设置

控 件 名	属 性 名	属 性 值
pictureBox1	Name	picAnimation
	BackColor	Web→Transparent
	Size	93, 64
	SizeMode	AutoSize
pictureBox2	Name	picOK
	BackColor	Web→Transparent
	Cursor	Hand
	Size	79, 22
imageList	Name	ilAnimation

续表

控 件 名	属 性 名	属 性 值
imageList	Images	ya1.gif ya2.gif ya3.gif ya4.gif ya5.gif ya6.gif ya7.gif ya8.gif
	TransparentColor	Web→White
timer	Name	tmrAnimation
	Enabled	true
	Interval	200

（4）给 timer 控件添加 Tick 事件，定时变换图片框中的图片，代码如下。

```
1. private void tmrAnimation_Tick(object sender, EventArgs e)
2. {
3.    if (index<ilAnimation.Images.Count-1)//当前显示的图片索引没有到最大值就继续增加
4.    {
5.      index++;
6.    }
7.    else //否则从第一个图片开始显示，索引从 0 开始
8.    {
9.       index = 0;
10.    }
11.    picAnimation.Image = ilAnimation.Images[index]; //设置图片框显示的图片
12. }
```

（5）给 PictureBox 控件添加 Click 事件，关闭窗体，代码如下：

```
1. private void picOK_Click(object sender, EventArgs e)
2. {
3.    this.Close();
4. }
```

（6）运行该窗体前，需修改 Program.cs 文件里的语句，将“Application.Run(new AddStudentForm());”改为“Application.Run(new AboutForm());”，运行结果如图 10-17 所示。

图 10-17　AboutForm 运行结果

10.4　窗体设计进阶

10.4.1　MessageBox 消息框

MessageBox 即消息框，用于显示消息或向用户请求信息，消息框有以下四种类型。

（1）最简单的消息框，代码如下。

```
MessageBox.Show("确定退出吗？");
```

（2）带标题的消息框，代码如下。

```
MessageBox.Show("确定退出吗？", "输入提示");
```

（3）带标题、按钮的消息框，代码如下。

```
MessageBox.Show( "确定退出吗？", "输入提示", MessageBoxButtons.OKCancel );
```

（4）带标题、按钮、图标的消息框，代码如下。

```
MessageBox.Show( "确定退出吗？", "输入提示", MessageBoxButtons.OKCancel,
MessageBoxIcon.Information );
```

其中，MessageBoxButtons 提供按钮的类型，如第 3 种消息框中“OKCancel”表示“确定”、“取消”按钮，MessageBoxIcon 提供图标类型，如第 4 种消息框中“Information” 表示消息图标。当用户单击了消息框中的“确定”或“取消”按钮，应用程序如何获取用户点了哪个按钮？此时，需要获取消息框的返回值，代码如下。

```
1. DialogResult result = MessageBox.Show("请输入用户姓名", "输入提示",
   MessageBoxButtons.OKCancel, MessageBoxIcon.Information);
2. if (result == DialogResult.OK)
3. {
4.     MessageBox.Show("你选择了确认按钮");
5. }
6. else
7. {
8.     MessageBox.Show("你选择了取消按钮");
9. }
```

10.4.2　用户输入验证

当用户登录系统时，对用户进行验证，能够防止非法用户登录，保证系统的安全性。验证主要分以下两种情况。

（1）用户是否输入了用户名和密码。

（2）用户输入的用户名和密码是否存在。

本章先针对第一种情况进行讨论，判断用户是否输入了用户名和密码，验证的代码如下。

```
1. if(this.txtUserName.Text.Trim().Equals(string.Empty))
2. {
3.       MessageBox.Show("请输入用户名","输入提示", MessageBoxButtons.OK,
4.           MessageBoxIcon.Information);
5.       this.txtUserName.Focus();
6.       return false;
7. }
```

其中，Trim()方法是去除空格，Focus()方法是获得输入焦点。

10.4.3　窗体间的跳转

应用程序中窗体间的跳转能实现不同窗体之间的切换，实现不同窗体的功能。窗体间跳转的步骤如下。

（1）定义窗体对象，例如，被调用的窗体类名　窗体对象 = new 被调用的窗体类名();。

（2）显示窗体，例如，窗体对象.Show();。

【例 10-11】 本例在“考试管理系统”登录窗体上给“登录”和“取消”按钮添加 Click 事件,当单击“登录”按钮时，对用户输入的“用户名”、“密码”和“用户类型”进行验证，弹出相应的消息框，“用户类型”选择“管理员”，打开“管理员”窗体，当单击“取消”按钮时退出应用程序。步骤如下所示。

（1）打开“考试管理系统”登录窗体，双击“登录”按钮，打开代码编辑窗口，鼠标定位在“登录”按钮的 Click 事件中，为了对用户名、密码和用户类型进行非空验证，定义一个方法 CheckInput()，代码如下。

```
1.public bool CheckInput()
2.{
3.     if (this.txtName.Text.Trim().Equals(string.Empty))      //用户名为空
4.     {
5.      MessageBox.Show("请输入用户名","输入提示", MessageBoxButtons.OK,
6.         MessageBoxIcon.Information);
7.          this.txtName.Focus();
8.          return false;
9.      }
10.     else if (this.txtPwd.Text.Trim().Equals(string.Empty))//密码为空
11.     {
12.      MessageBox.Show("请输入用户名","输入提示",MessageBoxButtons.OK,
   MessageBoxIcon.Information);
13.        this.txtPwd.Focus();
14.        return false;
15.     }
16.     else if (this.cboType.Text.Trim().Equals(string.Empty))//用户类型为空
17.     {
18.       MessageBox.Show("请输入用户名","输入提示", MessageBoxButtons.OK,
   MessageBoxIcon.Information);
19.         this.cboType.Focus();
20.         return false;
21.     }
22.     else
23.     {
24.          return true;
25.      }
26. }
```

（2）实现“登录”按钮的 Click 事件，当“用户类型”选择“管理员”时，打开“管理员”窗体，代码如下。

```
1. private void btnLogin_Click(object sender, EventArgs e)
2. {
3.     if (CheckInput())    //用户名、密码和用户类型都不为空
```

```
4.        {
5.            if (this.cboType.Text.Equals("管理员"))//显示管理员窗体
6.            {
7.                AdminForm frmAdmin = new AdminForm();
8.                 frmAdmin.Show();
9.             }
10.            this.Hide();                          // 隐藏登录窗体
11.      }
12. }
```

（3）实现“取消”按钮的Click事件，单击“取消”按钮时，退出应用程序，代码如下。

```
1. private void btnCancle_Click(object sender, EventArgs e)
2. {
3.     DialogResult result = MessageBox.Show("确认要取消吗？", "操作提示",
4.       MessageBoxButtons.YesNo, MessageBoxIcon.Question);
5.     if (result == DialogResult.Yes)
6.     {
7.          Application.Exit();
8.     }
9. }
```

（4）运行登录窗体，运行结果如图10-18～图10-21所示。

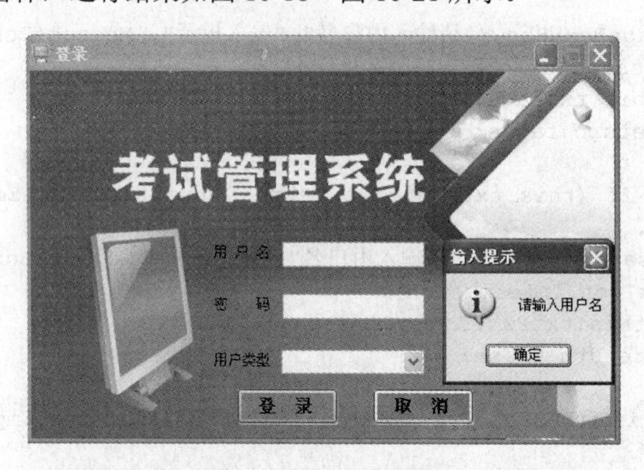

图10-18　未输入用户名弹出消息框运行结果

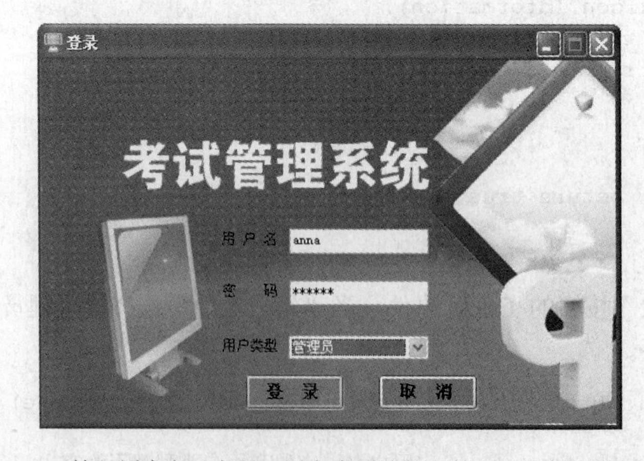

图10-19　输入用户名、密码，用户类型选择“管理员”运行结果（1）

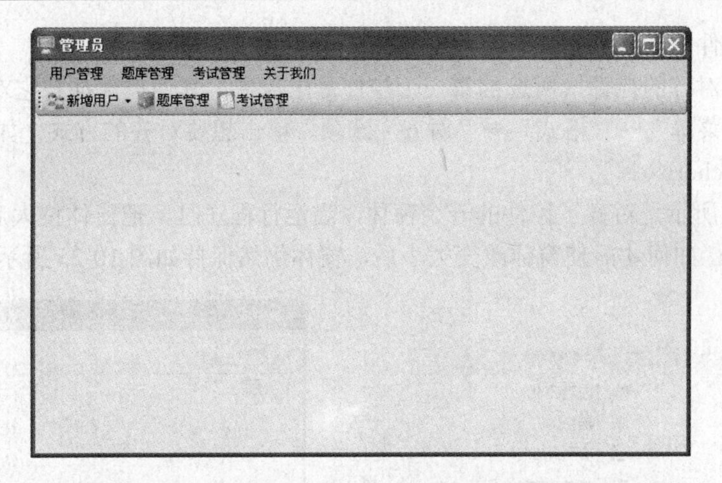

图 10-20　输入用户名、密码，用户类型选择“管理员”运行结果（2）

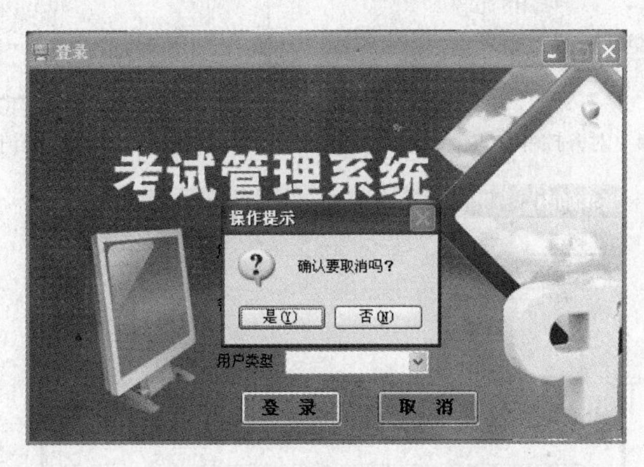

图 10-21　单击“取消”按钮弹出消息框运行结果

10.4.4　排列窗体上的控件

应用程序不仅功能要强大，界面也要美观友好。例如，窗体上的控件要排列整齐，当窗体的大小改变时，窗体上的控件也要做相应的调整。Visual Studio 2010 提供了非常方便的多种排列控件的方法。

1. 对齐

初学 WinForms，设计的窗体很不美观，如图 10-22 所示。如何才能非常快速地对齐控件，让它变成如图 10-23 所示的窗体？这就需要使用 Visual Studio 2010 的对齐功能。

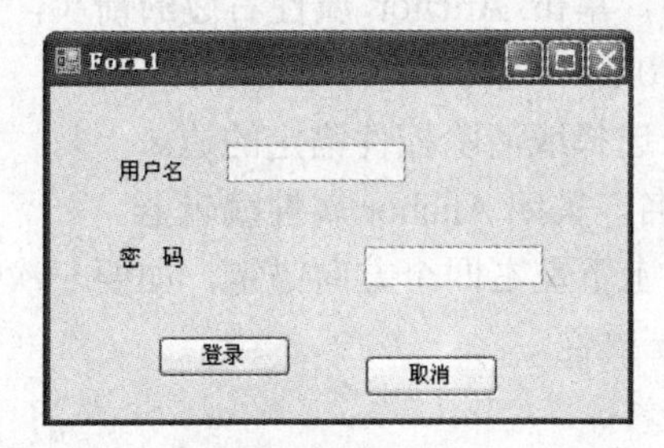

图 10-22　原始窗体

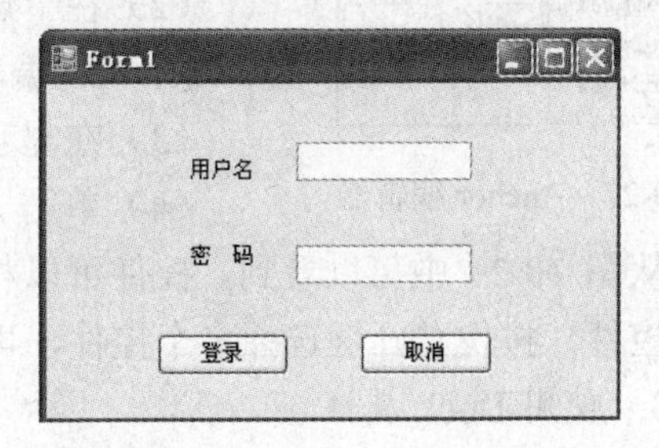

图 10-23　对齐控件后的窗体

对齐窗口控件的步骤如下。

（1）选择要对齐的控件（所选的第一个控件是主控件，其他控件都与它对齐）。

（2）单击“菜单”→“格式”→“对齐”选项，单击想要对齐的方式，如图10-24所示。

2. 使用Anchor属性

如图10-25所示是对齐了控件的一个窗体，当运行程序时，把窗体拉大后，窗体变成了如图10-26所示，如何才能使窗体改变大小后，窗体仍然保持如图10-25所示的样子？

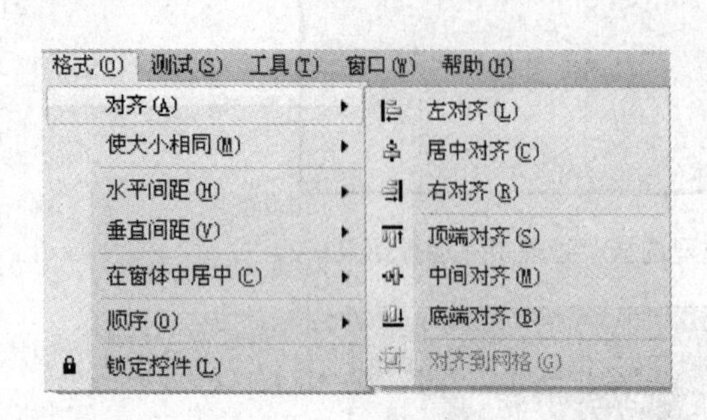

图10-24 对齐控件

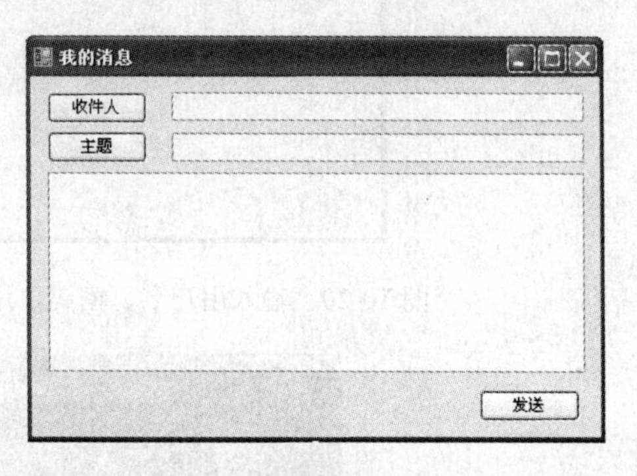

图10-25 “我的消息”窗体

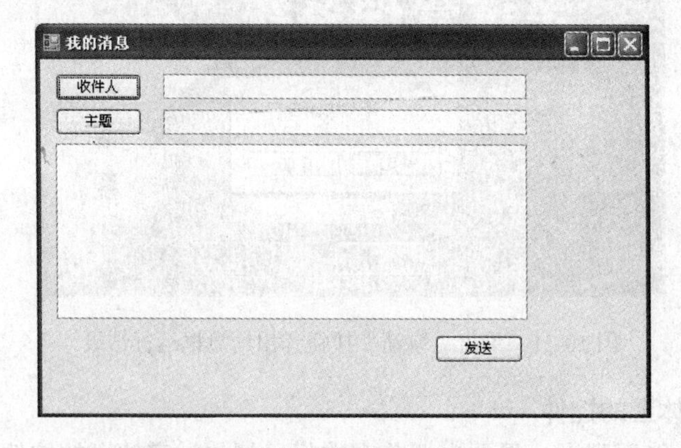

图10-26 改变窗体大小后的“我的消息”窗体

WinForms中为控件提供了Anchor属性。Anchor是锚定的意思，用于设置控件相对于窗体的某个或某几个边缘的距离保持不变，可以实现与窗体一起动态调整控件的大小。WinForms中的每个控件都有该属性。锚定控件的步骤如下。

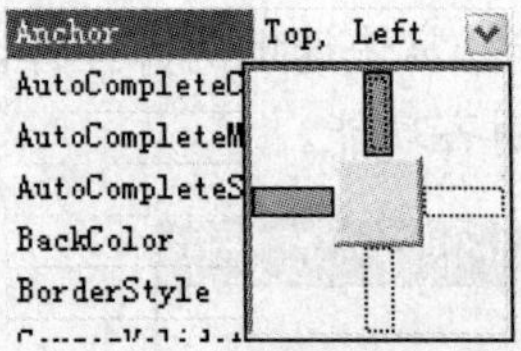

（1）选择要锚定的控件。

（2）在“属性”窗体中，单击Anchor属性右边的箭头，显示Anchor属性编辑器，如图10-27所示。

（3）在显示的十字星上选择或清除控件锚定的边。

（4）单击Anchor属性名，关闭Anchor属性编辑器。

图10-27 Anchor编辑器

从图10-29中可以看到，控件可以相对于窗体的上下左右四个方向锚定，如要一次锚定多个控件，按住Ctrl键选择多个控件，再设置Anchor属性。

3. 使用Dock属性

除了让控件跟随窗体动态调整大小，还可以让控件始终保持在窗体的边缘或填充窗体。

例如 Windows 中的记事本，它的菜单总是在窗体的最上边，而它的文本输入区域中填充了窗体的剩余部分。要实现类似这样的效果，需要使用 Dock 属性。停靠控件的步骤与设置 Anchor 属性类似，步骤如下。

（1）选择要停靠的控件。

（2）在“属性”窗口中，单击 Dock 属性右边的箭头，显示 Dock 编辑器，如图 10-28 所示。

（3）选择停靠方式，单击最下面的 None 项清除停靠方式。

（4）单击 Dock 属性名，关闭 Dock 编辑器。

从图 10-28 中可以看到，可以让控件停靠在窗体的上下左右，或者填充窗体，也可以不停靠。

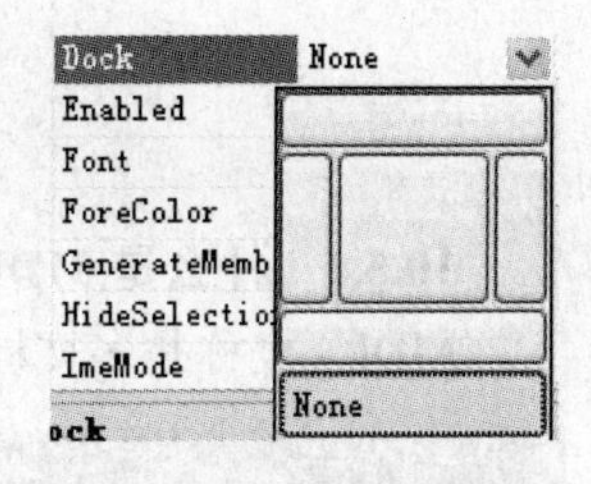

图 10-28　Dock 编辑器

10.4.5　模式窗体和非模式窗体

模式窗体：当窗体显示时禁止访问应用程序的其他部分。如果正在显示的对话框在处理前必须由用户确认，那么这种窗体是非常有用的。

非模式窗体：在显示无模式窗体时，允许使用应用程序的其他部分。如果窗体在很长一段时间内都可以使用，那么这种窗体是非常有用的。

平时看到的“关于”窗体，关闭后才能继续其他操作，为了达到这种效果，需要修改[例 10-7] 的代码。

【例 10-12】 本例在“考试管理系统”管理员窗体上给“关于我们”菜单项添加 Click 事件,实现模式窗体的功能。步骤如下所示。

（1）打开［例 10-7］的项目，打开管理员窗体。

（2）单击“关于我们”菜单项，生成 Click 事件处理方法，在方法中添加显示“关于我们”窗体的代码，代码如下。

```
1. private void tsmiAbout_Click(object sender, EventArgs e)
2. {
3.     AboutForm frmAbout = new AboutForm();
4.     frmAbout.ShowDialog(); //打开“关于”窗体，显示为模式窗口
5. }
```

（3）运行管理员窗体，运行结果如图 10-29 所示。

图 10-29　管理员窗体“关于我们”菜单项 Click 事件运行结果

从运行结果可以发现，以前使用 Show()方法显示一个新窗体，现在使用 ShowDialog()方法。使用 ShowDialog()方法可以将窗体显示为模式窗体，而使用 Show()方法可以将窗体显示为非模式窗体。

10.5　创建 MDI 应用程序

10.5.1　什么是 MDI

MDI，全称是多文档界面（Multiple Document Interface），主要应用于基于图形用户界面的系统中。其目的是同时打开和显示多个文档，便于参考和编辑资料。并非所有基于图形用户界面的软件都具有 MDI，许多软件如 MS Windows 下的记事本，在同一记事本应用程序中，不允许创建第二个文本文件，必须新建一个记事本来打开第二个文本文件，如图 10-30 所示。因此它不能被称为是具有 MDI 的软件。但是 Microsoft Office Excel 则可以同时打开多个文件窗口（文档），如图 10-31 所示。因此它是 MDI 软件。MDI 可以使用多种方式组织文档，包括窗口、标签（tab）、缓冲区（buffer）等。

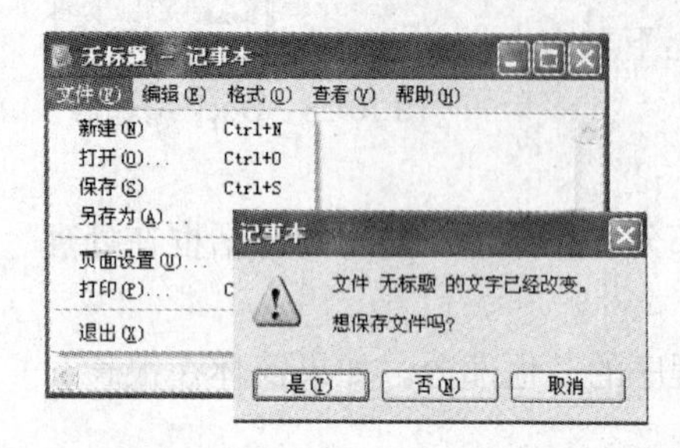

图 10-30　新建记事本文件

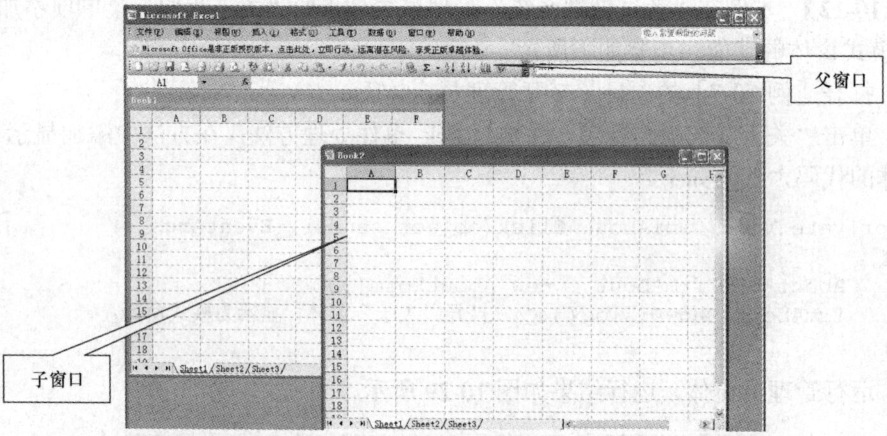

图 10-31　Microsoft Office Excel

10.5.2　创建 MDI

创建 MDI 的步骤如下。

（1）父窗体的 IsMdiContainer 属性设置为 True。

（2）子窗体的 MdiParent 属性设置为父窗体。

【例 10-13】 本例在“考试管理系统”管理员窗体打开“新增教师用户”和“新增学生用户”窗体实现 MDI 的功能，步骤如下所示。

（1）打开［例 10-12］项目中的管理员窗体，设置窗体的 IsMdiContainer 属性为 True，WindowState 属性为 Maximized。

（2）单击“用户管理”→“新增用户”→“新增教师用户”菜单，生成 Click 事件处理方法，打开“新增教师用户”窗体，在方法中将“新增教师用户”窗体的 MdiParent 属性设置为管理员窗体，代码如下。

```
1. AddTeacherForm addTeacherForm = new AddTeacherForm();
2. addTeacherForm.MdiParent = this;
3. addTeacherForm.Show();
```

（3）单击“用户管理”→“新增用户”→“新增学生用户”菜单，生成 Click 事件处理方法，打开“新增学生用户”窗体，在方法中将“新增学生用户”窗体的 MdiParent 属性设置为管理员窗体，代码如下。

```
1. AddStudentForm addStudentForm = new AddStudentForm();
2. addStudentForm.MdiParent = this;
3. addStudentForm.Show();
```

（4）运行“管理”员窗体，分别单击“新增教师用户”和“新增学生用户”菜单，运行结果如图 10-32 所示。

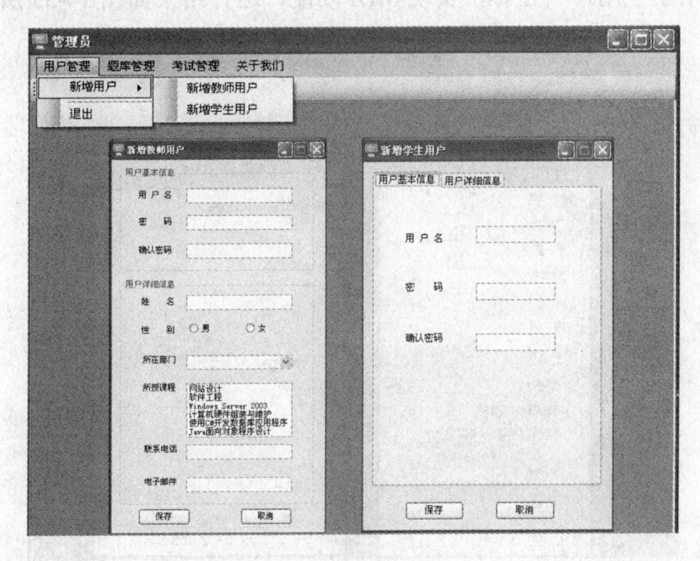

图 10-32　MDI 运行结果

本 章 小 结

（1）使用窗体的属性设计窗体，窗体常用的属性有 BackColor、StartPosition、Text 等。

（2）使用标签（Label）、文本框（TextBox）、组合框（ComboBox）、按钮（Button）设计窗体界面，这些控件有通用的属性，如 Name、Text，也有各自特有的属性。

（3）使用 MessageBox 弹出四种消息框，使用 DialogResult 获得消息框的返回值。

（4）窗体间的跳转通过定义窗体对象和显示窗体实现。

（5）排列窗体的控件有三种方式：对齐、使用 Anchor 属性、Dock 属性。

（6）使用 ShowDialog( )方法可以将窗体显示为模式窗体，使用 Show( )方法可以将窗体显示为非模式窗体。

（7）创建多文档界面（MDI），需要分别设置父窗体和子窗体的属性。

实 训 指 导

实训名称：C#可视化编程

1. 实训目的

（1）掌握窗体和常用控件的使用。

（2）掌握简单的事件处理。

（3）掌握 MessageBox 消息框的使用。

（4）掌握窗体间的跳转。

2. 实训内容

（1）打开 ExamManage 项目的“管理员”窗体，单击工具栏中的“新增用户”项，给“新增教师用户”和“新增学生用户”菜单项分别生成 Click 事件处理方法，分别打开“新增教师用户”和“新增学生用户”窗体，实现 MDI 功能，运行结果如图 10-33 所示。

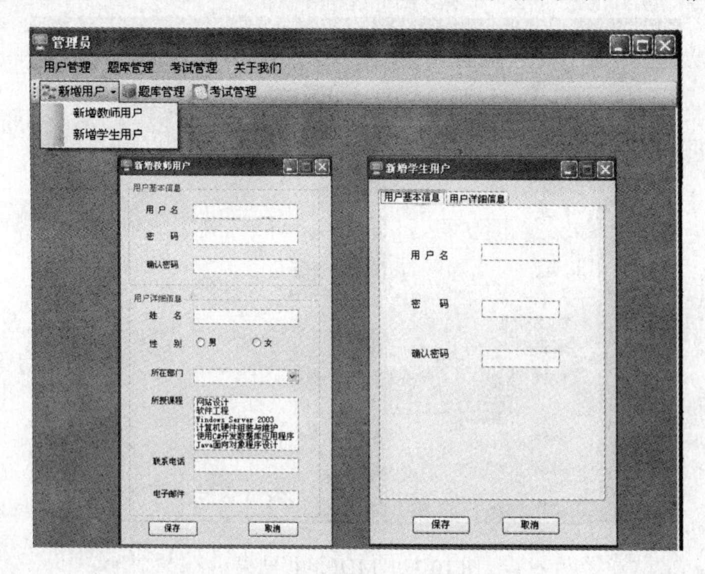

图 10-33　管理员窗体 MDI 运行结果

（2）给“用户管理”菜单的“退出”菜单项生成 Click 事件处理方法。如果用户确认退出，就退出应用程序，运行结果如图 10-34 所示。

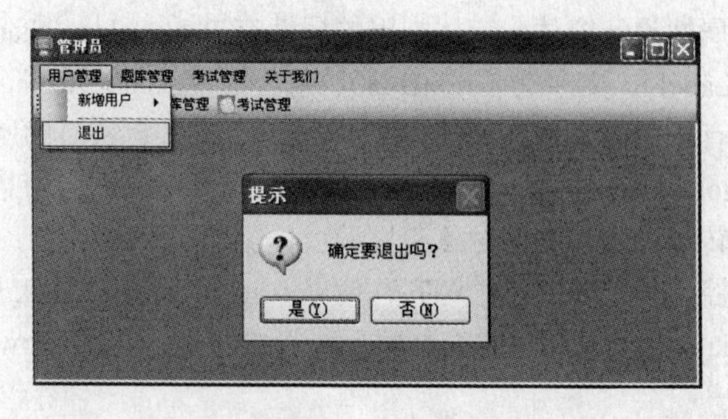

图 10-34 “退出”Click 事件运行结果

（3）在项目中添加“增加试题”窗体，在“题库管理”菜单添加“增加试题”菜单项，生成 Click 事件处理方法，弹出“增加试题”窗体，给“增加”按钮生成 Click 事件处理方法，对用户在窗体上的输入进行验证，包括问题、难度级别和科目，如用户未输入完全或输入完全，分别弹出消息框，给“关闭”按钮生成 Click 事件处理方法，关闭当前窗体，运行结果如图 10-35 和图 10-36 所示。

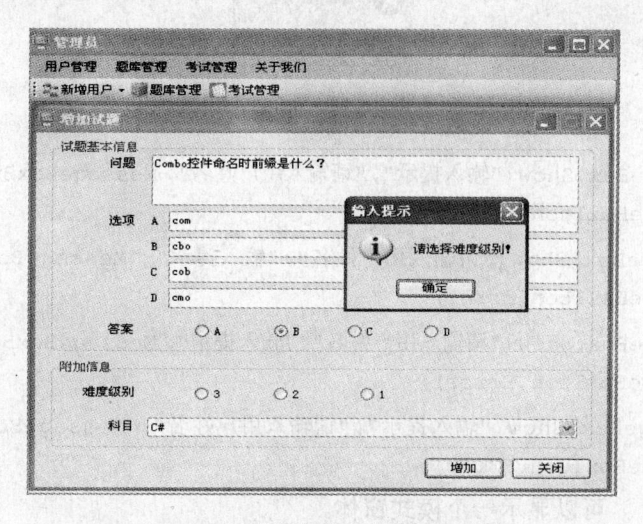

图 10-35　用户未输入完全运行结果

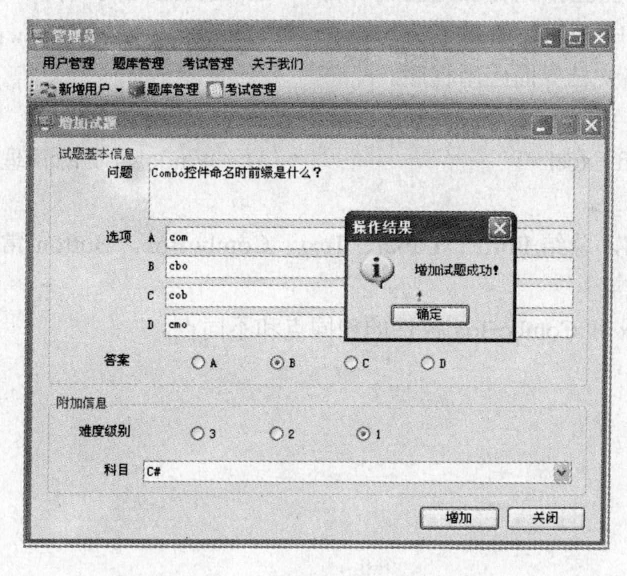

图 10-36　用户输入完全运行结果

习　　题

一、选择题

1．用 ImageList 控件显示图片时，应将该控件的（　　）属性设置为显示的图片。

A．Image　　B．ImageList　　C．Picture　　D．Images

2．计时器Timer控件的Interval属性可以设置定时发生事件的间隔，它的单位是（　　）。

A．秒　　B．毫秒　　C．微妙　　D．分

3．要想显示如图10-37所示的消息框，则代码为（　　）。

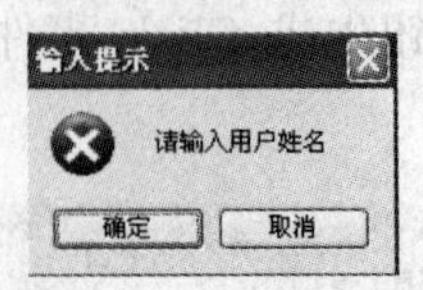

图10-37　消息框

A．`MessageBox.Show("输入提示","请输入用户姓名",MessageBoxButtons.OKCancle, MessageBoxIcon.Error);`

B．`MessageBox.Show("请输入用户姓名","输入提示", MessageBoxButtons.YesNo, MessageBoxIcon.Error);`

C．`MessageBox.Show("请输入用户姓名","输入提示",MessageBoxButtons.OKCancle, MessageBoxIcon.Error);`

D．`MessageBox.Show("输入提示","请输入用户姓名", MessageBoxButtons.YesNo, MessageBoxIcon.Error);`

4．下面（　　）可以显示一个模式窗体。

A．`Application.Run(new Form1());`　　B．`form1.Show();`

C．`form1.ShowDialog();`　　D．`MessageBox.Show();`

5．（　　）是多文档界面应用程序。

A．记事本　　B．Microsoft Word

C．Microsoft Excel　　D．Windows资源管理器

二、简答题

1．查阅MSDN，总结Form、Label、Text、ComboBox、Button常用的属性、方法和事件。

2．比较ListBox和ComboBox控件的相同点和不同点。

第 11 章　使用 ADO.NET 访问数据库

11.1　ADO.NET　概　述

任何商业应用程序的核心内容都是数据。想象一下公司保留的描述雇员细节的数据，如薪水、业绩和考勤等，这就是人事管理系统的一部分内容。各种基于数据的应用软件，都需要以某种方式访问外部数据，这些数据可以来自各种数据库系统，也可以来自 Excel、XML 等数据。

微软公司的.NET Framework 在 System.Data 命名空间中提供一组特殊的对象，System.Data 命名空间使得用户可以相对容易地访问所有的数据。从总体上来说，这些对象就组成了 ADO.NET 技术框架。除此之外，还有第三方厂商提供了基于 ADO.NET 技术框架的各种对象，以便.NET 可以访问他们开发的数据库系统，来开发各种应用，如行业 ERP、物流、电子商务、电子政务、电信 BOSS、保险理赔等。

1. ADO.NET 结构

ADO.NET 是一种基于标准的程序设计模型，可以用来创建分布式应用以实现数据共享。ADO.NET 有两个重要的组成部分——DataSet 和.NET 数据提供者。如图 11-1 所示为 ADO.NET 的结构。

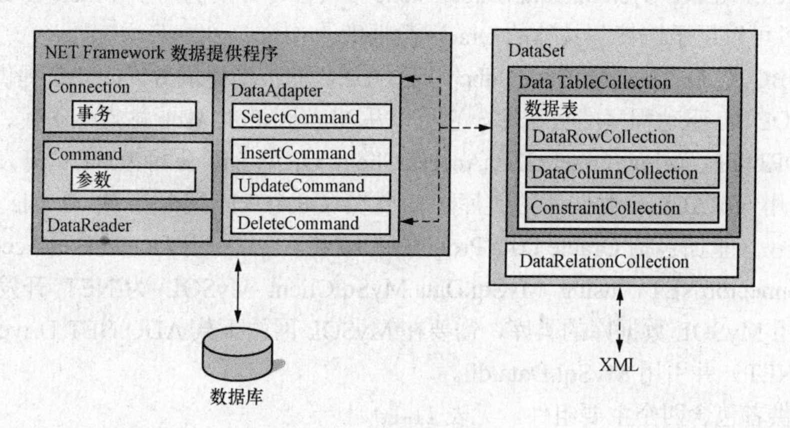

图 11-1　ADO.NET 结构

ADO.NET 包含 System.Data 命名空间中的一组对象，System.Data 命名空间可以通过.NET 数据提供者（Data Provider）与数据库通信。ADO.NET 对象允许连接到数据库，在数据库中检索、编辑、删除和插入数据，并在程序中处理数据。

2. ADO.NET 的优点

ADD.NET 的优点如下。

（1）互操作性强。

（2）性能稳定，效率高。

（3）可伸缩性强。

（4）标准化的数据存储结构。

（5）具有可编程能力。

（6）可扩展性强。

给多种流行的数据库系统提供一致的编程方式。

11.2 .NET 数据提供者

DataSet 用于以表格格式在程序内存中放置一组数据，它不关心数据的来源。而数据提供者则与各种数据库系统相关，包含许多针对数据源的组件，这些组件允许用户连接到特定的数据源或数据库上，并与之通信，将数据读入 DataSet 或将 DataSet 中的数据写入数据库中。常见的数据提供者如下。

（1）SQL Server，using System.Data.SqlClient 用于 SQL Server 的数据提供者，用于连接到 SQL Server 7.0 或更高版本及数据库。SQL Server 提供者作为.NET Framework 的一部分安装。如果需要连接到 SQL Server 6.5 或更早的数据库版本，就需要使用 OLE DB 提供者。

（2）OLE DB，using System.Data.OleDb 用于 OLE DB 的数据提供者，用于通过 OLE DB 连接到数据源。如同 SQL Server 提供者一样，它也随.NET Framework 安装。OLE DB 提供者虽然也能连接到 SQL Server，但显然专门用于 SQL Server 的数据提供者的连接 SqlConnection 性能要优于 OleDbConnection。

（3）Oracle，using System.Data.OracleClient 微软公司开发的用于 Oracle 的数据提供者。Oracle 提供者可以用于连接到具体的 Oracle 数据库。

（4）ODBC，using System.Data.Odbc 用于 ODBC 的数据提供者。ODBC 提供者可以用于连接到具有 ODBC 驱动程序的数据库。它可以从 Microsoft 的 Web 站点上下载。

（5）ODP.NET，using Oracle.DataAccess.Client ORACLE 公司为.NET 开发者发布的一个 .NET 使用 ORACLE 数据库的类库，需要在 ORACLE 网站下载 Oracle Data Access Components 包（里面包括 Oracle Data Provider for .NET）并引用 Oracle.DataAccess.dll。

（6）Connector/NET，using MySql.Data.MySqlClient MySQL 为.NET 开发者发布的一个 .NET 使用 MySQL 数据库的类库，需要在 MySQL 网站下载 ADO.NET Driver for MySQL（Connector/NET）并引用 MySql.Data.dll。

数据提供者包含四个主要组件，见表 11-1。

表 11-1　数据提供者包含的四个主要组件

组 件 名 称	说　明
Connection	用于连接到数据库或其他数据源
Command	用于在数据库中检索、编辑、删除或插入数据
DataReader	从数据源提供数据流。只允许以只读、顺向的方式查看其中所存储的数据
DataAdapter	使用来自数据源的数据填充 DataSet，并将 DataSet 中的更改更新到数据源

但是，当使用这些对象时，实际上不是通过其名称引用它们。每一个提供者都有自己的

类的实现，它们都具有相同的方法和属性。例如，如果用户希望创建到 SQL Server 数据库的连接，则可以使用 SqlConnection 对象，或者希望连接到 ODBC 数据源，就可以使用 OdbcConnection。这两种对象都实现 IDbConnection，因此它们都具有相同的方法和属性集。

11.3　Connection 连接对象

了解了有关 ADO.NET 的基本知识后，开始学习如何访问数据。要访问数据首先必须建立应用程序与数据的连接。数据的来源有很多种，可以是 Access、SQL Server、Oracle、MySql 等数据库，还可以是文本文件、Excel 电子表格或者 XML 文件。不同的数据源有不同的连接方法。本节介绍如何使用 ADO.NET 技术连接到数据源。

11.3.1　定义数据库连接

1. Connection 对象

Connection 对象相当于应用程序和数据库之间的桥梁。它有以下三个关键点。

（1）ConnectionString：连接字符串属性。

（2）Open：打开连接方法。

（3）Close：关闭连接方法。

表 11-2 所示为 ADO.NET 常见连接（Connection）类型。

表 11-2　**ADO.NET 常见连接类型**

.NET Framework 数据提供程序	Connection 类
SQL Server 数据提供程序	SqlConnection
OLE DB 数据提供程序	OleDbConnection
Oracle 数据提供程序	OracleConnection
ODBC 数据提供程序	OdbcConnection
MySQL 数据提供程序	MySqlConnection

2. 连接字符串

连接字符串是 Connection 对象的一个属性，用于描述如何连接到一个指定的数据库。它是由一系列的关键字和值对构成的，并用分号隔开。连接字符串描述以下问题。

（1）连接到一个特定的数据源。

（2）连接数据库的配置信息及相关登录信息、安全信息。

连接字符串的格式：关键字 1=值 1；关键字 2=值 2；关键字 3=值 3，…，最后一个键值对不需要加分号，连接字符串通常不区分大小写。

3. 连接字符串中的关键字

连接字符串主要包含以下主要关键字。

Provider：仅用于 OLE DB 数据提供者连接数据源的方式。

Data Source 或 Server：设置的值为数据服务器名称。

Initial Catalog 或 Database：设置的值为数据库的名称。

Integrated Security 或 Trusted_Connection：可以设置为 true、false、yes、no。true、yes、 sspi等价，表示使用Windows身份验证模式连接数据库。

User ID或uid：设置为用户名，可以选择Windows身份验证方式或者用户名加密码验证方式连接数据库。

Password或pwd：设置为密码，如果密码为空，可以省略该键值对。

Persist Security Info：是否保存安全信息，可以简单理解为连接数据库成功后是否保存密码信息，建议选择false。

Connection Timeout：设置连接数据库超时的时间，超过该时间会触发异常。单位为s，默认值为30s。

11.3.2 使用数据库连接

1. 打开和关闭一个连接

要连接数据库，首先要打开一个数据库连接，生成Connection对象，并设置连接字符串，然后调用Open()方法来打开一个连接。当连接不再需要时，应该关闭数据库的连接，关闭数据库的连接使用Close()方法。

当使用DataAdapter对象，调用这些对象的方法时（Fill方法、Update方法）会自动检查连接是否打开，可以不调用Open()和Close()方法，其他情况下要显式调用Open()方法才可以对数据库进行操作。

2. SQL Server数据提供程序的Connection对象

SQL Server数据提供程序的Connection对象为SqlConnection对象，用于连接SQL Server。表11-3是SqlConnection对象常用的属性、方法和事件，其他的数据提供程序的Connection对象也有相同的属性、方法和事件，因为这些对象都实现IDbConnection接口，因此对不同的数据库管理系统ADO.NET的编程方式是类似的。

表11-3 SqlConnection对象常用的属性、方法和事件

属　性	说　明
ConnectionString	获取或设置用于打开 SQL Server 数据库的连接字符串。
State	指示 **SqlConnection** 的状态。该属性常见的值有：ConnectionState.Open（连接处于打开状态）和ConnectionState.Closed（连接处于关闭状态）
方　法	说　明
Open	使用 **ConnectionString** 所指定的属性设置打开数据库连接。
Close	关闭与数据库的连接。
事　件	说　明
StateChange	当连接状态更改时发生。

【例11-1】 综合运用表11-3所示的属性和方法，按照以下步骤写代码连接到HR（人力资源管理）数据库。

（1）创建一个名为“HR”的数据库以及相关表。

（2）创建一个Windows窗体应用程序“TestConnection”工程。如图11-2所示，在Form1界面上拖入两个按钮button1和button2，并把它们的Text改为“打开数据库连接”和“关闭数据库连接”。

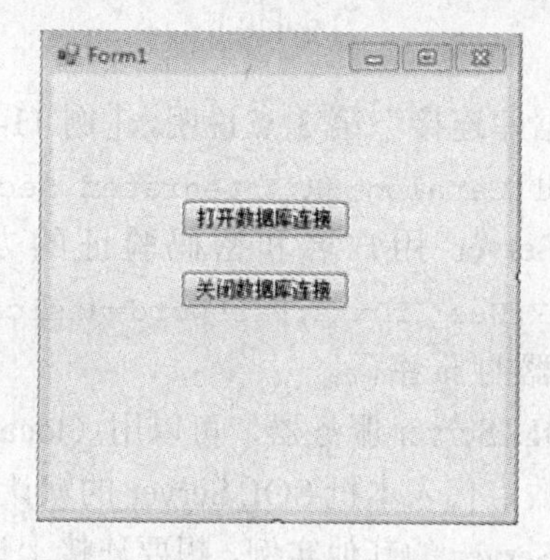

图 11-2　TestConnection 应用程序

（3）双击图 11-2 中的“打开数据连接”和“关闭数据库连接”按钮，产生它们的事件处理函数 button1_Click 和 button2_Click，在 Form1.cs 代码区域按照图 11-3 中的相应位置和顺序输入代码。

```
using System.Data.SqlClient;// ① 引用访问SQL Server数据库的数据提供程序
namespace TestConnection
{
    public partial class Form1 : Form
    {
        SqlConnection conn;// ② 声明SqlConnection连接对象conn
        public Form1()
        {
            InitializeComponent();
        }

        private void button1_Click(object sender, EventArgs e)
        {
            conn = new SqlConnection();// ③ 实例化连接对象conn
            conn.ConnectionString = "Server=(local);Database=HR;Trusted_Connection=yes";// ④ 设置连接对象conn的连接到数据库的连接字符串
            conn.Open();// ⑤ 打开数据库连接
            MessageBox.Show("数据库连接已打开! ");// ⑥ 显示数据库连接已打开对话框
        }

        private void button2_Click(object sender, EventArgs e)
        {
            if (conn != null && conn.State == ConnectionState.Open)// ⑦ 如果连接对象conn不为空，且状态为Open(打开状态)
            {
                conn.Close();// ⑧ 则关闭数据库连接
                MessageBox.Show("数据库连接已关闭! ");// ⑨ 显示数据库连接已关闭对话框
            }
        }
    }
}
```

图 11-3　连接示例代码

（4）按快捷键 F5 运行程序，分别单击“打开数据库连接”和“关闭数据库连接”按钮，运行效果如图 11-4 所示。

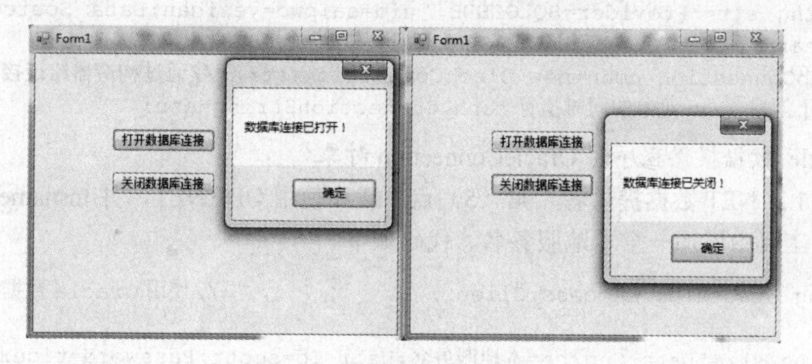

图 11-4　连接示例代码运行结果

说明

（1）按照“11.3.1 定义数据库连接”第3点说明，［例 11-1］中连接字符串还可以写成“Data Source=(local);Intial Catalog=HR;Integrated Security=SSPI”，两者的效果是等价的。也可以使用 SQL Server 用户名和密码验证的方式创建连接字符串，比如“Server=(local);Database=HR;User ID=sa;Password=yesican”。在这里，密码 yesican 应该设置成相应 SQL Server 服务器的 sa 密码。

（2）如果是连接到本机 SQL Server 服务器，可以用（local）、127.0.0.1．本机 IP 地址、者本机计算机名称或者一个小数点代表本机 SQL Server 的默认实例。

（3）如果本机安装了 SQL Server 的其他实例，想要连接上该实例，应该使用“(local)\SQL Server 实例名”格式，代码如下。

```
1. conn.ConnectionString=@"Server=(local)\SQLEXPRESS;Database=HR;Trusted_
   Connection=yes"; //连接到本机 SQL Server 快捷版本实例，在代码里不需要折行
2. conn.Open();      //打开连接
```

（4）如果连接到远程 SQL Server 服务器，应该使用“Server=远程服务器的 IP 地址\ SQL Server 实例名”格式。如果该服务器没有安装命名实例，只安装了默认实例或默认实例，只需要用 IP 地址即可。

（5）在 conn.Open 方法执行时，程序极有可能触发异常。应首先检查连接字符串是否设置正确，数据库是否已启动。如果是连接到远程数据库，还要检查网络是否连接正确，以及在 Windows 程序菜单的 SQL Server 菜单中找到并打开“SQL Server 配置管理器”，展开并选择“SQL Server 网络配置”→“MSSQLSERVER 的协议”项，查看是否启动了 TCP/IP 协议。最后在 SQL Server 管理工具中在服务器名称标签上右击，选择“属性→连接”命令，检查“允许远程连接到此服务器”选项是否已设置。应该根据异常的详细信息，做出相应的检查。限于本书篇幅限制，这里不再详述。

3. OLEDB 数据提供程序的 Connection 对象

OLEDB 数据提供程序的 Connection 对象代码与［例 11-1］类似，不过连接字符串有所不同，需要制定 Provider 关键字。代码如下。

```
1.  using System.Data.OleDb;                          //使用 OleDb 数据提供程序
2.  ……
3. string str="Provider=SQLOLEDB;Data Source=(local);Initial Catalog=Learn;Integrated
Security=SSPI";          //使用 Windows 集成验证方式连接 HR 数据库，在代码里不需要折行
   4. string str="Provider=SQLOLEDB; uid=sa;pwd=yesican;Data Source=(local);
Database=Learn";         //使用 SQL SERVER 验证方式连接 HR 数据库
5. OledbConnection conn=new OledbConnection(str);//通过构造器给连接字符串赋值，
   相当于创建 conn 对象的同时执行 conn.ConnectionString=str;
```

4. Oracle 数据提供程序的 OracleConnection 对象

按照“11.2 .NET 数据提供者”第（5）点下载和使用 ODP.NET，并 tnsnames.ora 或者在 Net manager 工具中添加一个本地服务名。代码如下。

```
1. using Oracle.DataAccess.Client;                   //使用 Oracle 数据提供程序
2. ……
3. string str="Data Source=本地服务名;User Id=scott;Password=tiger";
4. OracleConnection conn = new OracleConnection(str);
```

也可以不配置 Orace 本地服务，直接写在连接字符串中，代码如下。

```
string str = "Data Source=(DESCRIPTION="+"(ADDRESS_LIST=(ADDRESS=(PROTOCOL=
TCP)(HOST=localhost)(PORT=1521)))"+
"(CONNECT_DATA=(SERVER=DEDICATED)(SERVICE_NAME=ORCL)));"+
+ "User Id=scott;Password=tiger";
```

5. ODBC 数据提供程序的 OdbcConnection 对象

使用 OdbcConnection 时需要使用 ODBC 数据源。要想使用 ODBC 数据提供程序，首先得进入到 ODBC 数据源管理器，通过控制面板→管理工具→设置数据源(ODBC)进入，也可以在控制面板中搜索 ODBC。操作步骤如下。

（1）进入 ODBC 数据源，选择“系统 DSN”（DSN 表示数据源名称）。

（2）添加，选择要使用的数据源驱动程序。

（3）完成，之后配置对应的数据源驱动程序。

（4）测试连接，并按以下代码书写代码。

ODBC 常用的一些连接字符串代码如下。

```
1. //连接到 SQL SERVER 的 ODBC
2. OdbcConnection OdbcCon = new OdbcConnection("Driver={SQL Server}; Server=
CDL;Trusted_Connection=yes;Database=HR");
3. //连接到 Oracle 的 ODBC
4. OdbcConnection OdbcCon = new OdbcConnection("Driver={Microsoft ODBC for
Oracle};Server=CDL;Trusted_Connection=yes; Persist Security  Info=False ");
5. //连接到 Access 的 ODBC
6. OdbcConnection OdbcCon = new OdbcConnection("Driver={Microsoft Access
Driver (*.mdb)};DBQ=D:\CSharp\HR.mdb");
7. //连接到 Excel 的 ODBC
8. OdbcConnection OdbcCon = new OdbcConnection("Driver={Microsoft Excel Driver
(*.xls)};DBQ=D:\CSharp\HR.xls");
9. //连接到文本的 ODBC
10. OdbcConnection OdbcCon = new OdbcConnection("Driver={Microsoft Text Driver
(*.txt; *.csv)};DBQ=DBQ=D:\CSharp\HR.txt");
11. OdbcConnection OdbcCon = new OdbcConnection("DSN=数据源名称");
```

11.4 Command 命令对象

当数据库连接上以后，就要进行操作，Command 对象就是用来执行数据库操作命令的。通过 Command 命令执行 SQL 语句，能完成对数据库的大部分常见操作，包括创建、修改、删除数据库对象。如对数据库中数据表的添加删除。也可以对数据库对象的用户访问权限进行设定。不过最常用的是 Command 通过执行 SQL 语句对数据表记录进行增删改查，包括选择查询（SELECT 语句）来返回记录集合，执行插入语句（INSERT 语句）来插入记录，执行更新查询（UPDATE 语句）来执行更新记录，执行删除查询（DELETE 语句）来删除记录等。Command 命令也可以传递参数并返回值，也可以调用数据库中的存储过程。

常用的 Command 有四种类型，见表 11-4。

表 11-4 **Command对象的类型**

.NET Framework 数据提供程序	Command 类
SQL 数据提供程序	SqlCommand
OLE DB 数据提供程序	OleDbCommand
Oracle 数据提供程序	OracleCommand
ODBC 数据提供程序	OdbcCommand

11.4.1 创建 Command 对象

Command 对象用来执行数据库命令，不能单独使用，必须使用连接，先连接到数据库，然后才能使用。Command 对象的 ActiveConnection 属性决定了它连接到哪个数据库。表 11-5 列出了 Command 对象的常用属性。

表 11-5 **Command 对象的常用属性**

属性	说明
Connection	设定要通过哪个连接对象下命令
CommandType(Text\TableDirect\StoredProcedure)	命令类型（SQL 语句、数据表名称、存储过程）
CommandText	要对数据源执行的 SQL 语句、表名或存储过程
CommandTimeout	命令执行超时时间，如果超过这个时间，SQL 语句还没执行结束，就会引发超时异常
Parameters	命令参数集合
Transaction	如果该属性已设置，命令对象执行的 SQL 语句将由该属性所代表的事务对象提交或回滚

创建 Command 对象有多种方式，通常用到以下三种方式。

引用命名空间：

```
using System.Data;
using System.Data.SqlClient;
…
string strConn = "uid=sa;pwd=youknow;Database=HR;Server=(local)";
SqlConnection conn = new SqlConnection(strConn);
conn.Open();
```

（1）方式一。

```
SqlCommand comm;
comm = conn.CreateCommand();    //返回的Command已与conn关联
comm.CommandText = "Select * from 员工表";
```

（2）方式二。

```
SqlCommand comm = new SqlCommand("Select * from 员工表");
comm.Connection = conn;
```

（3）方式三。

```
SqlCommand comm = new SqlCommand("Select * from 员工表",conn);
```

11.4.2　使用 Command 对象

Command 对象有四个执行方法，见表 11-6。

表 11-6　　Command 对象的执行方法

命　令　名	功　　能
ExecuteNonQuery( )	执行 SQL 语句，并返回受命令影响的行数
ExecuteScalar( )	执行 SQL 语句，并返回结果集中的第一行第一列，建议聚合函数如 Count(*)，Sum 等
ExecuteReader( )	执行 SQL 语句，返回一个 DataReader 对象
ExecuteXmlReader( )	返回一个 XmlReader 对象

本书除 ExecuteXmlReader( )不做讲解外，其他三种方法将在本书讲解。本节学习 ExecuteNonQuery( )和 ExecuteScalar( )。

1. ExecuteNonQuery 与 ExecuteScalar 方法

【例 11-2】 综合运用表 11-5 的 Command 属性和表 11-6 的 Command 方法，按照以下步骤写代码对 HR 数据库的员工表记录进行增删改的操作。

（1）按照［例 11-1］创建 HR 数据库，打开 HR 数据库的查看员工表原有数据，如图 11-5 所示。

CDL.HR - dbo.员工表

	员工号	姓名	性别	出生日期	月薪	开户行	帐号
*	NULL	NULL	NULL	NULL	NULL	NULL	NULL

图 11-5　员工表原有数据

（2）创建一个“Windows 窗体应用程序”工程，工程名称为 Command。打开 Form1.cs 窗体，窗体设计如图 11-6 所示，窗体主要控件属性设置如表 11-7 所示。

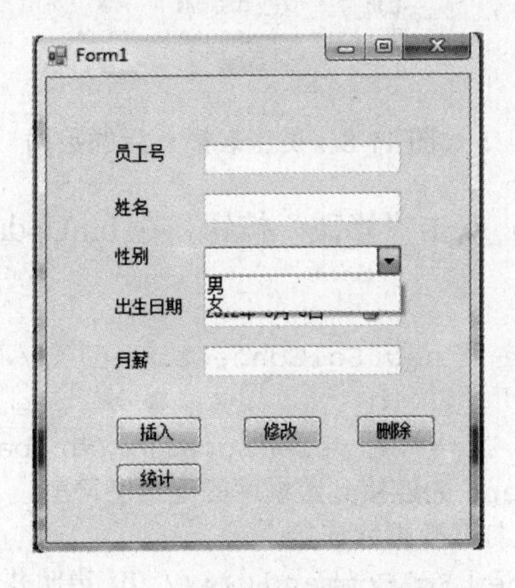

图 11-6　Command 工程窗体设计

表 11-7　　Command 工程窗体主要控件属性设置

控件	控件类型	控件名称	Text 属性值	控件	控件类型	控件名称	Text 属性值
员工号	TextBox	txtID	员工号	插入	Button	btnInsert	插入
姓名	TextBox	txtName	姓名	修改	Button	btnUpdate	修改

续表

控件	控件类型	控件名称	Text 属性值	控件	控件类型	控件名称	Text 属性值
性别	ComboBox	cmbSex	性别	删除	Button	btnDelete	删除
出生日期	DateTimePicker	dtpBirthday	出生日期	统计	Button	btnSum	统计
月薪	TextBox	txtSalary	月薪	其他	Label	不用修改	见界面值

（3）在 Form1 设计窗口，双击“插入”按钮，按编号顺序输入如图 11-7 所示的代码。

```
using System.Data.SqlClient;// ① 引用访问SQL Server数据库的数据提供程序
namespace Command
{
    public partial class Form1 : Form
    {
        private void btnInsert_Click(object sender, EventArgs e)
        {
            SqlConnection conn = new SqlConnection();// ② 声明并实例化SqlConnection连接对象conn
            conn.ConnectionString = "Server=(local);Database=HR;Trusted_Connection=true";// ③ 设置连接对象conn的连接到数据库的连接字符串
            conn.Open();// ④ 打开数据库连接
            SqlCommand comm = new SqlCommand();// ⑤ 声明并实例化SqlCommand命令对象comm
            comm.Connection = conn;// ⑥ 设置命令对象comm的连接对象,ExecuteNonQuery方法将在conn所指向的数据库上执行SQL语句
            // ⑦ 设置命令对象的SQL语句，@员工号等表示参数，后面的comm.Parameters.AddWithValue方法会给这些参数赋值
            comm.CommandText = "Insert Into 员工表(员工号,姓名,性别,出生日期,月薪) Values(@员工号,@姓名,@性别,@出生日期,@月薪)";
            comm.Parameters.AddWithValue("@员工号", txtID.Text);// ⑧ 将相应界面数据赋值给SQL中相应的参数
            comm.Parameters.AddWithValue("@姓名", txtName.Text);
            comm.Parameters.AddWithValue("@性别", cmbSex.Text);
            comm.Parameters.AddWithValue("@出生日期", dtpBirthday.Value);
            comm.Parameters.AddWithValue("@月薪", txtSalary.Text);
            comm.ExecuteNonQuery();// ⑨ 执行SQL语句，将界面数据插入到数据库员工表
        }
```

图 11-7 “插入”按钮代码

运行后，输入数据，因为没有做数据校验，因此在输入数据时应注意相应的数据类型和长度大小范围，单击“插入”按钮后，员工表中的数据如图 11-8 所示。

CDL.HR - dbo.员工表

	员工号	姓名	性别	出生日期	月薪	开户行	帐号
	1001	Tony	男	1992-12-08...	2000.00	NULL	NULL
▶*	NULL	NULL	NULL	NULL	NULL	NULL	NULL

图 11-8 员工表插入后的数据

（4）在 Form1 设计窗口，双击“修改”按钮，在 btnUpdate_Click 方法中输入如下所示的代码。

1. SqlConnection conn = new SqlConnection();// ② 声明并实例化 SqlConnection 连接对象 conn

2. conn.ConnectionString="Server=(local); Database=HR; Trusted_Connection = true"; // ③ 设置连接对象 conn 的连接到数据库的连接字符串

3. conn.Open();// ④ 打开数据库连接

4. SqlCommand comm = new SqlCommand();// ⑤ 声明并实例化 SqlCommand 命令对象 comm

5. comm.Connection = conn;// ⑥ 设置命令对象 comm 的连接对象,ExecuteNonQuery 方法将在 conn 所指向的数据库上执行 SQL 语句

6. // ⑦ 可以不使用参数方式，可以通过将界面控件值和 SQL 语句拼接的方式生成 SQL，不过要注意 SQL 中的字符字段和日期字段值外面要括上一对单引号

7. comm.CommandText = "Update 员工表 Set 姓名='"+txtName.Text+"' Where 员工号='"+txtID.Text+"'";

8. comm.ExecuteNonQuery();// ⑧ 执行 SQL 语句，将姓名更新到数据库员工表的相应记录

运行后，在员工号处输入“1001”，在姓名处输入“John”，单击“修改”按钮后，员工表中的数据如图 11-9 所示，Tony 被改成了 John。

CDL.HR - dbo.员工表

	员工号	姓名	性别	出生日期	月薪	开户行	帐号
	1001	John	男	1992-12-08...	2000.00	NULL	NULL
▶*	NULL	NULL	NULL	NULL	NULL	NULL	NULL

图 11-9　员工表修改后的数据

（5）在 Form1 设计窗口，双击“删除”按钮，在 btnDelete_Click 方法中输入如下所示的代码。

```
1. // ① 声明并实例化 SqlConnection 连接对象 conn,同时通过构造函数设置连接字符串
2. SqlConnection conn = new SqlConnection("Server =(local); Database=HR;
Trusted_Connection=true");
3. conn.Open();// ② 打开数据库连接
4. // ③ 声明并实例化 SqlCommand 命令对象 comm，通
过构造器同时给 comm 赋上 SQL 语句和连接
5. SqlCommand comm = new SqlCommand("Delete
From 员工表 Where 员工号=@员工号",conn);
6. // ④ 给 SQL 语句的@员工号参数提供值
7. comm.Parameters.AddWithValue("@员工号",
txtID.Text);
8. // ⑤ 执行 SQL 语句，将数据库员工表相应记录删除
9. MessageBox.Show("删除了"+comm.Execute-
NonQuery().ToString()+"行记录！");
```

运行后，如图 11-10 所示，在员工号处输入“1001”，单击“删除”按钮后，员工表中的数据如图 11-11 所示，相应记录已被删除。

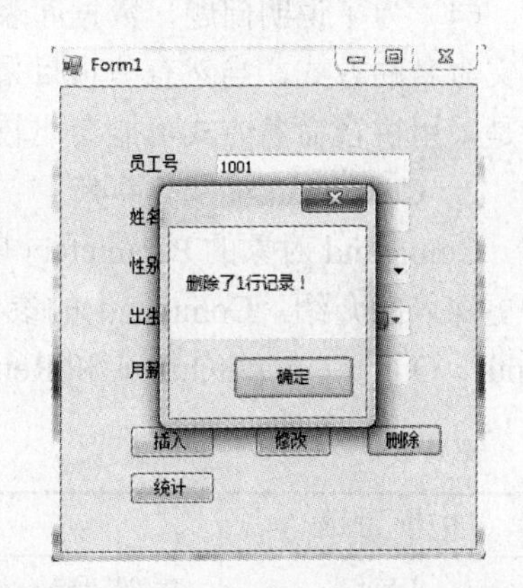

图 11-10　单击“删除”按钮后的界面

CDL.HR - dbo.员工表

	员工号	姓名	性别	出生日期	月薪	开户行	帐号
*	NULL	NULL	NULL	NULL	NULL	NULL	NULL

图 11-11　单击“删除”按钮后员工表的数据

（6）在员工表中输入如图 11-12 所示的记录，然后在 Form1 设计窗口，双击“统计”按钮，btnSum_Click 方法中输入如下所示的代码。

```
1. SqlConnection conn = new SqlConnection("Server= (local); Database=HR;
2. Trusted_Connection=true");
3. conn.Open();
4. //汇总每月总薪水
5. SqlCommand comm = new SqlCommand("Select Sum(月薪) from 员工表", conn);
6. //执行 SQL 语句，comm.ExecuteScalar 方法可以返回单个值
7. MessageBox.Show("每月需要支付总薪资" + comm.ExecuteScalar() + "元！");
```

CDL.HR - dbo.员工表

	员工号	姓名	性别	出生日期	月薪	开户行	帐号
	1001	Tony	男	1992-01-01...	2000.00	工行	1111222233334...
	1002	Mary	女	1993-01-01...	1500.00	工行	2222111133334...
	1003	Gary	男	1980-12-01...	10000.00	工行	4444333332222...
▶*	NULL	NULL	NULL	NULL	NULL	NULL	NULL

图 11-12　需要输入的数据

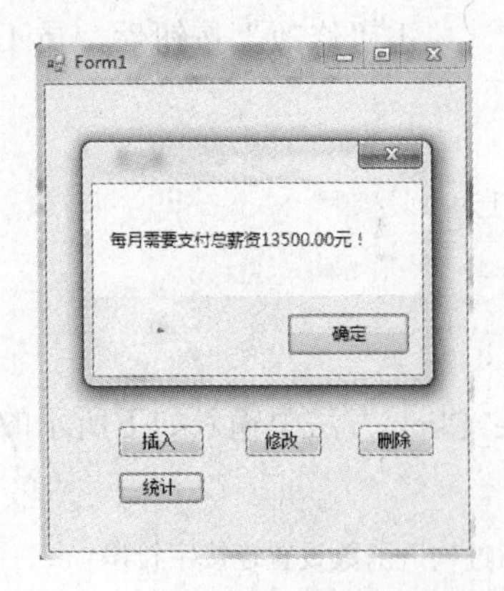

图 11-13 单击“统计”按钮后的界面

运行后，单击“统计”按钮，结果如图 11-13 所示。

说明：

（1）可以采用像［例 11-1］中使用连接的方式，这样使用一个连接，不必每次打开一个新的连接。

（2）如果是全局的连接会在窗口关闭时自动释放，如［例 11-1］；如果是局部变量连接，会在所在方法执行完后自动释放，如本例。

（3）本例中，SQL 语句采用了参数和字符串拼接两种方式。建议在项目开发过程中使用参数，然后给参数赋值的方式。因为字符串拼接 SQL 的方式，比较容易出错，且可能导致 SQL 注入攻击。

（4）为了说明问题，数据库表、字段和参数的命名采用了中文。建议在实际项目中采用英文命名的方式，当然有些项目采用拼音或拼音缩写的方式命名，其实没有绝对的对和错，只是采用拼音命名方式可能会比较难以理解其含义。

2. Command 对象的参数

Command 对象的 Parameters 属性表示参数集合，在［例 11-2］中已经使用过，在这里进行更深入的介绍。Command 的参数 Parameter 的 ParameterDirection 枚举有四个值，分别是 Input、Output、InputOutput 和 ReturnValue。它们的区别见表 11-8。

表 11-8　　参 数 方 向

参 数 方 向	说　　明
Input	参数是输入参数，表示在执行 SQL 前需要给这个参数赋值
InputOutput	参数既能输入，也能输出
Output	参数是输出参数，表示在执行 SQL 后可以取得运行结果
ReturnValue	参数表示诸如存储过程、内置函数或用户定义函数之类的操作的返回值

【例 11-3】 综合运用表 11-8 的参数 Parameter 的 ParameterDirection 举个例子，结合一个数据库存储过程，通过参数传值和取值。

（1）在 HR 数据库中创建一个存储过程 GiveRaise（加薪）。存储过程中用到输入参数、输出参数和返回值。存储过程代码如下。

```
1. Create Proc GiveRaise @出生日期 varchar(10),@加薪幅度 decimal(3,2),@加薪人数
2. int output AS
3.   Update 员工表 Set 月薪=月薪*(1+@加薪幅度) where 出生日期>=@出生日期
4.   --输出参数是更改的记录数量
5.   Set @加薪人数=@@rowcount
6.   Select @加薪人数
7.   --返回员工表中记录总数
8.   return (Select Count(*) from 员工表)
9. Go
```

（2）在程序中，分别使用 Input，Output 和 ReturnValue 三种参数方向。在［例 11-2]界面基础上，添加一个新的按钮，Text 属性为“加薪”，控件名称为“btnGiveRaise”，双击该按钮，

在“btnGiveRaise_Click”方法中输入如下代码。

```
1. SqlConnection conn = new SqlConnection("Server=(local); Database=HR;
2. Trusted_Connection=true");
3. conn.Open();
4. SqlCommand comm = new SqlCommand("GiveRaise", conn);
                                                  //SQL 语句为存储过程名称
5. comm.CommandType = CommandType.StoredProcedure; //Command 类型为存储过程
6. //下面是给 GiveRaise 数据库存储过程的参数赋值
7. SqlParameter para = comm.Parameters.Add("@出生日期", SqlDbType.DateTime);
8. para.Direction = ParameterDirection.Input;      //@出生日期是输入参数
9. para.Value = DateTime.Parse("1990-1-1");        //给 90 后加薪
10. para = comm.Parameters.Add("@加薪幅度", SqlDbType.Decimal);
11. para.Direction = ParameterDirection.Input;     //@加薪幅度也是输入参数
12. para.Value = 0.1;                              //加薪幅度为 10%
13. SqlParameter paraCount = comm.Parameters.Add("@加薪人数", SqlDbType.Int);
14. paraCount.Direction = ParameterDirection.Output;//@加薪人数是输出参数
15.
16. SqlParameter paraTotal = comm.Parameters.Add("@ReturnValue",
17. SqlDbType.Int);
18. //@ReturnValue 是存储过程 GiveRaise 执行 Return 语句的返回值
19. paraTotal.Direction = ParameterDirection.ReturnValue;
20.
21. //执行 SQL 语句，comm.ExecuteScalar 方法可以返回单个值
22. comm.ExecuteNonQuery();
    //输出参数和返回值参数只有在 SQL 语句执行完后会
才能获得执行结果
23. int raiseCount = (int)paraCount.Value;
    //取得存储过程输出的加薪人数
24. int totalEmployees = (int)paraTotal.Value;
    //取得存储过程返回值，即总人数
25. MessageBox.Show(string.Format("共有{0}个
员 工 ， 本 次 加 薪 人 数 ： {1} 人 ",totalEmployees,
raiseCount));
```

运行后，单击“加薪”按钮，结果如图 11-14 所示。

查看员工表数据，如图 11-15 所示，对照图 11-12 可以发现，90 后工资确实加了 10%。

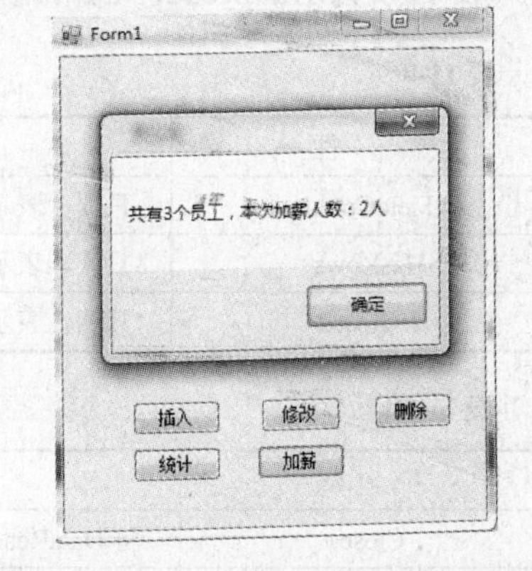

图 11-14　单击“加薪”按钮运行结果

CDL.HR - dbo.员工表

	员工号	姓名	性别	出生日期	月薪	开户行	帐号
	1001	Tony	男	1992-01-01...	2200.00	工行	1111222233334...
	1002	Mary	女	1993-01-01...	1650.00	工行	2222111133334...
	1003	Gary	男	1980-12-01...	10000.00	工行	4444333332222...
▶*	NULL	NULL	NULL	NULL	NULL	NULL	NULL

图 11-15　程序运行结果

说明：

（1）如果是 Input 参数，可以不设定 Parameter 的 ParameterDirection 属性；如果是 Output 和 ReturnValue 则必须设定该属性为正确的值。

（2）本例中@ReturnValue 参数不是一定要命名为@ReturnValue，可以把它改成其他名称，

比如@TotalCount，对程序没有影响。因为在存储过程中返回值并没有对应的参数名称，所以只要把该参数对象的ParameterDirection属性设成ParameterDirection. ReturnValue值即可。

11.5 DataReader数据阅读器对象

11.5.1 DataReader简介

DataReader是ADO.NET数据模型中的一个重要成员，在以各种基于.NET平台的程序语言开发数据库应用程序时，可使用该类对象从数据库中检索数据。与DataSet对象相比，DataReader对象不支持对数据库的离线访问和处理操作，但它在数据访问速度和内存占用等方面却更具优势。因此，在数据库应用程序中合理地使用DataReader对象，可以提高程序的数据库处理性能。DataReader对象的特点如下。

（1）只读。

（2）只向前读。

（3）一次只读取一条记录。

注意：DataReader对象只能配合Command对象使用，而且DataReader对象在操作的时候，Connection对象是保持联机的状态。

11.5.2 DataReader常用属性和方法

表11-9为DataReader的常用属性，表11-10为DataReader的常用方法。

表11-9 DataReader的常用属性

属性	说明
FieldCount	只读，表示纪录中有多少字段
HasRows	只读，表示是否还有资料未读取
IsClosed	只读，表示DataReader是否关闭

表11-10 DataReader的常用方法

方法	说明
Close	将DataReader对象关闭
GetDataTypeName	取得指定字段的数据类型
GetName	取得指定字段的字段名称
GetOrdinal	取得指定字段名称在纪录中的顺序
GetValue	取得指定字段的数据
GetValues	取得全部字段的数据
GetXXX	XXX为数据类型，比如GetString、GetInt32…，参数为字段索引，取得该字段的值，XXX是根据字段类型判断，比如字符类型的字段，使用GetString…
IsDbNull	用来判断字段内是否为Null值
NextResult	SQL执行如果有多个结果集，表示取得下一个结果集
Read	让DataReader读取下一笔记录，如果有读到数据返回True，如果没有下一条记录，返回False

在取得Command对象执行ExecuteReader方法所产生的DataReader对象后，就可以将

记录中的数据取出使用。DataReader 一开始并没有取回任何数据，所以要先使用 Read() 方法让 DataReader 先读取一笔数据回来。如果 DataReader 对象成功取得数据则传回 True，否则传回 False。

我们也可以使用 GetValue()方法取得指定字段内的记录，该方法与 DataReader 索引器很像，不过 GetValue()方法的参数只接收索引值，并不接收字段名为参数。

Close()方法可以关闭 DataReader 对象和数据源之间的联机。除非把 DataReader 对象关闭，否则当 DataReader 对象尚未关闭时，DataReader 所使用的 Connection 对象就无法执行其他动作。

11.5.3 DataReader 示例

【例 11-4】 通过 DataReader 读取数据。

（1）在［例 11-3］的基础上，在 Form1.cs 窗体上放置一个“查询”按钮，该按钮 Text 属性设置为“查询”，控件名设置为 btnQuery，双击该按钮，在 btnQuery_Click 方法中输入如下代码。

```
1. SqlConnection conn = new SqlConnection("Server=(local); Database=HR;
2. Trusted_Connection=true");
3. conn.Open();
4. //查询某员工的记录
5. SqlCommand comm = new SqlCommand("Select * from 员工表 where 员工号=@员工号", conn);
6. comm.Parameters.AddWithValue("@员工号", txtID.Text);
7. //执行 SQL 语句，返回一个 DataReader
8. SqlDataReader reader = comm.ExecuteReader();
9. if (reader.Read())
   //当读到一条记录时，下面采用 4 种读取字段值方式将该记录显示在界面上
10. {
11.     //①使用 DataReader 对象的索引器方式读取记录的"姓名"字段值
12.     txtName.Text = reader["姓名"].ToString();
13.     //②使用 DataReader 对象的索引器方式读取记录的第 3 个字段值，即“性别”字段
14.     cmbSex.Text = reader[2].ToString();
15.     //③使用 DataReader 对象的 GetValue 方法读取记录的第 4 个字段值,即“出生日期”字段
16.     dtpBirthday.Value = (DateTime)reader.GetValue(3);
17.     //④使用 DataReader 对象的 GetXXX 方法读取记录的第 5 个字段值，即“月薪”字段
18.     txtSalary.Text = reader.GetDecimal(4).ToString();
19. }
```

（2）运行代码，在员工号文本框输入“1003”，单击“查询”按钮，结果如图 11-16 所示。

图 11-16　单击“查询”按钮运行结果

说明：

（1）DataReader 的 GetXXX 方法读取字段值的方式要比其他方式效率高。

（2）当有多条记录时，可以使用 while(reader.Read( ))语句循环读取记录。

11.6　DataSet 数据集对象

11.6.1　DataSet 工作原理

在 ADO.NET 中，数据集 DataSet 占据重要地位，它是数据库里部分数据在内存中的拷贝。DataSet 可以包括任意个数据表，每个数据表都可以用于表示某个数据库表或视图的数据。DataSet 驻留在内存中，且不与原数据库相连，即无需与原数据库保持连接。DataSet 的工作原理如图 11-17 所示。

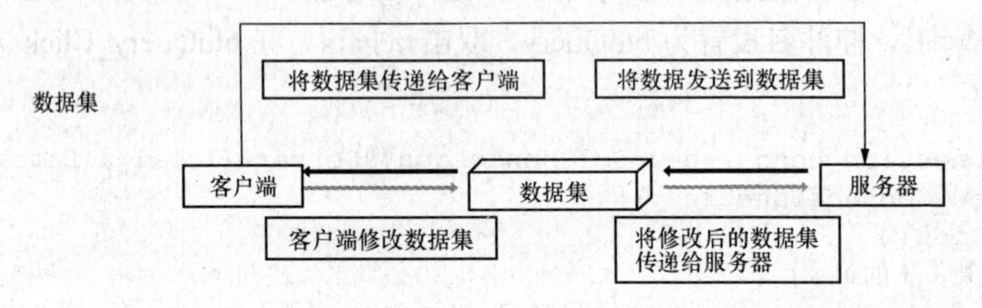

图 11-17　DataSet 的工作原理

DataSet 是由 DataTableCollection 和 DataRelationCollection 组成的集合。其中，DataTableCollection 是由多个 DataTable（数据表）组成的集合。图 11-18 是 DataSet 中与 DataTable 相关的层次结构。

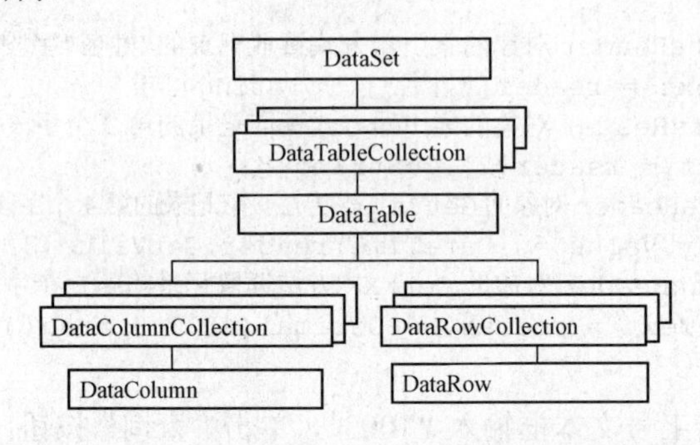

图 11-18　DataSet 与 DataTable 相关的层次结构

表 11-11 列出了该层次结构中相关的类。

表 11-11　　DataSet 与 DataTable 相关的层次结构中的类

类	说　明
DataTableCollection	包含特定数据集的所有 DataTable 对象，即 DataSet.Tables
DataTable	表示数据集中的一个表
DataColumnCollection	表示 DataTable 对象的表结构，即 DataTable.Columns
DataRowCollection	DataTable 对象中的实际数据行集合，即 DataTable.Rows

续表

类	说　明
DataColumn	表示 DataTable 对象中的列
DataRow	表示 DataTable 对象中的一个数据行

数据集实例是由 DataSet 构造函数创建的。创建 DataSet 实例的代码如下。

```
DataSet ds=new DataSet();
```
或
```
DataSet ds=new DataSet("myDS");
```

其中，myDS 表示 DataSet 内部处理时的名称；ds 表示外部使用时的对象名称。

11.6.2 DataTable 数据表对象

DataTable 是 DataSet 的重要组成部分，它是一个二维表，包括属性 DataRowCollection（行集合）和 DataColumnCollection（列集合），行集合和列集合的方法、属性与 C#语言中集合类型方法属性类似。表 11-12 列出了 DataTable 的主要属性，表 11-13 列出了 DataTable 的主要方法和事件。

表 11-12　DataTable 的主要属性

属　性	说　明
Columns	表示列的集合或 DataTable 包含的 DataColumn 集合
Constraints	表示特定 DataTable 的约束集合
DataSet	表示 DataTable 所属的数据集
PrimaryKey	表示作为 DataTable 主键的字段或 DataColumn 组合
Rows	表示行的集合或 DataTable 包含的 DataRow 集合
TableName	获取或设置 DataTable 的名称

表 11-13　DataTable 的主要方法和事件

方　法	说　明
AcceptChanges	提交对该表所做的所有修改
NewRow	返回一个新的 DataRow，表结构与所属 DataTable 一致
Clear	清除 DataTable 的所有数据
Clone	克隆 DataTable 的结构，包括所有 DataTable 架构和约束
Copy	复制该 DataTable 的结构和数据
ImportRow	将 DataRow 复制到 DataTable 中，保留任何属性设置以及初始值和当前值
Merge(DataTable)	将指定的 DataTable 与当前的 DataTable 合并
Select(String)	获取按与筛选条件相匹配的所有 DataRow 对象的数组，筛选条件类似于 SQL 语句 Where 关键字后面的表达式
事　件	说　明
ColumnChanged	修改该列中的值后激发该事件
ColumnChanging	修改该列中的值时激发该事件

续表

事　件	说　明
RowChanged	成功编辑行后激发该事件
RowChanging	当行正在编辑时激发该事件

【例 11-5】DataSet 综合实例，在程序中建立 DataSet 代表 HR 数据库，再建立一个 DataTable 代表员工表，这样相当于在程序内存中建立了一个小型“数据库”，但是与具体的 MSSQL 数据库没有关系。

（1）创建一个“Windows 窗体应用程序”工程，工程名称为 TestDataSet。打开 Form1.cs 窗体，窗体设计如图 11-19 所示，窗体主要控件属性设置如表 11-14 所示。

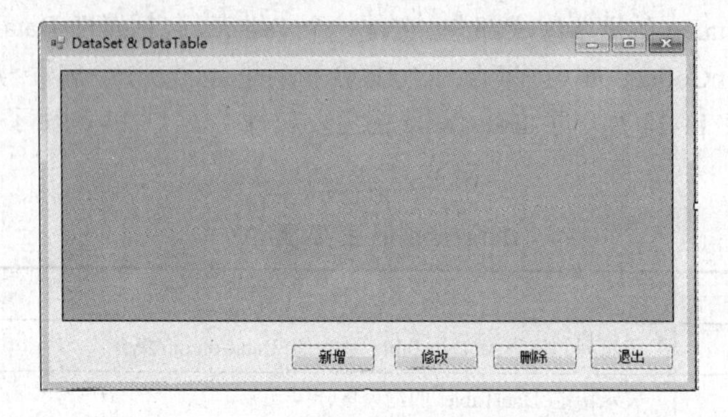

图 11-19　TestDataSet 工程窗体设计

表 11-14　TestDataSet 工程窗体主要控件属性设置

控　件	控件类型	控件名称	Text 属性值
表格	DataGridView	dataGridView1	
增加	Button	btnAdd	增加
修改	Button	btnModify	修改
删除	Button	btnDelete	删除
退出	Button	btnExit	退出

（2）在 Form1 设计窗口，双击窗体部分，在 Form1_Load 方法中输入如下代码。

```
1. DataSet ds = new DataSet("HR");             //创建内部名称为 HR 的 DataSet
2. DataTable dt = new DataTable("员工表");     //创建内部名称为员工表的 DataTable
3.
4. //给 DataTable 定义表结构
5. DataColumn dc1 = new DataColumn("员工号", typeof(string));
6. DataColumn dc2 = new DataColumn("姓名", Type.GetType("System.String"));
7. DataColumn dc3 = new DataColumn("性别", typeof(string));
8. DataColumn dc4 = new DataColumn("出生日期", typeof(DateTime));
9. //将生成的列添加到表结构中
10. dt.Columns.Add(dc1);                        //添加新列，方式一
11. dt.Columns.Add(dc2);
12. dt.Columns.Add(dc3);
```

```
13. dt.Columns.Add(dc4);
14. dt.Columns.Add("月薪", typeof(decimal));//添加新列，方式二
15.
16. //添加新行，方式一
17. DataRow dr = dt.NewRow();
18. dr[0] = "1001";
19. dr["姓名"] = "Tony";
20. dr[2] = "男";
21. dr[3] = DateTime.Parse("1992-01-01");
22. dr[4] = 2000;
23. dt.Rows.Add(dr);
24.
25. //添加新行，方式二
26. dt.Rows.Add("1002", "Mary", "女", new DateTime(1993, 1, 1),1500);
27. ds.Tables.Add(dt);//将员工表 DataTable 添加到 DataSet 数据集里
28. //将员工表绑定到界面的表格控件上，表格控件会显示 DataSource 里的数据
29. dataGridView1.DataSource = ds.Tables["员工表"];
```

运行后，界面如图 11-20 所示。

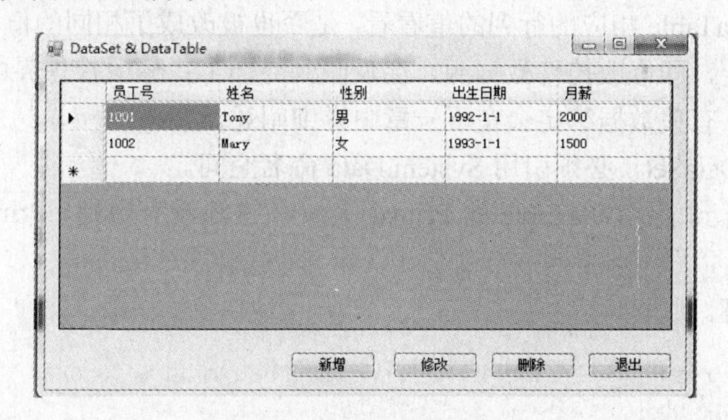

图 11-20　TestDataSet 窗体加载后界面

（3）在 Form1 设计窗口，双击“新增”按钮，在 btnAdd_Click 方法中输入如下所示的代码。

```
1. //获得 DataTable 数据表，dataGridView1 的数据源属性中保存即为员工表对象
2. DataTable dt = (DataTable)dataGridView1.DataSource;
3. //给数据表加一行数据
4. dt.Rows.Add("1003", "Gary", "男", DateTime.Parse("1980-12-01"),10000);
```

运行后，单击“新增”按钮，可以看到界面上也新增了相同的一行数据。这就是数据绑定的神奇之处，对控件的数据源的修改会实时反映到界面上，对界面控件数据的修改也会反映到该控件的数据源中，在这里数据源是 DataTable 员工表。

（4）在 Form1 设计窗口，双击“修改”按钮，在 btnModify_Click 方法中输入如下所示的代码。

```
1. DataTable dt = (DataTable)dataGridView1.DataSource;
2. dt.Rows[0]["姓名"] = "John";//修改第一行的“姓名”列的值
```

运行后，单击“修改”按钮，可以看到第一行“姓名”列的值被改成了 John。

（5）在 Form1 设计窗口，双击“删除”按钮，btnDelete_Click 方法中输入如下所示的

代码。

```
1. DataTable dt = (DataTable)dataGridView1.DataSource;
2. dt.Rows.RemoveAt(2);            //删除第三行数据
```

运行后，单击“删除”按钮，可以看到界面表格控件的第3行数据被删除。

（6）在Form1设计窗口，双击“退出”按钮，btnExit_Click方法中输入如下所示的代码。

```
this.Close();                      //关闭窗体
```

说明：

（1）可以使用一个全局DataTable对象，这样就不需要每次从dataGridView1. DataSource中获取DataTable了。

（2）在本例中DataSet不是必须的，但是为了说明DataSet与DataTable的关系，在本例中使用了DataSet。一个DataSet中可以添加多个DataTable，所以要注意控件要具体绑定到哪一个DataTable，可以用ds.Tables["员工表"]或者ds.Tables[0]获取具体的表。

（3）本例中，可以修改界面数据，比如双击单元格修改某个单元格，然后打印表格控件对应数据源的DataTable相应的行列的值看看，是否也被改成了相同的值。这个说明本例的数据绑定是双向绑定，即修改控件数据源，会反映到界面上；修改控件界面数据，会反映到该控件的数据源中。有关数据绑定会在下一章中详细阐述。

注意：使用DataSet，必须引用System.Data命名空间。

读者可能注意到了：DataTable的PrimaryKey属性还没有用到。PrimaryKey的用法如下所示。

（1）定义主键。

```
1. dt.PrimaryKey = new DataColumn[]
2. {
3.     dt.Columns["员工号"]
4. }
```

（2）定义复合主键。

```
1. dt.PrimaryKey = new DataColumn[]
2. {
3.     dt.Columns["员工号"],
4.     dt.Columns["姓名"]
5. };
```

一旦定义了主键，则表中数据不可重复，该特性与数据库表是一致的。

11.6.3 DataSet与DataReader的区别

ADO.NET提供了两个用于检索关系数据的对象：DataSet和DataReader，并且这两个对象都可以将检索的关系数据存储在内存中。

DataReader和DataSet最大的区别如下。

（1）DataReader使用时始终占用Connection，在线操作数据库。因为DataReader每次只在内存中加载一条数据，所以占用的内存是很小的。因为DataReader的特殊性和高性能，所以DataReader是只读且只向前读的，读了第一条后就不能再去读取第一条了。

（2）DataSet则是将数据一次性加载在内存中，之后读取或者更新DataSet的数据与数据连接无关，因为 DataSet 将数据全部加载在内存中，所以比较消耗内存。但是比 DataReader 灵活，可以动态添加修改删除行、列、数据，并可通过 DataAdapter 将 DataSet 的更改数据更新到数据库。

表 11-15 列出了 DataSet 与 DataReader 主要区别，当设计应用程序时，要考虑应用程序所需功能的等级，以确定使用 DataSet 或者是 DataReader。

要通过应用程序执行以下操作，就要使用 DataSet：

（1）在结果的多个离散表之间进行导航。

（2）操作来自多个数据源（例如，来自多个数据库、一个 XML 文件和一个电子表格的混合数据）的数据。

（3）在各层之间交换数据或使用 XML Web 服务。与 DataReader 不同的是，DataSet 能传递给远程客户端。

（4）重用同样的记录集合，以便通过缓存获得性能改善（例如排序、搜索或筛选数据）。

（5）每条记录都需要执行大量处理。对使用 DataReader 返回的每一行进行扩展处理会延长服务于 DataReader 的数据库连接的必要时间，这影响了性能。

（6）使用 XML 操作对数据进行操作，例如可扩展样式表语言转换（XSLT 转换）或 XPath 查询。

对于下列情况，要在应用程序中使用 DataReader。

（1）不需要缓存数据。

（2）要处理的结果集太大，内存中放不下。

（3）一旦需要以仅向前、只读方式快速访问数据。

表 11-15　　DataSet 与 DataReader 主要区别

DataSet	DataReader
读数据时不用保持数据库连接	读数据时要保持数据库连接
可读写	只读
可向前、向后、随机读	只向前
访问数据较慢	访问数据更快
结果集可来自多个数据库多条 SQL 语句	结果集只能来自同一数据库同一 SQL 语句
支持简单绑定和复杂绑定	只支持简单数据绑定
Visual Studio .NET 工具支持	手工编程

11.7　DataView 数据视图对象

DataView 是一张 DataTable 的虚拟视图，主要用来显示数据。其实，数据的更改都是发生在 DataTable 中。如果以数据库来打比方，DataSet 就是一个功能简单的数据库，是多个表（DataTable）的集合，DataTable 就是对应数据库中的表，而 DataView 则对应数据库中的视图（View）。

由以上了解，数据库中的视图是建立在表的基础上的。与数据库视图类似，DataView 提供了可向其应用不同排序和筛选条件的单个数据集的动态视图。DataView 则是建立在 DataTable 的基础上的。对 DataTable 加上些限制条件，就成了 DataView。

DataView 能够创建 DataTable 中所存储的数据的不同视图，这种功能通常用于数据绑定应用程序。DataView 可以使用不同排序顺序显示表中的数据，并且可以按行状态或基于筛选器表达式来筛选数据。

表 11-16 列出了 DataView 的常见属性和方法。

表 11-16 DataView 的常见属性和方法

属　性	说　明
AllowDelete	设置或获取一个值，该值指示是否允许删除
AllowEdit	获取或设置一个值，该值指示是否允许编辑
AllowNew	获取或设置一个值，该值指示是否可以使用 AddNew 方法添加新行
ApplyDefaultSort	获取或设置一个值，该值指示是否使用默认排序
Count	在应用 RowFilter 和 RowStateFilter 之后，获取 DataView 中记录的数量
RowFilter	获取或设置用于筛选在 DataView 中查看哪些行的表达式
RowStateFilter	获取或设置用于 DataView 中的行状态筛选器
Sort	获取或设置 DataView 的一个或多个排序列及排序顺序
Table	获取或设置源 DataTable
方　法	**说　明**
AddNew	将新行添加到 DataView 中
Delete	删除指定索引位置的行
Find	按指定的排序关键字值在 DataView 中查找行
FindRows	返回 DataRowView 对象的数组，这些对象的列与指定的排序关键字值匹配

【例 11-6】 DataView 常用于筛选数据和排序，本例展现了一个常用的使用 DataView 的场景。

（1）创建一个“Windows 窗体应用程序”工程，工程名称为 TestDataView。打开 Form1.cs 窗体，窗体设计如图 11-21 所示，窗体主要控件属性设置如表 11-17 所示。

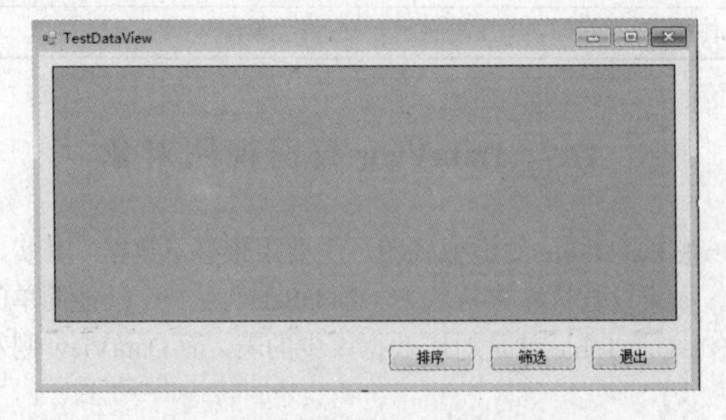

图 11-21 TestDataView 工程窗体设计

表 11-17　**TestDataView 工程窗体主要控件属性设置**

控件	控件类型	控件名称	Text 属性值
表格	DataGridView	dataGridView1	
排序	Button	btnSort	排序
筛选	Button	btnFilter	修改
退出	Button	btnExit	退出

（2）在 Form1 设计窗口，双击窗体部分，在“Form1_Load”方法中输入的代码与［例 11-5］一样，只是最后一句改为如下代码。

```
1. //通过员工数据表产生默认 DataView，并绑定到界面的表格控件上，DataSource 代表的就是 DataView
2. dataGridView1.DataSource = ds.Tables["员工表"].DefaultView;
```

运行后，生成的界面如图 11-20 所示。

（3）在 Form1 设计窗口，双击“排序”按钮，在 btnSort_Click 方法中输入如下所示的代码。

```
1. //DataSource 实际上存放的是 DataView，取得该 DataView
2. DataView dv = (DataView)dataGridView1.DataSource;
3. dv.Sort = "员工号 DESC";
   //按照员工号降序排列，升序“员工号 ASC”，多列用逗号隔开“出生日期 DESC,月薪 ASC”
```

运行后，单击“排序”按钮，可以看到界面上数据按照“员工号”倒排了。

（4）在 Form1 设计窗口，双击“筛选”按钮，在 btnFilter_Click 方法中输入如下所示的代码。

```
1. DataView dv = (DataView)dataGridView1.DataSource;
2. dv.RowFilter="出生日期>='1990-1-1'";
   //筛选出 90 后员工，类似与 SQL 语句中 Where 关键字后的表达式
```

运行后，在界面上双击第 3 行相应单元格，依次输入“1003”，“Gary”，“男”，“1980-12-8”，“10000”，这样表格控件 DataSource 对应的 DataView 也增加了一行（实际上是增加在 DataView.Table 里）。单击“筛选”按钮，可以看到“1003”这一行没有了，剩下的都是 90 后员工。

说明：

（1）DataView 除了可以用 DataTable.DefaultView 生成，还可以用 new DataView (DataTable) 等方式生成。

（2）可以通过 DataView[行索引][列索引]或者 DataView[行索引]["列名"]获取或者设置字段值。

（3）可以看到 dataGridView1.DataSource 不仅可以绑定 DataTable，还可以绑定 DataView。事实上数据源可以是实现下列接口之一的任何类型。

IList 接口，包括一维数组。

IListSource 接口，例如，DataTable 和 DataSet 类。

IBindingList 接口，例如，BindingList<T>类。

IBindingListView 接口，例如，BindingSource 类。

11.8 DataAdapter 数据适配器对象

11.8.1 DataAdapter 简介

DataAdapter 翻译成中文是“数据适配器”的意思。在这里，可以把它看成是一个动力装置。其他的作用是：DataAdapter 通过连接，把数据从数据库里提取出来，放到 DataSet 中，如果程序或者界面对 DataSet 有更改，DataAdapter 再将有变更的数据写回到数据库中。这种方式的中心是 DataAdapter，它起着桥梁的作用，在 DataSet 和其源数据存储区之间进行数据检索和保存。这一操作是通过请求对数据存储区进行适当的 SQL 命令来完成的。

DataAdapter 对象在 DataSet 与源数据(库)之间起到桥梁的作用。在使用 Microsoft SQL Server 数据库时，使用提供程序特定的 SqlDataAdapter（及与其关联的 SqlCommand 和 SqlConnection）能够提高整体性能。对于其他支持 XXX 的数据库，将使用 XXXDataAdapter 对象及其关联 XXXCommand 和 XXXConnection 对象。这里 XXX 是数据库或者数据提供程序。

表 11-18 列出了 DataAdapter 的常用属性和方法。在更改 DataSet 之后，DataAdapter 对象使用命令来更新数据源。使用 DataAdapter 的 Fill( )方法调用 SelectCommand 属性的 SELECT 命令；使用 Update( )方法为每一发生更改的行调用 DeleteCommand、InsertCommand、UpdateCommand 属性的 DELETE、INSERT 或 UPDATE 命令。可显式设置这些命令，以控制运行时用来执行需要执行的 SQL 语句或者 CommandBuilder 对象可以根据 SelectCommand 在运行时生成这些命令。SelectCommand 还必须至少返回一个主键列或唯一的列。由于 CommandBuilder 在运行时生成需要一个额外的服务器往返以收集元数据，所以在设计时显式提供 INSERT、UPDATE 和 DELETE 命令将会获得更佳的运行时性能。

表 11-18　DataAdapter 常用属性和方法

属　性	说　明
DeleteCommand	设置一个 SQL 语句或存储过程，以从数据源中删除记录
InsertCommand	设置一个 SQL 语句或存储过程，以在数据源中插入新记录
SelectCommand	设置一个 SQL 语句或存储过程，用于在数据源中选择记录
UpdateCommand	设置一个 SQL 语句或存储过程，用于更新数据源中的记录
方　法	说　明
Fill	将数据源数据填充到 DataSet 或者 DataTable 等对象。必须设置 SelectCommand 属性才可调用 Fill 方法（通过 DataAdapter 构造器也可给 SelectCommand 属性赋值）
FillSchema	将数据库的表结构填充到 DataSet 或者 DataTable 中
Update	分别利用 DeleteCommand、InsertCommand、UpdateCommand 属性将 DataSet 或者 DataTable 等对象里的已删除数据、已插入数据、已修改数据在数据源（数据库）中删除、插入或者更新

11.8.2 DataAdapter 示例

【例 11-7】 在[例 11-5]中，我们对 DataSet 进行了定义，并与界面进行了绑定，对 DataSet 里的 DataTable 的更改会反映到界面上，而对界面数据的更改也会反映到 DataSet 里，但这一切似乎与数据库无关。本例展现的是通过 DataAdpater.Fill 方法将数据库数据取到 DataSet

（DataTable）里，再通过 DataAdpater.Update 方法将更改后的 DataSet（DataTable）数据更新到数据库中。为了简化程序，使用 CommandBuilder 自动给 DataAdpater 生成“增删改”命令。

（1）创建一个“Windows 窗体应用程序”工程，工程名称为“TestDataAdapter”。打开 Form1.cs 窗体，窗体设计如图 11-22 所示，窗体主要控件属性设置如表 11-19 所示。

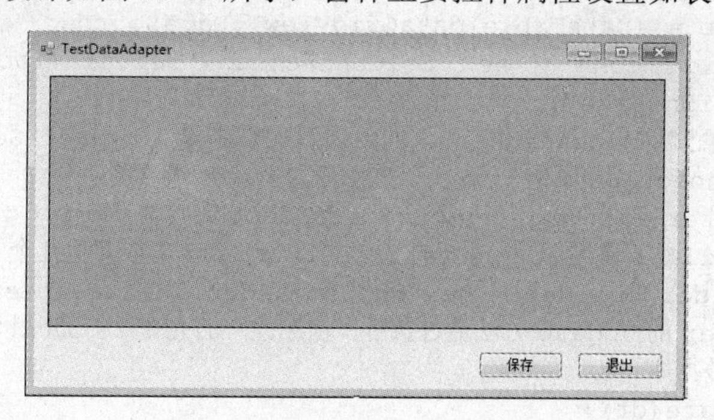

图 11-22　TestDataAdapter 工程窗体设计

表 11-19　TestDataAdapter 工程窗体主要控件属性设置

控件	控件类型	控件名称	Text 属性值
表格	DataGridView	dataGridView1	
保存	Button	btnSave	保存
退出	Button	btnExit	退出

（2）在 Form1 设计窗口，双击窗体部分，在“Form1_Load”方法中输入如下代码。

```
1. SqlConnection conn = new SqlConnection("Server=(local); Database=HR; Trusted_
Connection=true");
2. //新建数据适配器(DataAdapter)，同时通过构造器给 adapter.SelectCommand 对象的
CommandText 以及 Connection 赋值
3. SqlDataAdapter adapter = new SqlDataAdapter("Select * from 员工表", conn);
4. //新建一个内部名称叫“HR”的 DataSet
5. DataSet ds = new DataSet("HR");
6. //数据适配器 adapter 通过执行 SelectCommand 将数据库数据填充到 DataSet 的“员工表”中
7. adapter.Fill(ds, "员工表");
8. //将员工表绑定到网格控件 dataGridView1 上，界面将显示 DataSource 里的数据
9. dataGridView1.DataSource = ds.Tables["员工表"];
```

运行后，可以看到界面显示了数据库“员工表”的数据，如图 11-23 所示。

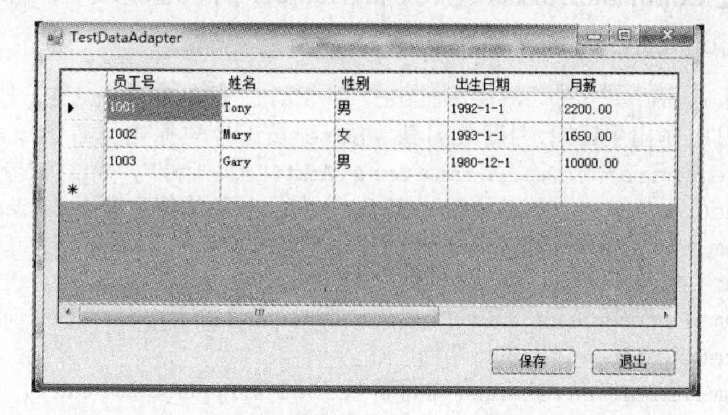

图 11-23　TestDataAdapter 窗体加载后界面

（3）在 Form1 设计窗口，双击“保存”按钮，在 btnSave_Click 方法中输入如下所示的代码。

```
1. //如果界面数据有更新，则会反映到 DataSource 里，取得该 DataSource 以便得到数据更改过后的 DataTable
2. DataTable dt = (DataTable)dataGridView1.DataSource;
3. SqlConnection conn = new SqlConnection("Server=(local); Database=HR;
4. Trusted_Connection=true");
5. //新建数据适配器(DataAdapter)，同时通过构造器给 adapter.SelectCommand 对象的CommandText 以及 Connection 赋值
6. SqlDataAdapter adapter = new SqlDataAdapter("Select * from 员工表", conn);
7. //CommandBuilder 通过 adapter 的 SelectCommand 生成其他几个“增删改”的 Command
   SqlCommandBuilder builder = new SqlCommandBuilder(adapter);
8. //DataAdapter 的 Update 方法通过执行“增删改”的几个 Command 将 dt 中的新增、删除、修改过的数据行更新到数据库
9. adapter.Update(dt);
```

运行后，可以修改界面数据，或者双击最后一行新增一条记录，或者选择一行按 Delete 键删除一行，录入数据时应注意数据格式。单击“保存”按钮后，打开数据库“员工表”，或者再次运行程序，可以看到数据库数据已经作了相应的更新，如图 11-24 所示。

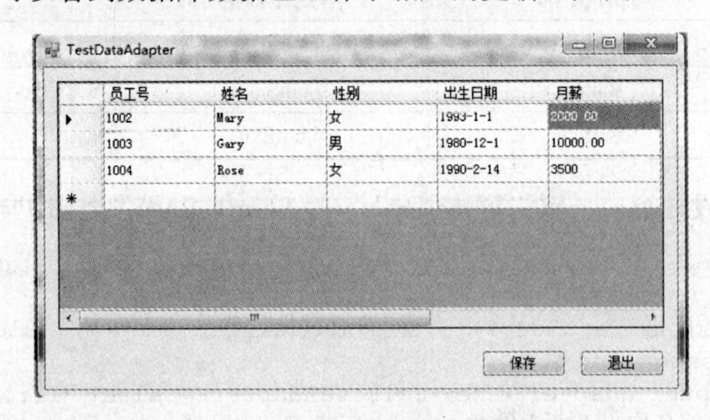

图 11-24 TestDataAdapter 窗体保存后界面

说明：

（1）使用 DataAdapter 的 Fill 和 Update 方法时，不必调用连接的 Open 方法，DataAdapter 会自己调用。

（2）可以不通过 CommandBuilder 生成 DataAdapter 的“增删改”Command，可以自己显式设置，以 UpdateCommand 为例，代码如下。

```
1. SqlCommand comm = new SqlCommand("Update 员工表 Set 员工号=@员工号,姓名=@姓名,性别=@性别,出生日期=@出生日期,月薪=@月薪 Where 员工号=@原先员工号", conn);
2. SqlParameter para= comm.Parameters.Add("@员工号", SqlDbType.VarChar, 10);
3. para.SourceColumn = "员工号";//参数“@员工号”的值来源于 DataTable 的"员工号"列
4. para = comm.Parameters.Add("@姓名", SqlDbType.VarChar, 10, "姓名");
5. para = comm.Parameters.Add("@性别", SqlDbType.Char, 2, "性别");
6. para = comm.Parameters.Add("@出生日期", SqlDbType.DateTime);
7. para.SourceColumn = "出生日期";
8. para = comm.Parameters.Add("@月薪", SqlDbType.Decimal);
9. para.SourceColumn = "月薪";
```

```
10. para = comm.Parameters.Add("@原先员工号", SqlDbType.VarChar, 10);
11. //"@原先员工号"参数的值也是来源于 DataTable 的"员工号"列
12. para.SourceColumn = "员工号";
13. //"员工号"列可能在 DataTable 中被修改了，但是在执行 UpdateCommand 前数据库中还未修改，
14. 所以要用原先的“员工号”值去数据库中查找
15. //DataTable 记录了员工号的几个版本的值，比如修改后的值，修改前的值
16. //para.SourceVersion = DataRowVersion.Original 就是表示找“员工号”修改前的值
17. para.SourceVersion = DataRowVersion.Original;
18. adapter.UpdateCommand = comm; //显式设置数据适配器 adapter 的更新命令
```

本 章 小 结

（1）Command 对象允许向数据库传递 SQL 请求，检索和操纵数据库中的数据。

（2）在 DataSet 对象内表示的数据是数据库的部分或全部的断开式内存副本。

（3）DataAdapter 对象用来填充数据集和用更新集到数据库，这样方便了数据库和数据集之间的交互，是数据库和 DataSet 之间的桥梁。

（4）DataTable 表示一个内存数据表，而 DataColumn 表示 DataTable 中列的结构。

（5）DataView 是 DataTable 中存储的数据的视图，相当于数据库中的视图。

（6）DataReader 对象提供只读、只向前的数据访问，并要求访问过程中要保持一个打开的数据库连接。

实 训 指 导

实训名称：使用 ADO.NET 访问数据库

1. 实训目的

（1）掌握 SqlConnection 连接类的使用。

（2）掌握 SqlCommand 命令类及其参数的使用。

（3）掌握通过 SqlDataReader 类读取表数据。

（4）掌握 SqlDataAdpater 的使用，包括 Fill 和 Update 方法。

（5）掌握 SqlCommandBuilder 的使用。

（6）掌握 DataSet、DataTable 和 DataGridView 的使用。

2. 实训内容

（1）实现对 HR 数据库的“奖惩表”的增删改查的功能，界面如图 11-25 所示。插入时，“奖惩记录号”不用输入，因为在数据库中“奖惩记录号”是标识列，数据库会在插入数据的时候自动增一，但是插入后应将“奖惩记录号”值显示在界面上。修改时，根据“奖惩记录号”修改数据库中的相应数据。删除时，根据“奖惩记录号”删除数据库中的相应数据。查询时，根据“奖惩记录号”查询数据库中的相应数据并显示到界面上。

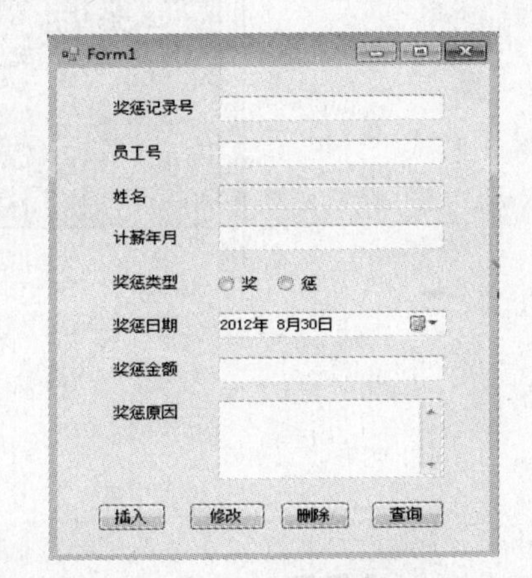

图 11-25 “奖惩表”的增删改查界面

难点提示：

1）插入数据后获得标识列的值。

```
string sql="Insert into 奖惩表(员工号,计薪年月,奖惩类型,奖惩日期,奖惩金额,奖惩原因) Values(@员工号, @计薪年月, @奖惩类型, @奖惩日期, @奖惩金额, @奖惩原因); SELECT SCOPE_IDENTITY()";
SqlCommand comm=new SqlCommand(sql,conn);
comm.Parameters.Parameters.AddWithValue("@员工号",txtEmployeeID.Text);
…                                        //将界面控件值赋给SQL语句中的参数
conn.Open();
object recordID = comm.ExecuteScalar(); //可以同时执行两条 SQL 语句，插入一条数据(Insert语句)，同时通过SELECT SCOPE_IDENTITY()返回刚插入数据的标识列"记录号"值。
txtRecordID.Text=recordID.ToString(); //将新插入奖惩记录的记录号值显示在界面上
```

Command的ExecuteNonQuery、ExecuteScalar、ExecuteReader均可执行多条SQL语句，语句之间用分号隔开，ExecuteNonQuery执行语句后返回数据库中受到影响的行数，ExecuteScalar执行SQL语句并返回单个值，ExecuteReader执行语句后返回一个数据阅读器DataReader。

2）查询时显示员工的姓名。员工姓名不在奖惩表中，但可以通过员工号在员工表中找到。

```
string sql="Select 记录号,员工号,姓名,计薪年月,奖惩类型,奖惩日期,奖惩金额,奖惩原因 from 奖惩表,员工表 Where 奖惩表.员工号=员工表.员工号 and 奖惩表.记录号="+txtRecordID.Text;
```

（2）实现对HR数据库的“奖惩表”的增删改查的功能，界面如图11-26所示。界面加载时需要加载数据库“奖惩表”中的记录，修改单元格值，新增一行，删除一行，单击“保存”按钮，应在数据库中反映这些更改。单击“退出”按钮，程序退出。

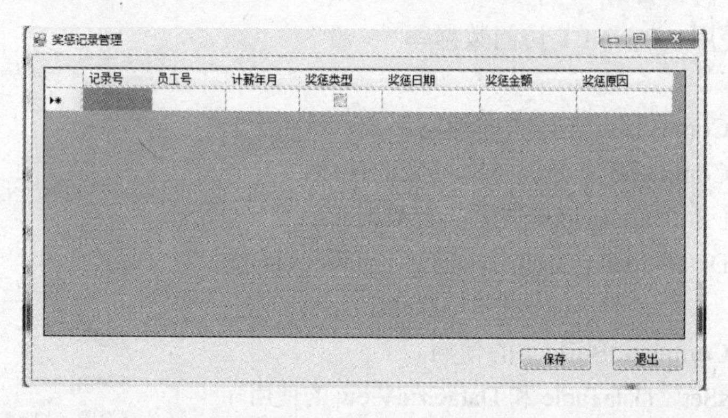

图11-26 奖惩记录管理界面

习 题

一、选择题

1. .NET框架中被用来访问数据库数据的组件集合称为（　　）。

　A．ADO　　B．ADO.NET

　C．COM+　　D．Data Service.NET

2．在 ADO.NET 中，执行数据库的某个存储过程，则至少需要创建（　　）并设置它们的属性，调用合适的方法。

A．一个 Connection 对象和一个 Command 对象

B．一个 Connection 对象和 DataSet 对象

C．一个 Command 对象和一个 DataSet 对象

D．一个 Command 对象和一个 DataAdapter 对象

3．在 ADO.NET 中，为了确保 DataAdapter 对象能够正确地将数据从数据源填充到 DataSet 中，则必须事先设置好 DataAdapter 对象的下列哪个 Command 属性（　　）。

A．Delete Command　　B．Update Command

C．Insert Command　　D．Select Command

4．在使用 ADO.NET 编写连接到 SQL Server 2005 数据库的应用程序时，从提高性能的角度考虑，应创建（　　）类的对象，并调用其 Open 方法连接到数据库。

A．OleDbConnection　　B．SqlConnection

C．OdbcConnection　　D．OracleConnection

5．在使用 ADO.NET 设计数据库应用程序时,可通过设置 Connection 对象的（　　）属性来指定连接到数据库时的用户和密码信息。

A．ConnectionString　　B．DataSource

C．UserInformation　　D．Provider

6．产品的信息存储在 SQL Server 2008 数据库上，你用 SqlConnection 对象连接数据库，你的 SQL Server 计算机名为 SerA，产品信息数据库名为 SalesDB，包含产品信息的表名为 Products。你用 SQL Server 用户账号 WebApp，口令为 Good123 连接 SalesDB。你需要设置 SqlConnection 对象的 ConnectionString 属性，你该用哪个字符串？（　　）。

A．"Provider=SQLOLEDB.1; File Name ="Data\MyFile.udl"

B．"Provider=MSDASQL; Data Source=SerA; Initial Catalog=SalesDB; User ID=WebApp; Password= Good123"

C．"Data Source= SerA; Initial Catalog=SalesDB; User ID=WebApp; Password= Good123"

D．"Data Source= SerA; Database=SalesDB; Initial File Name=Products; User ID=WebApp; Pwd= Good123"

7．开发一个 Windows 应用程序来计算雇员的休假数据并将它们显示在 DataGridView 控件中，这些数据被一个名为 employeeDataSet 的 DataSet 对象本地管理，需要写一段代码来使用户可以按照雇员的部门来给数据排序，该使用哪段代码？（　　）。

A．

```
DataView dvDept = New DataView()
dvDept.Table = employeeDataSet.Tables(0)
dvDept.Sort = "ASC"
DataGrid1.DataSource = dvDept
```

B．

```
DataView dvDept = New DataView()
dvDept.Table = employeeDataSet.Tables(0)
```

```
dvDept.Sort = "Department"
DataGrid1.DataSource = dvDept
```

C.

```
DataView dvDept = New DataView()
dvDept.Table = employeeDataSet.Tables(0)
dvDept.ApplyDefaultSort = True
DataGrid1.DataSource = dvDept
```

D.

```
DataView dvDept = New DataView()
dvDept.Table = employeeDataSet.Tables(0)
dvDept.ApplyDefaultSort = False
DataGrid1.DataSource = dvDept
```

8. 开发一个包含搜索功能的 Windows 应用程序，用户可以在一个文本框里输入字符，按照客户的姓名来搜索对应的客户信息。为了方便，用户应该可以只输入客户姓名的头几个字母就执行搜索，为实现这个功能，应用程序应该接受用户输入并将其储存在一个名为 TKName 的变量里，然后向后台数据库发起一个 SQL 查询，如何写这个查询的代码？（　　）。

A. `SQL = "SELECT PersonalName, FamilyName FROM Customers WHERE FamilyName = '" + TKName + "%'";`

B. `SQL = "SELECT" PersonalName, FamilyName FROM Customers WHERE FamilyName LIKE '" + TKName + "%'";`

C. `SQL = SELECT PersonalName, FamilyName FROM Customers WHERE FamilyName = '" + TKName + "*'";`

D. `SQL = "SELECT PersonalName, FamilyName FROM Customers WHERE FamilyName LIKE '" + TKName + "*'";`

二、简答题

1. 什么是 ADO.NET 技术？有何优点？
2. ADO.NET 的组件有哪些？简述它们的功能。
3. 简述 DataSet 与 DataReader 对象的区别。

第12章 数 据 绑 定

12.1 数据绑定的基本概念

数据绑定其实就是用最少的代码将数据呈现到界面或在用户操作了界面的控件后可以将数据传递给与控件相关的数据源（对象、集合、数组或复杂的 DataSet 都被称为数据源）。

在这里要澄清一下数据源的概念，这里所说的数据（数据源）指的是"本地数据"，所谓的本地数据就是在应用程序中我们常见到的对象，集合等都被我们称为本地数据源，不是指数据库、XML、Access 等外部数据源。比如，自定义的对象、ArrayList、List<T>、DataTable、DataSet 等都是本地数据源。数据绑定机制只是作用于控件和本地数据源之间，它并不负责也不关心如何将本地数据如何转变到外部去(比如如何将 DataSet 中的数据移动到数据库中去)，可以使用第 11 章的知识将本地数据源数据更新到数据库中，或者把数据从外部数据源取出到本地数据源中。

Winform 中数据绑定分为简单数据绑定和复杂数据绑定（又称基于列表的绑定）。简单绑定是指控件和某个单一对象之间的绑定，而复杂绑定是指和集合（ArrayList, Array，DataTable，DataSet 等）之间的绑定，而复杂绑定中隐含着简单绑定。

12.1.1 简单数据绑定

简单绑定是指控件和某个单一对象之间的绑定，对象本身其实就可能包含一定的数据，如它的成员变量。对于数据绑定机制而言，它关心的是属性。将某个对象的属性和控件的某个属性关联在一起，那数据就可以显示到控件中了。而对控件数据的修改就可以自动修改与之绑定的对象属性。

1. Binding 数据绑定类

数据绑定主要是通过"控件.DataBindings.Add(string propertyName, Object dataSource, string dataMember)"方法，返回值为 Binding 数据绑定类的实例。Binding 类代表某对象属性值和某控件属性值之间的简单绑定。

（1）第一参数 propertyName：控件的某个属性的名称表示。

（2）第二参数 dataSource：本地数据源对象。

（3）第三参数 dataMember：表示绑定的对象的属性的数据绑定表达式，通常情况下是属性的名称或者字段名。如果数据源对象的某个属性本身也是对象，比如 Employee 员工对象有个属性 Dept 部门，Dept 有属性 DeptName（部门名称），通过设置本参数为绑定表达式"Dept.DeptName"，即可在界面上显示某个 Employee 对象所有部门的 DeptName。如

```
txtDept.DataBindings.Add("Text", emp, "Dept.DeptName");
```

通过"控件.DataBindings.Add"方法将该控件的属性（propertyName）与某个本地数据源对象（dataSource）的数据成员或属性"dataMember"绑定起来。这个绑定是双向绑定，即对本地数据源对象的更改会呈现在界面上，而对界面的修改会反映在本地数据源对象上。

2. 本地数据源

Binding 类的 DataSource 属性，也是“控件.DataBindings.Add”方法的第二个参数，为本地数据源，可以给 DataSource 本地数据源设置以下任意一个类的实例。

（1）DataSet。

（2）DataTable。

（3）DataView。

（4）DataViewManager。

（5）BindingSource。

（6）实现 IList 接口的任何类。

（7）任何类（简单绑定）。

下面通过一个实例来说明简单数据绑定。

【例 12-1】 在许多项目中会把表转化为实体对象，然后在程序中对实体对象进行操作，这就是 ORM（对象关系映射），把表映射成实体对象。本例讲解的就是将控件绑定到一个实体对象。

（1）创建一个“Windows 窗体应用程序”工程，工程名称为 SimpleBinding。在工程中新增一个类 Employee.cs，实现了对“员工表”的实体对象映射，Employee.cs 的代码如下。

```
1.  //员工表的实体类
2.  class Employee
3.  {
4.      public string ID { get; set; }              //对应员工 ID
5.      public string Name { get; set; }            //对应姓名
6.      public string Sex { get; set; }             //对应性别
7.      public DateTime Birthday { get; set; }      //对应出生日期
8.      public decimal Salary { get; set; }         //对应月薪
9.  }
```

（2）打开 Form1.cs 窗体，窗体设计如图 12-1 所示，窗体主要控件属性设置如表 12-1 所示。

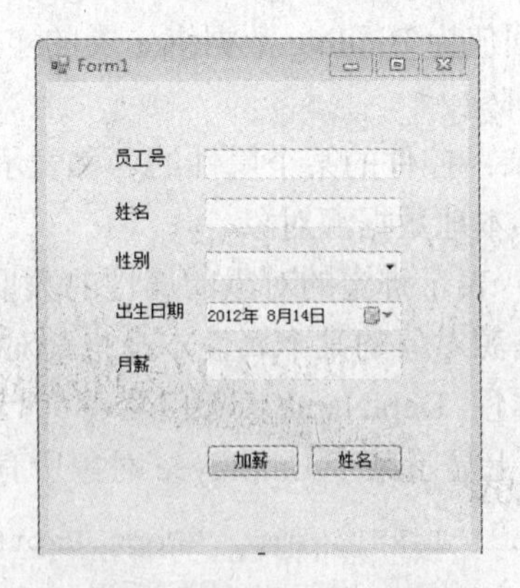

图 12-1 SimpleBinding 工程窗体设计

表 12-1 SimpleBinding 工程窗体主要控件属性设置

控件	控件类型	控件名称	Text 属性值	控件	控件类型	控件名称	Text 属性值
员工号	TextBox	txtID	员工号	加薪	Button	btnGetRaise	加薪
姓名	TextBox	txtName	姓名	姓名	Button	btnShowName	修改
性别	ComboBox	cmbSex	性别	其他	Label	不用修改	见界面值
出生日期	DateTimePicker	dtpBirthday	出生日期	月薪	TextBox	txtSalary	月薪

（3）窗体 Form1.cs 代码如下。

```
1. public partial class Form1 : Form
2. {
3.     Employee emp;              //全局变量，存放 Employee 实体对象
4.     public Form1()
5.     {
6.         InitializeComponent();
7.     }
8.
9.     private void Form1_Load(object sender, EventArgs e)
10.    {
11.        //初始化 emp 实体对象
12.        emp = new Employee { ID = "1001", Name = "Tony", Sex = "男", Birthday
   = DateTime.Parse("1990-1-1"), Salary =2000 };
13.        //新建一个绑定对象，将 emp 对象的 ID 属性绑定到 txtID 控件的 Text 属性上
14.        Binding binding = new Binding("Text", emp, "ID");
15.        txtID.DataBindings.Add(binding);
16.        //下面的写法跟上边等价，只是更方便一点
17.        txtName.DataBindings.Add("Text", emp, "Name");
18.    cmbSex.DataBindings.Add("Text", emp, "Sex");
19.    dtpBirthday.DataBindings.Add("Value", emp, "Birthday");
20.    txtSalary.DataBindings.Add("Text", emp, "Salary");
21. }
22.
23. private void btnGetRaise_Click(object sender, EventArgs e)
24. {
25.    emp.Salary += 1000;        //加 1000 元薪水
26.    txtSalary.DataBindings[0].ReadValue();
                                  //在界面上显示 emp 对象的 Salary 属性值
27. }
28.
29. private void btnShowName_Click(object sender, EventArgs e)
30. {
31.    //在界面上修改姓名，可以看到与之绑定的 emp 对象的 Name 也改成了与界面一样的值
32.        MessageBox.Show(emp.Name);
33.    }
34. }
```

运行后，界面显示了 emp 对象的属性数据。

说明：

（1）可以发现属性即使不是字符串类型一样可以很好地绑定到TextBox的Text。数据绑定负责将类型进行转换，不过只有一些基本类型能够进行转换。如果需要将二进制数据转换成Image类型，就要处理Binding类中的两个事件，Format和Parse事件。通常使用这两个事件来进行数据的转换。

1）Format 事件：当数据被绑定到控件的时候触发，想要在界面上呈现什么格式的数据，在该事件的处理函数中编写代码。

2）Parse 事件：当控件的属性发生改变而导致要更新数据源的时候触发，想要给数据源什么样的数据。

（2）界面控件几乎所有属性都可以绑定。

（3）可以看到“加薪”代码，在代码“emp.Salary += 1000;”执行后，界面并没有立即显示 emp.Salary 的值，还需要通过控件的绑定对象读取数据源对象的值，即运行代码“txtSalary.DataBindings[0].ReadValue();”才能显示在界面上。如果不想调用此方法，希望对象的属性值一改变就显示在界面上，就需要Employee类实现 INotifyPropertyChanged（属性更改通知）接口，并在属性值发生更改时引发 PropertyChanged （属性更改）事件，然后再将该类的对象绑定到相应的控件上。改造后的Employee.cs代码如下。

```
1. using System.ComponentModel;//使用 INotifyPropertyChanged 需引用此命名空间
2. //员工表的实体类
3. class Employee : INotifyPropertyChanged
4. {
5.      public event PropertyChangedEventHandler PropertyChanged;
6.      public string ID { get; set; }                //对应员工 ID
7.      public string Name { get; set; }              //对应姓名
8.      public string Sex { get; set; }               //对应性别
9.      public DateTime Birthday { get; set; }        //对应出生日期
10.      decimal salary;
11.      public decimal Salary                         //对应月薪
12.      {
13.          get { return salary; }
14.          set
15.          {
16.              salary = value;
17.              if (PropertyChanged != null)//可以写成一个方法，方便改造其他属性
18.              {
19.                  PropertyChanged(this, new PropertyChangedEventArgs ("Salary"));
                     //引发属性更改事件，通知界面"Salary"属性值已更改
20.              }
21.          }
22.      }
23.  }
```

注释“txtSalary.DataBindings[0].ReadValue();”代码，运行程序，单击“加薪”按钮，可以看到月薪从“2000”变成了“3000”。

12.1.2 复杂绑定

复杂数据绑定，又称基于列表的绑定，数据源为简单对象外的所有数据绑定都可以称为复杂绑定。复杂绑定可以简单理解为如何将集合或集合的集合绑定到控件的过程。这个过程

中，在某些地方和简单绑定很相似，但实际上当控件绑定到集合类的对象的时候和我们认识的简单绑定的过程是有区别的。复杂绑定是依赖与简单绑定过程的，先来看下面的例子。

【例12-2】 创建一个“Windows窗体应用程序”工程，工程名称为ComplexBinding，依然使用如图12-1所示的界面设计窗体，两个按钮不用画上去。窗体Form1.cs的代码如下。

```
1. using System.Data.SqlClient;
2. namespace ComplexBinding
3. {
4.    public partial class Form1 : Form
5.    {
6.       public Form1()
7.       {
8.          InitializeComponent();
9.       }
10.
11.        private void Form1_Load(object sender, EventArgs e)
12.        {
13.           SqlConnection conn = new SqlConnection("Server=(local);
              Database=HR; Trusted_Connection=true");
14.           SqlDataAdapter adapter = new SqlDataAdapter("Select * from
              员工表", conn);
15.           DataTable dt = new DataTable("员工表");
16.           adapter.Fill(dt);//取得员工表数据放入dt数据表对象中
17.
18.           //txtID控件显示员工号字段值
19.           txtID.DataBindings.Add("Text", dt, "员工号");
20.           txtName.DataBindings.Add("Text", dt, "姓名");
21.           cmbSex.DataBindings.Add("Text", dt, "性别");
22.           dtpBirthday.DataBindings.Add("Value", dt, "出生日期");
23.           txtSalary.DataBindings.Add("Text", dt, "月薪");
24.        }
25.    }
26. }
```

运行代码后，可以发现界面显示了dt对象里的第一条记录。但是界面控件指定的数据源都是dt（数据表），而dt并没有"员工号"、"姓名"等属性，那如何能显示到界面上？这就是复杂绑定的机制。

（1）当数据绑定机制发现你绑定的数据源是一个集合，那么它会采取一种不同简单绑定的方式来对待这个数据源。如果是绑定到的是TextBox这样的控件话，它会先从那个集合中猎取一项出来。在这个例子里就是dt的第一个DataRow数据行对象。

（2）接下来，数据绑定机制会将这个对象中的属性或字段和控件中的属性关联起来，和简单绑定中所描述的一样，即把该DataRow数据行对象的"员工号"、"姓名"等列值绑定到界面上。

上面的两个步骤就已经完成了一个复杂绑定。谁负责处理以上的过程呢？是BindingContext类，它管理着这个过程。

1. BindingContext绑定上下文类

通过BindingContext可以返回CurrencyManager对象，CurrencyManager对象用于管理

Binding 对象的列表，以及管理列表或集合类型的数据源对象。通过以下代码就可以获得 CurrencyManager 对象以方便对数据绑定进行管理。

```
CurrencyManager cm=(CurrencyManager)this.BindingContext[dt];
```

2. CurrencyManager 集合绑定管理类

通过 CurrencyManager 类，对绑定进行管理。维护了当前绑定记录、Binding 对象列表（都是同一数据源）、数据源对象等信息，详见表 12-2 所示 CurrencyManager 常用属性。

表 12-2　　CurrencyManager 常 用 属 性

属　性	说　明
Bindings	获取所管理绑定的集合
Count	获取列表中的项数，在“例 12-2”中就是 dt 对象的数据行数
Current	获取列表中的当前项，在“例 12-2”中就是 dt 对象的当前行视图
List	获得此 CurrencyManager 的列表，在［例 12-2]中就是 dt 对象的数据视图（DataView）
Position	获取或设置在列表中的位置，即正在绑定 List 集合中的数据位置

下面通过一个实例来看看 BindingContext 和 CurrencyManager 的使用方法。

【例 12-3】 在［例 12-2］基础上对其进行改造，在 Form1.cs 中加入以下代码①②。

```
1. CurrencyManager cm;//①声明全局绑定管理类
2. public Form1()…
3. private void Form1_Load(object sender, EventArgs e)
4. {
5.    …
6.    //②通过 dt 获得对其绑定进行管理的绑定管理类
7.    cm = (CurrencyManager)this.BindingContext[dt];
8. }
```

然后，在界面上放两个按钮，btnPrevious 和 btnNext，Text 属性分别为“上一条”、“下一条”，并双击这两个按钮，输入如下代码。

```
1. private void btnPrevious_Click(object sender, EventArgs e)
2. {
3.     //上一条记录
4.     cm.Position--;
5. }
6. private void btnNext_Click(object sender, EventArgs e)
7. {
8.     //下一条记录
9.     cm.Position++;
10.}
```

运行本实例，单击“上一条”、“下一条”按钮，可以看到界面显示了 dt 相应的记录。可以修改界面数据，再单击“上一条”、“下一条”按钮，可以看到数据已经修改，说明 dt 中的相应记录也被修改了。

3. Binding、CurrencyManager、BindingContext 之间的关系

前面对简单绑定和复杂绑定做了简单的描述。现在，将所有的这些东西串在一起看看数

据绑定的全貌。

（1）Binding 对象：代表某对象属性值和某控件属性值之间的简单绑定。其主要负责将控件的属性和对象的属性进行关联。

（2）BindingManagerBase：管理绑定到相同数据源和数据成员的所有 Binding 对象。这个对象在前面的章节中没有涉及，但实际上不管是简单绑定还是复杂绑定中都使用到了这个对象的相应的派生类，简单绑定派生类为 PropertyManager，复杂绑定派生类为 CurrencyManager。

（3）BindingContext 对象：只要发生数据绑定，那在一个 FORM 中就一定存在一个 BindingContext 对象。我们可以通过 Form 对象 BindingContext 属性获得一个 BindingContext 对象，即 this.BindingContext［数据源对象］可以获得 PropertyManager（简单绑定）或者 CurrencyManager（复杂绑定），一个数据源对象返回一个绑定管理者，一个界面通常可以有多个数据源对象，就可以返回多个绑定管理者。如图 12-2 所示绑定对象关系图。

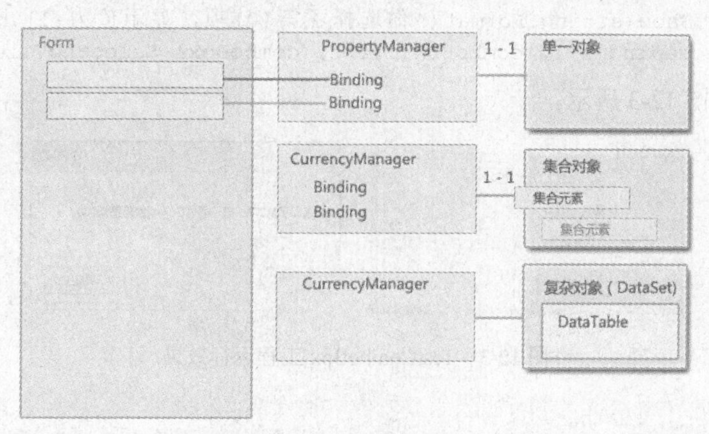

图 12-2　绑定对象关系图

12.2　数据绑定控件

常见的数据绑定控件有 CheckedListBox、ComboBox、ListBox、DataGridView 等，它们的共同点是含有一个 DataSource 属性，通过该属性可以简化控件的数据绑定。

12.2.1　ComboBox 等列表控件

表 12-3 为 ComboBox 控件数据绑定属性。

表 12-3　ComboBox 控件数据绑定属性

属　性	说　明
DataSource	ComboBox 的数据源
ValueMember	相对应的实际值
DisplayMember	要显示到界面的属性或字段

【例 12-4】 通过 ComboBox 的数据绑定功能显示了“员工表”的员工列表数据。

（1）创建一个“Windows 窗体应用程序”工程，工程名称为 TestComboBox。在 Form1 窗体上拖入两个控件 ComboBox 和 Button，双击窗体，在 Form1.cs 中引用 System.Data.SqlClient

命名空间，并在Form1_Load方法中输入如下代码。

```
1. SqlConnection conn = new SqlConnection("Server=(local); Database=HR;
2. Trusted_Connection=true");
3. SqlDataAdapter adapter = new SqlDataAdapter("Select * from 员工表", conn);
4. DataTable dt = new DataTable("员工表");
5. adapter.Fill(dt);                        //取得员工表数据放入dt数据表对象中
6. comboBox1.DataSource = dt;               //设置comBox1的数据源为dt
7. comboBox1.DisplayMember = "姓名";         //设置要显示的字段
8. comboBox1.ValueMember = "员工号";         //设置姓名字段对应的实际值
```

运行后，可以看到员工姓名显示在comboBox1列表中了。

（2）在Form1窗体，双击button1控件，在“button1_Click”方法中输入以下代码（也可以双击comboBox1控件，在SelectedIndexChanged事件处理函数中输入）。

```
MessageBox.Show(string.Format("你选择了第{0}项，显示值为{1}，实际值为{2}",
comboBox1.SelectedIndex+1, comboBox1.Text, comboBox1.SelectedValue));
```

运行效果如图12-3所示。

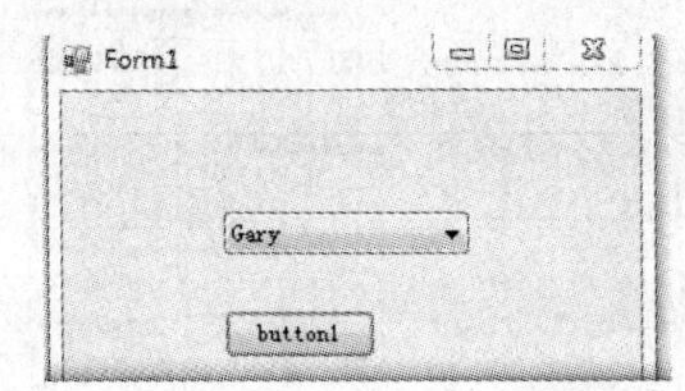

图12-3 TestComboBox工程运行效果

说明：

（1）由于ListBox与ComboBox控件都是继承自ListControl类，所以两者的数据绑定用法完全一样，所以本书不再介绍ListBox控件的绑定用法。

（2）CheckedListBox继承自ListBox控件，所以在数据绑定方面用法类似。

12.2.2 DataGridView控件

DataGridView控件是一个数据网格控件，有着强大的功能，在本节中重点讨论它的数据绑定和数据操作功能。表12-4显示了DataGridView控件与数据绑定有关的一些常用属性。

表12-4 DataGridView控件数据绑定属性

属　性	说　明
DataSource	DataGridView的数据源
DataMember	DataGridView显示其数据的列表或数据表的名称
AllowUserToAddRows	指示是否向用户显示添加行的选项
AllowUserToDeleteRows	指示是否允许用户从DataGridView中删除行
AutoGenerateColumns	获取或设置一个值，该值指示在设置DataSource或DataMember属性时是否自动创建列
Columns	DataGridView控件中所有列的集合

在［例11-7］中已经涉及了对DataGridView控件数据绑定的使用，下面通过“例12-5”

对 DataGridView 控件进行进一步的了解。

【例 12-5】 ［例 11-7］中 DataGridView 控件在数据绑定时，根据其绑定的数据源自动生成了列，本例将自定义 DataGridView 列，并指定该列显示数据源的指定列数据。

（1）创建一个“Windows 窗体应用程序”工程，工程名称为 TestDataGridView。打开 Form1.cs 窗体，窗体设计如图 12-4 所示，控件设置如表 12-5 所示。

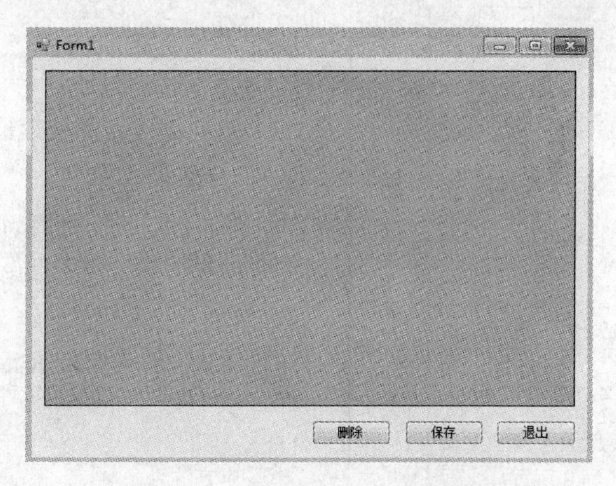

图 12-4　TestDataGridView 工程窗体设计

表 12-5　TestDataGridView 工程窗体主要控件属性设置

控件	控件类型	控件名称	Text 属性值
表格	DataGridView	dataGridView1	无
删除	Button	btnDelete	删除
保存	Button	btnSave	保存
退出	Button	btnExit	退出

（2）单击 dataGridView1 控件 Columns 属性省略号按钮，在“编辑列”弹出的对话框中单击“添加”按钮，在“添加列”弹出框添加第一列选择列，设置如图 12-5 所示。

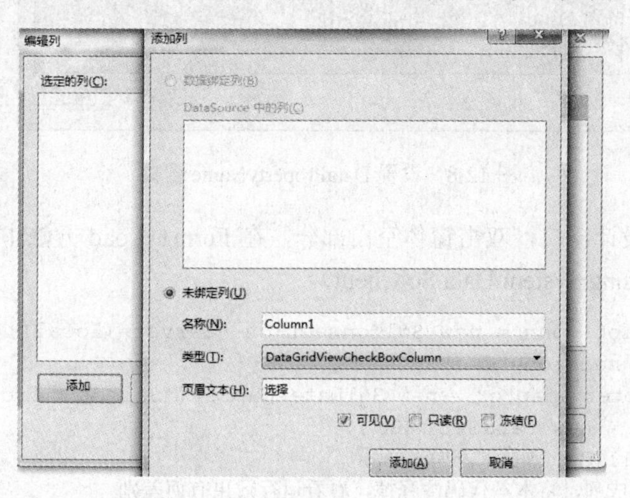

图 12-5　添加复选框列窗口

（3）添加第二列“员工号”，设置如图12-6所示。

（4）第三列到第六列设置与第（3）步一样，只是页眉文本分别设置为姓名、性别、出生日期、月薪，并将每一列的DataPropertyName也分别设置为员工号、姓名、性别、出生日期、月薪，即该列显示什么字段值。设置如图12-7所示。

图12-6 添加员工列窗口

图12-7 设置DataPropertyName窗口

还可以设置每一列的列宽，属性为Width，设置完毕后，设计窗口如图12-8所示。

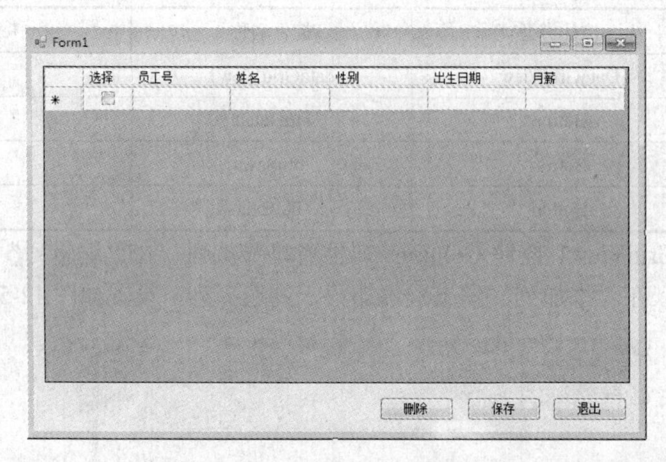

图12-8 设置DataPropertyName窗口

（5）在Form1设计窗口，双击窗体空白部分，在Form1_Load方法中输入如下代码（输入代码前，首先要using System.Data.SqlClient）。

```
1. SqlConnection conn = new SqlConnection("Server=(local); Database=HR;
2. Trusted_Connection=true");
3. SqlDataAdapter adapter = new SqlDataAdapter("Select * from 员工表", conn);
4. DataSet ds = new DataSet("HR");
5. adapter.Fill(ds, "员工表");
6. //禁止自动生成列，将本句代码注释掉，看看运行效果有何差别
7. dataGridView1.AutoGenerateColumns = false;
```

```
8. //设置 dataGridView1 数据源为 ds
9. dataGridView1.DataSource = ds;
10.//dataGridView1 显示的是 ds 里的 DataTable“员工表”
11.dataGridView1.DataMember = "员工表";
```

运行后，可以看到界面显示了 HR 数据库“员工表”的数据，与如图 11-23 所示类似。

（6）在 Form1 设计窗口，双击“删除”按钮，在 btnDelete_Click 方法中输入如下所示的代码。

```
1. int i = dataGridView1.Rows.Count-1;//定义游标，从最后一行找起
2. while (i >= 0)//直到找到第一行后，停止查找
3. {
4.    //取得某一行的第一个单元格即 Cells[0]，将其转换成 DataGridViewCheckBoxCell
       单元格类型
5. DataGridViewCheckBoxCell checkcell = (DataGridViewCheckBoxCell)
   dataGridView1.Rows[i].Cells[0];
6.    //如果该复选框单元格被选中，即单元格值 Value 为 true，表示该行被选中
7.    if ((bool)checkcell.Value)
8.    {
9.       //则在 dataGridView1 行集合(Rows)中移除第 i 行
10.      dataGridView1.Rows.RemoveAt(i);
11.   }
12.   i--;//往前移动一行
13.}
```

运行后，打勾几行数据，单击“删除”按钮，可以看到这几行数据从 dataGridView1 控件中删除了。

（7）在 Form1 设计窗口，双击“保存”按钮，在 btnSave_Click 方法中输入如下所示的代码，代码与［例 11-7］类似，有区别的部分作了注释。

```
1. //在这里 dataGridView1.DataSource 里存放的是一个 DataSet，所以应转换成 DataSet 对象
2. DataSet ds = (DataSet)dataGridView1.DataSource;
3. SqlConnection conn = new SqlConnection("Server=(local); Database=HR;
4. Trusted_Connection=true");
5. SqlDataAdapter adapter = new SqlDataAdapter("Select * from 员工表", conn);
6. SqlCommandBuilder builder = new SqlCommandBuilder(adapter);
7. //需要指定更新的是 DataSet 里的哪张表，在这里是“员工表”
8. adapter.Update(ds,"员工表");
```

运行后，可以修改界面数据，或者双击最后一行新增一条记录，或者选中复选框选择多行，按 Delete 键删除，录入数据时应注意数据格式。单击“保存”按钮后，打开数据库“员工表”，或者再次运行程序，可以看到数据库数据已经作了相应的更新了，界面与如图 11-24 所示类似。

12.3 数 据 源 组 件

BindingSource 数据源组件是数据源和控件间的一座桥，同时提供了大量的 API 和 Event 供我们使用。使用这些 API 我们可以将 Code 与各种具体类型数据源进行解耦；使用这些

Event 我们可以洞察数据的变化。

12.3.1　通过工具使用数据源组件

下面通过一个实例来了解如何通过 Visual Stutio 工具来使用数据源相关组件。

图 12-9　数据相关控件

【例 12-6】　通过工具使用数据源组件。

（1）新建一个 Windows 应用程序工程，在工程中添加数据库连接。打开“工具箱”窗口，选择“数据”选项板，在此选项板中，可以看到所有可以使用的与数据相关的控件，如图 12-9 所示。

添加 DataGridView 控件到窗体上，DataGridView 控件是一种强大而灵活的以表格形式显示数据的方式，在 DataGridView 上选择小三角箭头，在任务中选择数据源，如图 12-10 所示，展开“选择数据源”下拉框，单击“添加项目数据源”按钮，如图 12-11 所示。

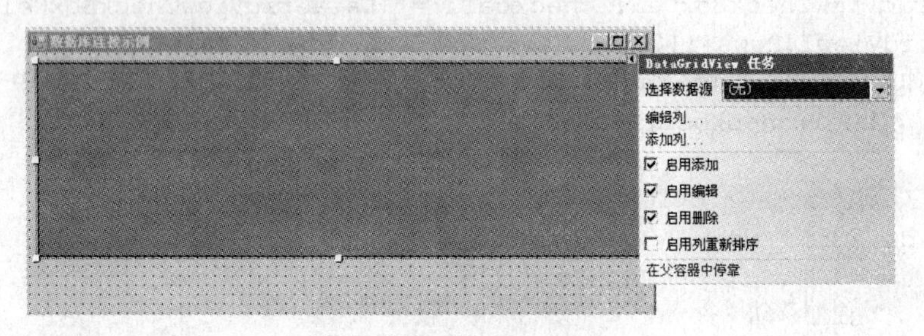

图 12-10　选择数据源

（2）弹出“数据源配置向导”对话框，如图 12-12 所示。

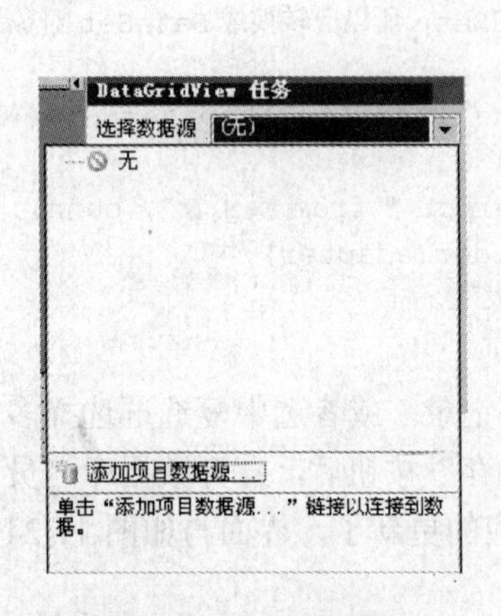

图 12-11　添加数据源

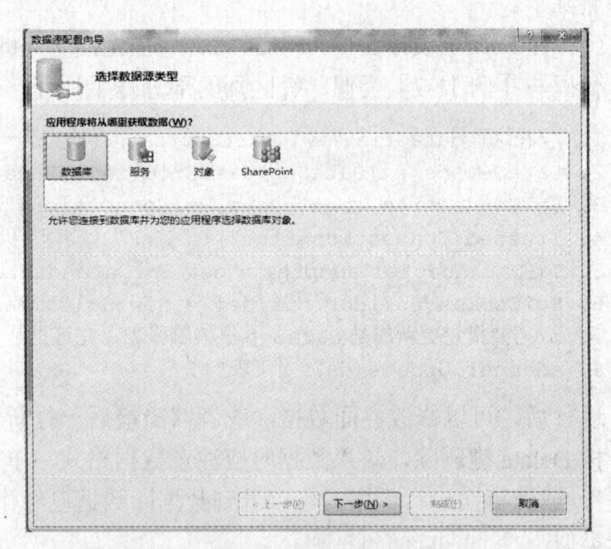

图 12-12　选择数据源模型

（3）选择数据源类型，从数据库获取数据，单击“下一步”按钮，弹出选择数据库模型选择窗口，如图 12-13 所示。选择“数据集”项，单击“下一步”按钮。

（4）弹出数据连接选择窗口，单击“新建连接…”按钮，在“添加连接”窗口中，如图 12-14 所示进行设置。

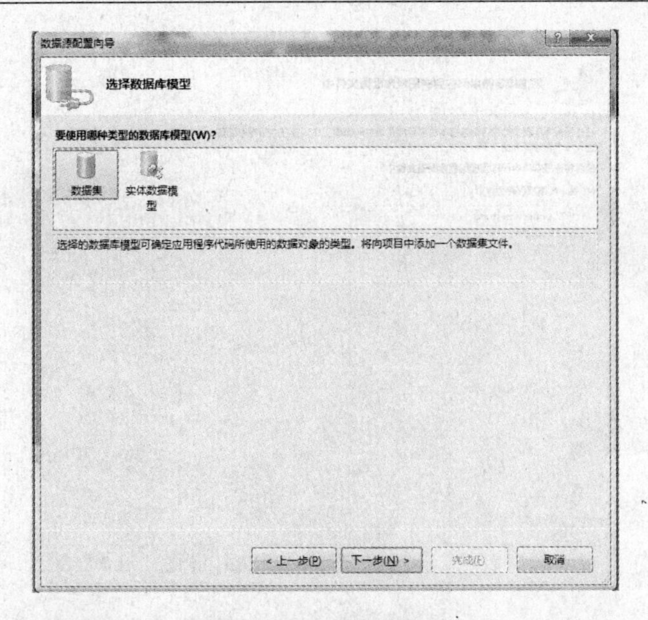

图 12-13 选择数据库模型

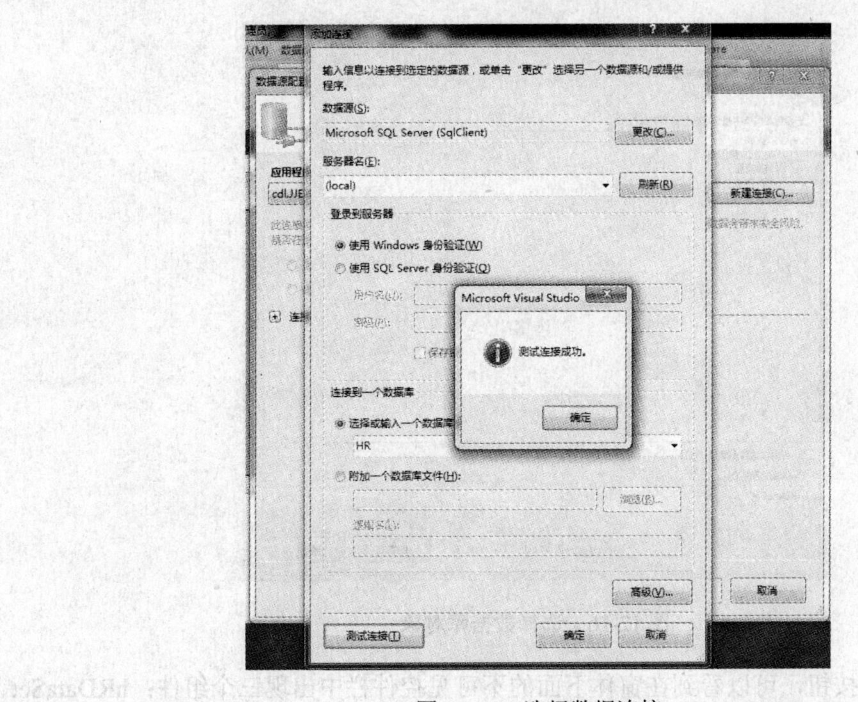

图 12-14 选择数据连接

（5）单击“确定”按钮后，在“选择您的数据连接”窗口，展开连接字符串旁边的“+”号，可以看到连接字符串语句。单击“下一步”按钮，弹出是否将连接字符串保存到应用程序配置文件中的选项，如果将连接字符串保存到配置文件中，可以通过应用程序的配置文件简化维护和部署的工作，如图 12-15 所示。

（6）单击“下一步”按钮后，弹出选择数据对象窗口，选择“员工表”项，如图 12-16 所示。

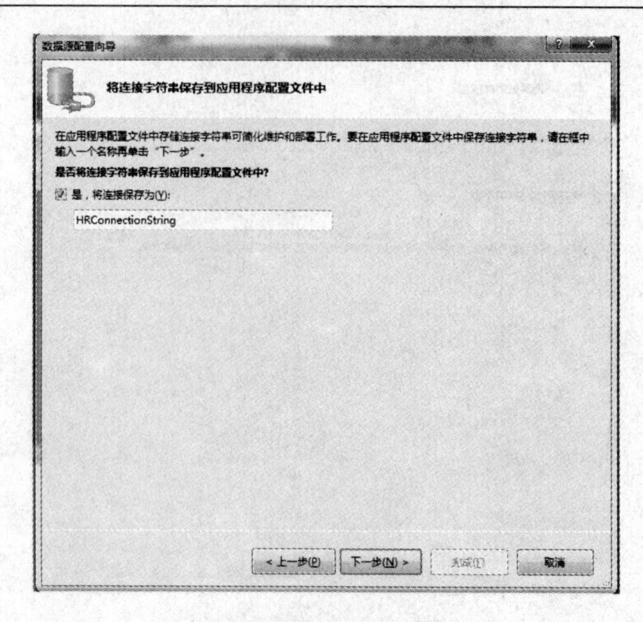

图 12-15 保存数据连接到配置文件

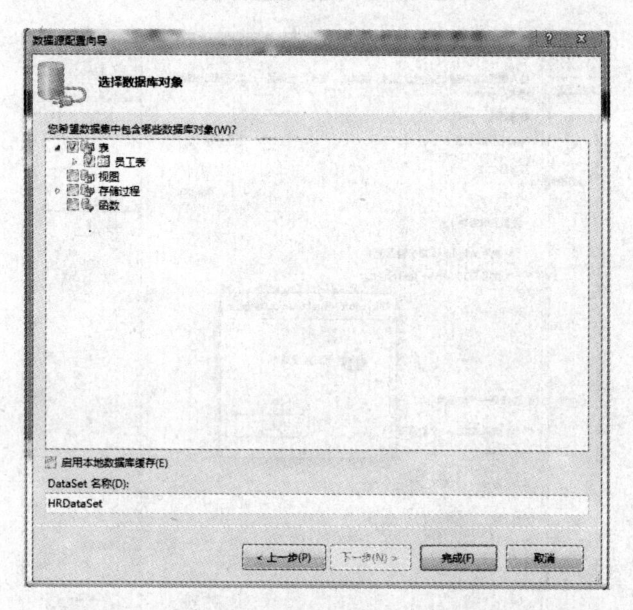

图 12-16 选择数据库对象

单击“完成”按钮，可以看到在窗体下面的不可见控件栏中出现三个组件：**hRDataSet**、员工表 BindingSource 和员工表 TableAdapter，如图 12-17 所示。其中，**hRDataSet** 是数据集 DataSet，是刚刚在添加数据源时所配置的数据集；员工表 BindingSource 是 BindingSource 组件，该组件用于简化将控件绑定到基础数据源的过程，即数据绑定控件与数据库之间的桥梁。图 12-18 演示了在现有的数据绑定结构中，BindingSource 组件适合放在何处。

图 12-17 相关绑定组件的添加

员工表TableAdapter是TableAdapter组件，它通过对数据库执行SQL语句和存储过程来提供应用程序和数据库之间的通信。

（7）此时，运行应用程序，在DataGridView控件中就可以看到“员工表”中的数据了，如图12-19所示。查看窗体代码，在窗体的加载事件中有一行代码如下。

```
this.员工表TableAdapter.Fill(this.hRDataSet.员工表);
```

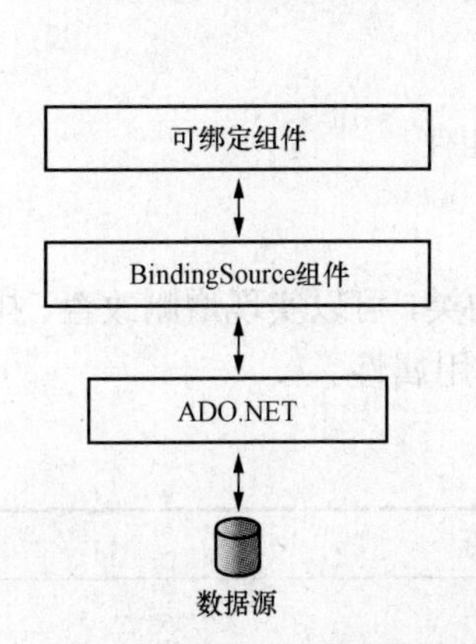

图12-18 BindingSource组件的位置

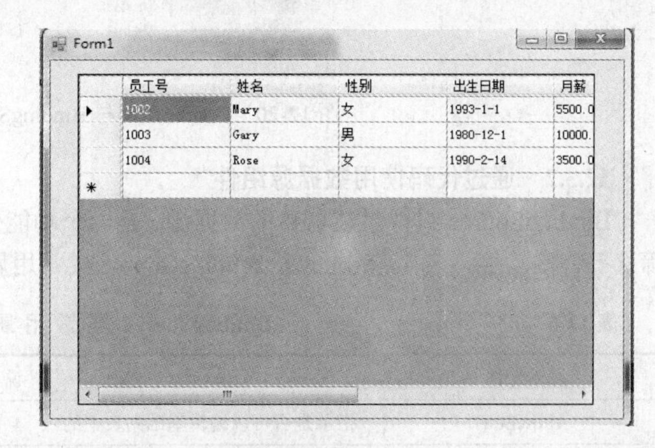

图12-19 程序运行界面

TableAdapter组件的Fill方法是用数据库服务器端的数据来填充应用程序端的数据集组件hRDataSet，而hRDataSet是“员工表BindingSource”的数据源，“员工表BindingSource”又是DataGridView1的数据源，通过这些绑定，数据就显示在DataGridView1中了。打开“Form1.Designer.cs”代码，可以从下面Visual Studio自动生成的代码中得到这些绑定关系的验证。

```
this.dataGridView1.DataSource = this.员工表BindingSource;
…
this.员工表BindingSource.DataMember = "员工表";
this.员工表BindingSource.DataSource = this.hRDataSet;
```

（8）在Form1窗体上添加一个按钮btnSave，文本改成“保存”，双击该按钮，在“btnSave_Click”中输入如下代码：

```
//将dataGridView1中的更改更新到数据库中
this.员工表TableAdapter.Update(this.hRDataSet.员工表);
```

对dataGridView1中数据的更改会反映到“hRDataSet.员工表”中，通过数据适配器“员工表TableAdapter”的Update方法，将增删改数据更新到HR数据中。

使用ADO.NET实现数据的显示和更新是不是很简单？不需要程序员添加过多的代码，ADO.NET的智能化程度非常高，因此可以大大提高程序开发效率。

说明：

不仅仅是DataGridView控件可以使用BindingSource组件，事实上，数据绑定控件都可以使用BindingSource组件。在Form1中拖入控件ComboBox1，并做如图12-20所示的设置，运行程序，就可以看到ComboBox1员工姓名列表了。

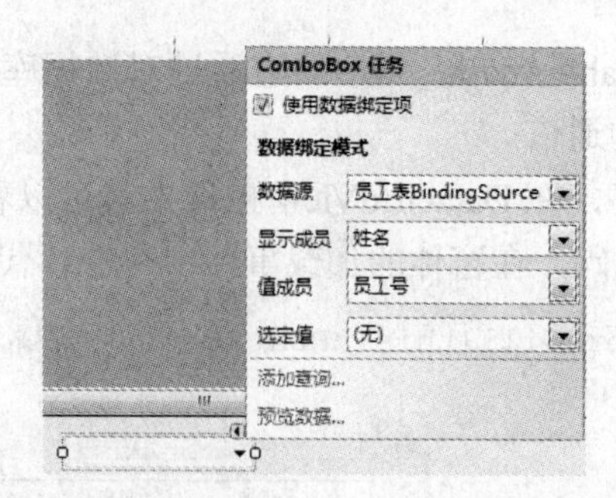

图 12-20 ComboBox 与 BindingSource 组件

12.3.2 通过代码使用数据源组件

BindingSource 组件封装窗体的数据源，是一个功能强大的类，可以实现增删改查、排序、筛选等许多功能。表 12-6 显示了 BindingSource 类常用属性常用属性。

表 12-6 **BindingSource 类常用属性**

属 性	说 明
AllowEdit	指示是否可以编辑基础列表中的项
AllowNew	指示是否可以新增
AllowRemove	指示是否可从基础列表中移除项
DataSource	BindingSource 的数据源
DataMember	BindingSource 显示其数据的列表或数据表的名称

【例 12-7】 创建一个 Windows 应用程序工程 TestBindingSource，双击 Form1 窗体，在 Form1_Load 中输入以下代码。

```
1. SqlConnection conn = new SqlConnection("Server=(local); Database=HR;
2. Trusted_Connection=yes");
3. DataSet ds = new DataSet("HR");
4. SqlDataAdapter da = new SqlDataAdapter("Select * from 员工表", conn);
5. da.Fill(ds,"员工表");
6. //创建 BindingSource 实例
7. BindingSource bindingSource = new BindingSource();
8. //可以自己设置一下 BindingSource 属性，比如将 AllowNew 属性设置为 true，看看设置前
后的运行效果
9. bindingSource.AllowNew = false;
10.//设置 bindingSource 的数据成员为 ds 里的“员工表”
11.bindingSource.DataMember = "员工表";
12.//设置 bindingSource 的数据源为 ds
13.bindingSource.DataSource = ds;
14.//将 bindingSource 设为 dataGridView1 的数据源
15.dataGridView1.DataSource = bindingSource;
```

运行后，结果与如图 12-19 所示类似。

说明：

由于没有设置全局变量保存 DataSet 对象，因此要获得数据源 DataSet，可以通过下面的

代码获得。

```
BindingSource bindingSource = (BindingSource)dataGridView1.DataSource;
DataSet ds = (DataSet)bindingSource.DataSource;
```

12.4 综合实训案例

下面以一个简化的人事薪资管理系统为实训案例，可以按照项目小组的方式开发该综合实训案例，也可以个人完成所有功能。可以在本案例的基础上扩展或者简化功能。

12.4.1 系统目标

某公司决定建立“人事薪资管理系统”，以取代人工管理。根据员工的月薪、考勤、奖惩情况，计算该员工的各种加减项，按月汇总工资表。

12.4.2 功能需求描述

本系统功能结构图如图12-21所示。

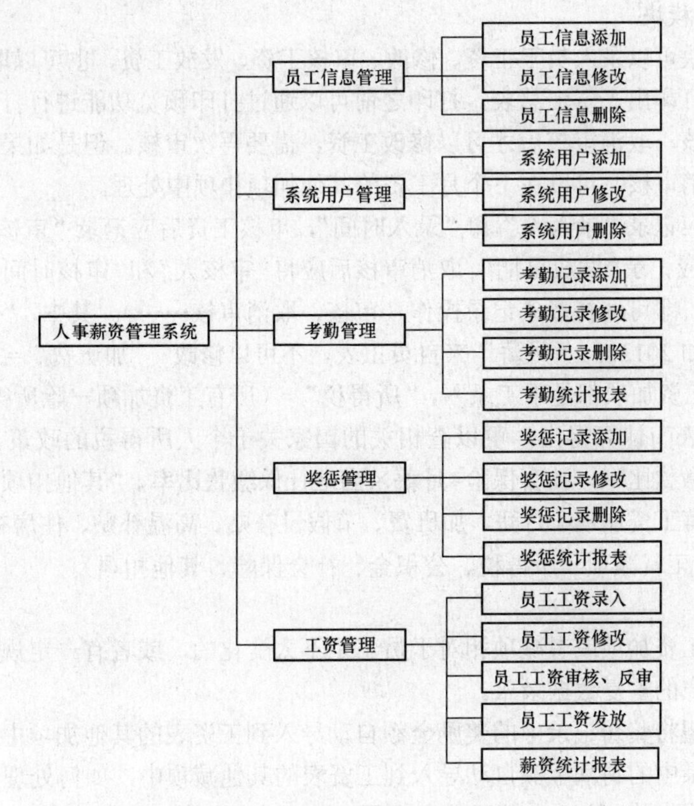

图12-21 人事薪资管理系统功能结构图

下面是本系统各功能模块的简要描述。

1. 系统用户管理模块

系统用户管理模块用于维护系统用户信息，具有设置某一员工为系统用户的功能，设置系统用户需要设置以下信息包括系统用户、登录名、密码、权限等信息。

系统用户：0——非系统用户；1——系统用户。

权限：0——管理员；1——录入；2——审核，“管理员”用户具有所有权限，“录入”权限即用户具有除系统用户管理模块之外的增删改查权限，“审核”即该用户具有查看、审核、取消审核、发放工资的权限。

2. 员工信息管理模块

员工信息管理模块具有增删改查功能，员工信息包括员工号、员工姓名、员工性别、月薪、所属部门等信息。

3. 部门信息管理模块

部门信息管理模块具有增删改查功能，部门信息包括部门编号、部门姓名等信息。

4. 考勤管理模块

考勤管理模块具有增删改查功能，记录员工的出勤、缺勤情况。

5. 奖惩管理模块

奖惩管理模块具有增删改查功能，记录员工的奖惩情况，涉及金额的，应记录奖惩金额及计薪年月。奖惩类型分为0——惩罚；1——奖励。

6. 工资管理模块

工资管理模块可以录入员工工资、修改、审核工资、发放工资，也可以取消审核工资条。审核后用户可以打印出工资汇总表，打印之前可以通过打印预览功能进行打印预览，工资发放前可以取消审核，取消审核后才可以修改工资，需要再次审核。但是如果工资已经发放，那么就不可以取消审核。可以在下个月工资的其他加项扣项中处理。

录入工资后应记录“录入人”和“录入时间”，审核工资后应记录“审核人”和“审核时间”，发放工资后应记录“发放日期”，取消审核后应将“审核人”和“审核时间”设置为NULL。可以支持批处理，即可选择多条记录操作（审核、取消审核……）。其中，“计薪年月”的格式为yyyyMM，如201208。“月薪”来自员工表，不可以修改。“加班费”=月薪/应勤天数×加班天数。其他工资加项都是手工录入，“所得税”=（所有工资加项－除所得税外所有减项）按“所得税扣率表”计算得出，可以查相关的国家关于个人所得税的政策。“公积金”=月薪×当地公积金缴款比率，社会保险=月薪×当地社保缴款比率，“其他扣项”是手工录入。“实发工资”=所有工资加项（月薪、加班费、节假日补贴、高温补贴、住房补贴、交通补贴、其他加项）−所有工资减项（所得税、公积金、社会保险、其他扣项）。

思考：

（1）有哪些工资加项或者减项相对于员工是不太变化的，或者有一定规律，可以通过什么方法，减少用户的重复数据录入。

（2）如果希望将奖罚记录中的奖励金额自动导入到工资表的其他加项中，如何处理。如果希望将奖罚记录中的罚款金额自动导入到工资表的其他减项中，如何处理。

（3）如果事假扣款=月薪/应勤天数×事假天数，病假扣款=月薪/应勤天数×事假天数/2，旷工扣款=月薪/应勤天数×旷工天数×2，如何累计更新到其他扣项中，如何在工资条备注中注明所有的其他加项和其他扣项。

12.4.3 数据库设计

使用PowerDesigner建立本系统ER物理模型图（Physical Diagram），如图12-22所示。为简化本系统的开发，表和字段的命名都采用中文命名，在实际项目开发中建议都采用英文命名。

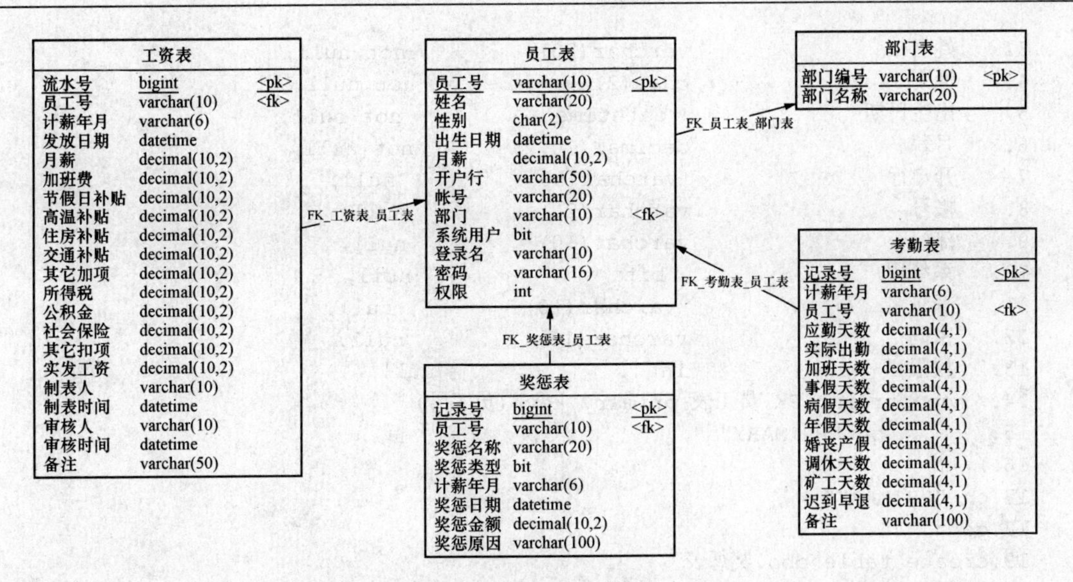

图 12-22 人事薪资管理系统 ER 图

除“员工表”和“部门表”外，其他表的主键都是 bigint 类型，并且设为 Identity 标识列（自动增一）。表之间的关系如下：“员工表”的“部门”字段引用“部门表”的“部门编号”字段，“考勤表”、“奖惩表”、“工资表”的“员工号”字段引用“员工表”的“员工号”字段。

“员工表”非空（NOT NULL）字段有员工号、姓名、性别、出生日期、月薪；“部门表”非空字段有部门编号、部门名称；“工资表”非空字段有流水号、员工号、计薪年月、发放日期、月薪、实发工资；“奖惩表”非空字段有记录号、员工号、奖惩名称、奖惩类型、奖惩日期；“考勤表”非空字段有记录号、计薪年月、员工号、应勤天数、实际出勤。

在 PowerDesigner 中单击“数据库”→Generate Database 命令，可以通过正向工程根据以上 ER 图生成创建这些表的 SQL 语句，也可以在 Database Geregration 对话框中选择 Direct Geregration 项，PowerDesigner 会直接在 SQL Server 生成这些表。如图 12-23 所示。

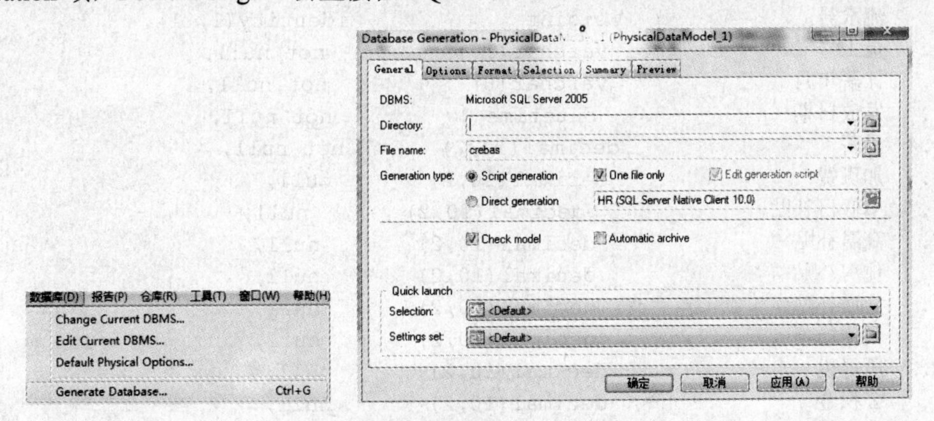

图 12-23 将 ER 图生成 SQL 语句

可在 SQL Server 中创建 HR 数据库，然后在 HR 数据库上执行以下 SQL 语句。

```
1.create table dbo.员工表 (
2.    员工号                varchar(10)             not null,
```

```
3.    姓名                varchar(20)       not null,
4.    性别                char(2)          not null,
5.    出生日期              datetime         not null,
6.    月薪                decimal(10,2)     not null,
7.    开户行               varchar(50)        null,
8.    帐号                varchar(20)       null,
9.    部门                varchar(10)       null,
10.   系统用户              bit             null,
11.   登录名               varchar(10)        null,
12.   密码                varchar(16)       null,
13.   权限                int             null,
14.   constraint PK_员工表 primary key (员工号)
15.        on "PRIMARY"
16.)
17.on "PRIMARY"
18.go
19.create table dbo.奖惩表 (
20.   记录号               bigint          not null,
21.   员工号               varchar(10)        not null,
22.   奖惩名称              varchar(20)        not null,
23.   奖惩类型              bit            not null,
24.   计薪年月              varchar(6)         null,
25.   奖惩日期              datetime          not null,
26.   奖惩金额              decimal(10,2)      null,
27.   奖惩原因              varchar(100)        null,
28.   constraint PK_奖罚表 primary key (记录号)
29.        on "PRIMARY"
30.)
31.on "PRIMARY"
32.go
33.
34.create table dbo.工资表 (
35.   流水号               bigint          identity(1, 1),
36.   员工号               varchar(10)        not null,
37.   计薪年月              varchar(6)         not null,
38.   发放日期              datetime          not null,
39.   月薪                decimal(10,2)     not null,
40.   加班费               decimal(10,2)      null,
41.   节假日补贴             decimal(10,2)       null,
42.   高温补贴              decimal(10,2)      null,
43.   住房补贴              decimal(10,2)      null,
44.   交通补贴              decimal(10,2)      null,
45.   其他加项              decimal(10,2)      null,
46.   所得税               decimal(10,2)      null,
47.   公积金               decimal(10,2)      null,
48.   社会保险              decimal(10,2)      null,
49.   其他扣项              decimal(10,2)      null,
50.   实发工资              decimal(10,2)      not null,
51.   制表人               varchar(10)        null,
52.   制表时间              datetime          null,
53.   审核人               varchar(10)        null,
```

```
54.   审核时间                datetime               null,
55.   备注                  varchar(50)            null,
56.   constraint PK_工资条 primary key (流水号)
57.        on "PRIMARY"
58.)
59.on "PRIMARY"
60.go
61.
62.create table dbo.考勤表 (
63.   记录号                  bigint                  not null,
64.   计薪年月                varchar(6)             not null,
65.   员工号                  varchar(10)             not null,
66.   应勤天数                decimal(4,1)            not null,
67.   实际出勤                decimal(4,1)            not null,
68.   加班天数                decimal(4,1)            null,
69.   事假天数                decimal(4,1)            null,
70.   病假天数                decimal(4,1)            null,
71    年假天数                decimal(4,1)            null,
72.   婚丧产假                decimal(4,1)            null,
73.   调休天数                decimal(4,1)            null,
74.   矿工天数                decimal(4,1)            null,
75.   迟到早退                decimal(4,1)            null,
76.   备注                    varchar(100)            null,
77.   constraint PK_考勤表 primary key (记录号)
78.        on "PRIMARY"
79.)
80.on "PRIMARY"
81.go
82.
83.create table dbo.部门表 (
84.   部门编号                varchar(10)              not null,
85.   部门名称                varchar(20)              not null,
86.   constraint PK_部门 primary key (部门编号)
87.        on "PRIMARY"
88.)
89.on "PRIMARY"
90.go
91.
92.alter table dbo.员工表
93.   add constraint FK_员工表_部门表 foreign key (部门)
94.      references dbo.部门表 (部门编号)
95.go
96.
97.alter table dbo.奖惩表
98.   add constraint FK_奖惩表_员工表 foreign key (员工号)
99.      references dbo.员工表 (员工号)
100.go
101.
102.alter table dbo.工资表
103.    add constraint FK_工资表_员工表 foreign key (员工号)
104.      references dbo.员工表 (员工号)
```

```
105.go
106.
107.alter table dbo.考勤表
108.   add constraint FK_考勤表_员工表 foreign key (员工号)
109.       references dbo.员工表 (员工号)
110.go
```

本 章 小 结

（1）数据绑定主要有简单绑定和复杂绑定两种方式，而复杂绑定又是以简单绑定为基础。数据绑定的主要类有Binding、BindingManagerBase（派生类PropertyManager、CurrencyManager）及BindingContext。

（2）数据绑定控件通常有DataSource属性以简化绑定，设置DataSource属性即可完成绑定，必要时需要设置DataMember等属性。常见的数据源控件有CheckedListBox、ComboBox、ListBox、DataGridView等。

（3）可以通过Visual Studio工具使用数据源组件，也可以通过代码使用数据源组件，这样可以进一步简化编程。BindingSource是最主要的数据源组件。

实 训 指 导

实训名称：人事薪资管理系统开发

1. 实训目的

（1）熟练运用C#语言的基础知识、Windows Forms技术、ADO.NET数据库访问技术、数据绑定技术和SQL语句。

（2）团队合作开发。

（3）团队沟通。

（4）熟悉软件项目开发流程。

2. 实训内容

完成“12.4 综合实训案例”人事薪资管理系统的开发，分成项目小组的方式，选举或指定项目组长，制定项目计划（包括界面设计、数据库搭建、模块编码、软件测试和软件发布等），有条件的可以用Visual SourceSafe（即VSS）或者Subversion（即SVN）进行源代码管理，便于团地成员协同开发。建议定期提交“实训日志”，制作“项目展示PPT”以便做项目展示，以及写“实训项目总结报告”总结项目得失。项目成员可以讨论确定自己项目开发模式、流程和文档模版，也可以使用现成的软件工程过程和文档。

习 题

一、选择题

1. ListBox控件的DataSource属性不可以设置为（　　）的对象。

A. DataSet　　B. DataView　　C. DataTable　　D. SqlDataReader

2. 对象属性更改，希望能通知绑定到该对象的控件，该对象应实现以下哪个接口？（　　）。

A. INotifyPropertyChanged　　B. IDbConnection

C. IList　　D. IEnumerable

3. 关于对语句 `txtDept.DataBindings.Add("Text", emp, "Dept.DeptName");`的解释哪一个是正确的？（　　）。

A. 控件 txtDept 将属性 Text 绑定到 emp 对象的 Dept.DeptName 属性

B. 控件 txtDept 将属性 Text 绑定到 emp 对象的 Dept 属性的 DeptName 属性

C. 控件 txtDept 将属性 Dept.DeptName 绑定到 emp 对象的 Text 属性

D. 以上都不正确

4. 下面没有 DataSource 属性的控件有（　　）。

A. ComboBox　　B. ListBox

C. TextBox　　D. CheckedListBox

5. 禁止用户在 DataGridView 控件界面上新增行，应设置以下哪个属性？（　　）。

A. AllowUserToAddRows　　B. AllowNew

C. AllowUserToDeleteRows　　D. AutoGenerateColumns

二、简答题

1. 简述 Windows Forms 编程中数据绑定的几种方式。

2. 简述 Binding、CurrencyManager、BindingContext 之间的关系。

3. 有一个 SQL Server 2008 数据库服务器名称为 HRServer，里面有一个 HR 数据库，数据库用户名为 sa，密码为 scott。要求建立一个 Windows 应用工程，在 Form1 窗体加载时，将 HR 数据库中的“考勤表”加载到 Form1 窗体的 dataGridView1 控件中。请描述下操作步骤和 Form1_Load 方法中的代码。

附录A 常用窗体基本控件命名规范——前缀

控件名称	控件类名	命名前缀
标签	Label	lbl
文本框	TextBox	txt
组合框	ComboBox	cbo
按钮	Button	btn
菜单栏	MenuStrip	ms
菜单项	ToolStripMenuItem	tsmi
工具栏	ToolStrip	ts
工具栏按钮	ToolStripButton	tsbtn
工具栏下拉按钮	ToolStripDropDownButton	tsddb
单选按钮	RadioButton	rdo
面板	Panel	pnl
列表框	ListBox	lst
分组框	GroupBox	grp
复选框	CheckBox	chk
选项卡	TabControl	tab
选项卡页	TabPage	tp
图片框	PictureBox	pic
图像列表	ImageList	il
定时器	Timer	tmr

参 考 文 献

[1] 杨晓光．面向对象程序设计（C#实现）[M]．北京：清华大学出版社，北京交通大学出版社，2011．

[2] 陈承欢．C#程序设计案例教程 [M]．北京：高等教育出版社，2009．

[3] Anders Hejlsberg 等．C#程序设计语言（原书第 4 版）[M]．陈宝国、黄俊莲、马燕新，译．北京：机械工业出版社，2011．

[4] 陈广．C#程序设计基础教程与实训 [M]．北京：北京大学出版社，2008．

[5] 杜江．C#程序设计项目化教程 [M]．青岛：中国海洋大学出版社，2010．

[6] Jon Skeet．深入理解 C# [M]．2 版．周靖，朱永光，姚琪琳，译．北京：人民邮电出版社，2011．

[7] 李春葆，谭成予，金晶，等．C#程序设计教程 [M]．北京：清华大学出版社，2010．

[8] 刘基林等．Visual C# 2008 宝典 [M]．北京：电子工业出版社，2008．

[9] Steve McConnell．代码大全 [M]．金戈，等，译．北京：电子工业出版社，2006．

[10] Jeffrey Richter．框架设计 [M]．周靖，张杰良，等，译．北京：清华大学出版社，2006．